Statistik hautnah

Walter Krämer
Hrsg.

Statistik hautnah

27 persönliche Einblicke in eine faszinierende Wissenschaft

Springer Gabler

Hrsg.
Walter Krämer
Fakultät Statistik
Technische Universität Dortmund
Dortmund, Deutschland

ISBN 978-3-662-69595-1 ISBN 978-3-662-69596-8 (eBook)
https://doi.org/10.1007/978-3-662-69596-8

Die Deutsche Nationalbibliothek verzeichnet diese Publikation in der Deutschen Nationalbibliografie; detaillierte bibliografische Daten sind im Internet über https://portal.dnb.de abrufbar.

Viele der in diesem Sammelband zusammengefassten Beiträge sind ursprünglich erschienen in der Zeitschrift AStA Wirtschafts- und Sozialstatistisches Archiv: https://link.springer.com/journal/11943. Sie wurden für diesen Band ggf. leicht überarbeitet und um weitere Inhalte ergänzt.

Planung/Lektorat: Iris Ruhmann
Springer Gabler ist ein Imprint der eingetragenen Gesellschaft Springer-Verlag GmbH, DE und ist ein Teil von Springer Nature.
Die Anschrift der Gesellschaft ist: Heidelberger Platz 3, 14197 Berlin, Germany

Wenn Sie dieses Produkt entsorgen, geben Sie das Papier bitte zum Recycling.

Geleitwort

Statisticum – den Staat betreffend, so findet man die Herkunft des Wortes Statistik aus dem Lateinischen. Heutzutage wird die Statistik auch als methodische Disziplin aufgefasst. Gerade in der heutigen Zeit jedoch scheint die Disziplin der Statistik wie kaum eine andere unter Druck geraten zu sein. Künstliche Intelligenz, schnelle und viele Daten, Algorithmen – dabei basieren viele der *neu verwendeten* Ideen auf statistischen Grundprinzipien. Andererseits wurde in der Zeit der Pandemie auch klar, wie wichtig adäquate Daten und Informationen für eine evidenzbasierte Politik sind. Daten und Zahlen lassen sich leicht generieren, aber wie wertvoll sind sie wirklich?

Bei genauerer Betrachtung erkennt man die besondere Bedeutung, die Qualität von Daten inklusive ihrer Herkunft sowie der zu verwendenden Methoden und daraus zu gewinnenden Analysen besonders hervorzuheben. Dies ist gerade dann unabdingbar, wenn es um so wichtige Ziele, wie etwa Evidenz, Gesetzgebung oder Gerichtsentscheidungen geht, die auf Daten und Analysen basieren! Gerade hier spielt die Statistik eine besondere Rolle und hat außerordentlich viel zu bieten – und insbesondere auch die deutsche Statistik!

Walter Krämer stellt in seinen Interviews mit aktuellen bedeutenden Statistikern in Deutschland gerade in diesem Spannungsfeld, zwischen mathematischer und staatswissenschaftlicher Disziplin, eine spannende Auswahl von Persönlichkeiten vor, die die deutsche Statistik in den letzten Jahrzenten in besonderer und unterschiedlicher Weise beeinflusst haben.

Wie ist jedoch diese Idee entstanden? 2013 hatten erstmals offiziell Wolfgang Schmid, damals Vorsitzender der Deutschen Statistischen Gesellschaft (DStatG), und Walter Krämer in einer Vorstandssitzung der DStatG über Interviews mit bedeutenden Statistikern der Neuzeit diskutiert. Im Februar 2014 stellte Walter Krämer schließlich sein Konzept einer Interviewreihe vor. Kaum überraschend, dass dieses Konzept von allen Mitgliedern im Vorstand mit großer Zustimmung und Freude aufgenommen wurde. In der Vorstandssitzung im September 2014 wurde schließlich in Absprache mit dem damaligen Editor-in-Chief, Ralf Münnich, beschlossen, dass diese Reihe prominent im AStA: Wirtschafts- und Sozialstatistisches Archiv erscheinen soll. Mit den Interviews hat Walter Krämer einen weiteren, sehr gelungenen Beitrag zur Weiterentwicklung unserer Zeitschrift beigetragen.

Bereits im November 2014 erschien das erste Interview mit Heinz Grohmann (Krämer 2014), unserem ehemaligen langjährigen Vorsitzenden und später

Ehrenmitglied der DStatG. Im Vorwort des Herausgebers (Münnich 2014) liest man, dass Heinz Grohmann wie kein anderer die deutsche Wirtschafts- und Sozialstatistik geprägt hat.

Es folgten zahlreiche Interviews, die sich in vier Bereiche, amtliche Statistik, mathematische und technische Statistik, Wirtschafts- und Sozialstatistik und Ökonometrie gliedern lassen. Walter Krämer hat selbst eine einzigartige Übersicht über diese Themen und ihre Vertreter gegeben. Darüber hinaus kommen noch Interviews mit Wolfgang Härdle, Katharina Morik und Katharina Schüller hinzu.

Bedauerlicherweise – nicht nur aus Sicht des Autors – fehlt ein aktuell bedeutender Statistiker in diesem wunderbaren Buch, Walter Krämer selbst. Erfreulicherweise wird diese Reihe von Ulrich Rendtel weitergeführt und das Interview mit Walter Krämer (Rendtel 2024) lässt auch nicht lange auf sich warten!

Als aktueller Vorsitzender der DStatG und als Editor-in-Chief bei Start der Interviewreihe erlaube ich mir einen persönlichen und besonderen Dank an Walter Krämer auszudrücken, der diese Reihe mit so besonderem Engagement über 10 Jahre vorangetrieben hat und immer wieder für sehr interessante Interviews gesorgt hat.

Lieber Walter, einen ganz herzlichen Dank an Dich für diese großartige Arbeit im Namen der Deutschen Statistischen Gesellschaft! Abschließend wünsche ich Ihnen, liebe Leserinnen und Leser, viele spannende Einsichten und Erkenntnisse beim Erkunden von **Statistik hautnah**!

Prof. Dr. Ralf Münnich
Wirtschafts- und Sozialstatistik, Universität Trier
24. Juli 2024

Literatur

Krämer W (2014) Interview mit Heinz Grohmann. AStA Wirtsch Sozialstat Arch 8(4). https://doi.org/10.1007/s11943-014-0150-9

Münnich R (2014) Vorwort des Herausgebers. AStA Wirtsch Sozialstat Arch 8:179–181. https://doi.org/10.1007/s11943-014-0159-0

Rendtel U (2024) Interview mit Walter Krämer. AStA Wirtsch Sozialstat Arch. https://doi.org/10.1007/s11943-024-00343-3

Vorwort

Wissenschaft geschieht nicht in einem Vakuum. Sie wird von Menschen gemacht und wäre ohne menschliche Akteure nicht existent, Statistik genauso wenig wie Chemie oder Physik. Wer also sind die Menschen, die die Statistik in Deutschland in den letzten Jahrzehnten geprägt und angetrieben haben?

Hier kommen 27 von ihnen zu Wort, 26 davon Mitglieder der Deutschen Statistischen Gesellschaft. Beginnend mit deren Ehrenmitglied Heinz Grohmann im Jahr 2014 habe ich für das Wirtschafts- und sozialstatistische Archiv immer wieder den einen oder anderen Fachkollegen (und Fachkolleginnen natürlich auch) nach seiner Sicht der Dinge und seinem Weg und seinen Beiträgen zur Statistik ausgefragt. Hier finden sich alle, durch einordnende Anmerkungen ergänzt, zusammen mit drei Bonus-Interviewten zwischen zwei Buchdeckeln vereint.

Die dabei vorgestellten Arbeitsgebiete umfassen wie die der Deutschen Statistischen Gesellschaft selbst ein weites Feld. Da ist zunächst die klassische Statistik im Sinne einer Staatskunde, worunter laut Brockhaus von 1895 „die systematische Darstellung der Verfassung, der Organisation, der Bevölkerungsverhältnisse, der militärischen und wirtschaftlichen Hilfsquellen und der sonstigen bemerkenswerten Einrichtungen und Verhältnisse eines oder mehrerer Staaten zu verstehen ist." Heute wird diese „systematische Darstellung" der „bemerkenswerten Einrichtungen und Verhältnisse" unter „Amtlicher Statistik" subsumiert. Hier hat sich seit der Volkszählung zu Zeiten des Herodes einiges getan, und ist auch aktuell noch einiges zu tun, wie beispielhaft von fünf führenden Fachvertretern aufgezeigt.

Den in gewissem Sinne Gegenpol dazu bildet die mathematische Statistik, wie von Ronald Fisher in den 1920er-Jahren in England zur ersten Hochblüte gebracht, die aber durchaus auch Berührungspunkte, etwa zum Thema Umfragen und Stichproben, mit der Amtsstatistik hat. Hier kommen acht weitere prominente Mitglieder der Deutschen Statistischen Gesellschaft zu Wort. Zwischen diesen Extremen widmen sich die Ökonometrie und die Wirtschafts- und Sozialstatistik der Modellierung und Quantifizierung unseres sozialen und wirtschaftlichen Tuns. Hier zeigen acht bzw. sechs prominente Fachvertreter anhand ihrer persönlichen Vitae aktuelle Forschungstrends und -lücken auf. Zusammen geben alle Befragten der modernen Statistik in Deutschland ein sozusagen menschliches Gesicht: Dass die in aktuellen

Lehrbüchern und Manualen propagierten Methoden und Modelle so sind wie sie sind, ist das Ergebnis nicht eines abstrakten Wissenschaftsfortschritts, sondern ungezählter individueller Ideen und Gedankenflüge auch in deutschen Ämtern und an deutschen Universitäten. Hier nehmen Sie an der Genese teil!

Dortmund, Deutschland Walter Krämer

Inhaltsverzeichnis

Teil I

Amtliche Statistik

Einleitung

„In jenen Tagen erließ Kaiser Augustus den Befehl, alle Bewohner des Reiches in Steuerlisten einzutragen." Wer kennt nicht diese Zeilen des Evangelisten Lukas. „Dies geschah zum ersten Mal; damals war Quirinius Statthalter von Syrien. Da ging jeder in seine Stadt, um sich eintragen zu lassen. So zog auch Josef von der Stadt Nazaret in Galiläa hinauf nach Judäa in die Stadt Davids, die Bethlehem heißt; denn er war aus dem Haus und Geschlecht Davids."

Lukas irrt allerdings beim „ersten Mal". Anderswo im römischen Reich hatte es Volkszählungen und Einkommenserhebungen schon seit dem sechsten Jahrhundert vor Christus gegeben. Letztere, wie man sich denken kann, natürlich zu Steuerzwecken. Und die erste Volkszählung überhaupt gab es weitere 2000 Jahre zuvor, um 2700 vor Christus in Ägypten. Aber auch damals schon war die Obrigkeit nicht nur an der reinen Zahl der Untertanen, sondern auch an deren Vermögen und Einkommen interessiert.

Selbst in der Bibel kommen schon lange vor Jesus Volkszählungen vor. Im Buch Numeri des Alten Testamentes ist zu lesen: „Am ersten Tag des zweiten Monats im zweiten Jahr nach dem Auszug aus Ägypten sprach der Herr in der Wüste Sinai im Offenbarungszelt zu Mose: Ermittelt die Gesamtzahl der Israeliten in der Gemeinde, geordnet nach Sippenverbänden und Großfamilien; zählt mit Namen alle Männer, die zwanzig Jahre und älter sind, alle wehrfähigen Israeliten."

In Deutschland gab es die erste offizielle Volkszählung mehr als 3000 Jahre später, im Jahr 1834. Organisator war der frisch gegründete Allgemeine deutsche Zollverein. Für alle Mitgliedsländer zusammen (im wesentlichen Preußen, Bayern, Württemberg und Sachsen) ergab die Zählung 23.478.120 Bürger. Dabei ging man im Vergleich zur Bibel schon durchaus systematisch vor. Waren im Alten Testament noch die Sippenältesten („aus jedem Stamm soll euch dabei ein Mann helfen, und zwar jeweils das Haupt einer Großfamilie") beziehungsweise im alten Rom die sogenannten „Censoren" für das Zählen zuständig, wurde diese Aufgabe nun zusehends eigens dafür eingerichteten „Statistischen Bureaus" oder „Statistischen

W. Krämer (Hrsg.), *Statistik hautnah*, https://doi.org/10.1007/978-3-662-69596-8_1

Zentralstellen“ übertragen (Preußen 1805, Bayern 1808, Baden-Württemberg 1820). Später sind daraus die statistischen Landesämter entstanden.

Das zentrale „Kaiserliche Statistische Amt“, als Nachfolger des Zentralbureaus des Zollvereins, gibt es seit 1872. Es kümmerte sich zunächst nur um die Bevölkerung, die Landwirtschaft sowie Gewerbe und Verkehr (inklusive Zollverwaltung). Peu a peu kamen dann Warenpreise, Reichstagswahlen, Kriminal- und Bildungsstatistik (vor allem zur Dokumentation der Schreib- und Lesefähigkeiten von Rekruten) und das Armenwesen hinzu. Erster Direktor war der mathematisch begabte ehemalige Hauptmann der Schleswig-Hosteinischen Armee Karl Becker. Er hatte nach dem Ausscheiden aus dem Militär in Göttingen Staatswissenschaften und Statistik studiert und ist durchaus als Experte anzusehen. Ein paar dutzend Staatsbeamte halfen ihm.

Heute gebieten seine im Weiteren zu Wort gebetenen Nachfolger über 2500 Mitarbeiter im Statistischen Bundesamt sowie nochmals mehr als das Doppelte in den statistischen Landesämtern. Dazu kommen noch mehrere hundert Beschäftigte in den statistischen Ämtern der Städte (das erste städtische Amt für Statistik gab es 1862 in Berlin), plus viele Mitarbeiter der Bundesbank und der Bundesagentur für Arbeit, die als Zulieferer der Amtsstatistik tätig sind.

Früher wie heute gehören Volkszählungen zu deren wichtigsten Aufgaben. Die Interviewpartner Heinz Grohmann und Ralf Münnich (der erste und der letzte in diesem Kapitel) legen davon Zeugnis ab. Insbesondere die gesetzlichen Rahmenbedingungen (Volkszählungsurteil!) und die technischen Möglichkeiten der Datenerfassung sind heute natürlich mit denen zu Jesu Zeiten nicht mehr zu vergleichen. Weitere zentrale Produkte der Amtsstatistik sind die quantifizierte Wirtschaftsleistung (Bruttoinlandsprodukt) oder die monatlichen Arbeitslosenzahlen. An diesen lässt sich auch am ehesten das Problem der Adäquation exemplifizieren, mit dem die Amtsstatistik (und nicht nur diese) seit jeher zu kämpfen hat: wie definiert man Begriffe wie Gesundheit, Krankheit, Armut, Glück und Arbeitslosigkeit? So war etwa eine Meldung zur Gesundheit europäischer Frauen einmal Gegenstand einer Unstatistik des Monats (RWI 2014). Diese Aktion gibt es seit 2013, sie spießt jeden Monat einen besonders grotesken statistischen Unfug auf, siehe Bauer et al. (2022) für eine Zusammenfassung. Laut Statistischem Amt der EU leben Frauen in Deutschland im Durchschnitt 83 und etwa in Bulgarien nur 71 Jahre lang (Stand 2014). Davon, so Eurostat, verbringen sie in Bulgarien aber 66 Jahre, in Deutschland nur 58 Jahre gesund. Diese gesund verbrachten Lebensjahre werden dabei aus Umfragen geschätzt, bei denen die Befragten selbst bewerten, ob sie in den letzten sechs Monaten vor der Befragung aus Krankheitsgründen in ihren üblichen Betätigungen behindert waren oder nicht.

Dass hier nur Unfug herauskommen kann, ist klar. Denn was als krank oder als eine Behinderung gilt, variiert beträchtlich über Raum und Zeit. So ist aus zahlreichen empirischen Untersuchungen bekannt, dass sich Menschen auf dem Land von leichtem Fieber oder Rückenschmerzen kaum behindert fühlen, Menschen in der Stadt dagegen wohl. Und ehe eine Bäuerin aus Bulgarien den Arzt besucht, wird ihre deutsche Kollegin wahrscheinlich schon von einem Krankenwagen abgeholt.

Diese Adäquationsprobleme potenzieren sich geradezu bei der Messung von Armut und Arbeitslosigkeit (Krämer 2000, 2003). Dabei ist es besonders die Arbeitslosenquote, die herhalten muss, wenn mal wieder der Spruch „mit Statistik kann man alles beweisen" die Runde macht. Nach offizieller deutscher Statistik zählt als arbeitslos, wer (i) mindestens 15 h in der Woche gegen Entgelt arbeiten will, (ii) nicht nur vorübergehend Arbeit sucht, (iii) älter als 15 und jünger als 65 Jahre ist (diese Grenze steigt bis 2035 auf 67 an), (iv) dem Arbeitsmarkt unmittelbar zur Verfügung steht, sowie (v) bei einer Arbeitsagentur als arbeitssuchend gemeldet ist. Jedes dieser fünf Kriterien ist zu erfüllen. Wer etwa die obligatorische Drei-Monatsmeldung versäumt, fällt sofort, obwohl weiterhin ohne Arbeit, aus der Statistik heraus. In aller Regel holen Arbeitslose diese Meldung später nach, aber in der Zwischenzeit wird man nicht mehr mitgezählt.

Es ist also gar nicht so einfach, hierzulande amtlich arbeitslos zu sein. Wer nur eine Teilzeitarbeit von weniger als 15 h oder eine Ferienstelle sucht, wer wegen Krankheit oder Umschulung dem Arbeitsmarkt vorübergehend nicht zur Verfügung steht oder die Suche per Arbeitsagentur ganz einfach aufgegeben hat, der oder die ist damit auch nicht arbeitslos. So gesehen sind die amtlichen Zahlen tatsächlich viel zu klein.

Auf der anderen Seite ist nur allzu gut bekannt, dass so manche Bezieher von Arbeitslosengeld nur deshalb – Bezug von Arbeitslosengeld – als arbeitslos gemeldet ist und gar nicht sozialversicherungspflichtig arbeiten wollen. So gesehen wären die amtlichen Zahlen dann zu groß.

Ein Begriff, der unserer intuitiven Vorstellung von „arbeitslos" vermutlich noch am nächsten kommt, ist die sogenannte „Erwerbslosigkeit". Er liegt z. B. den Zahlen von EUROSTAT (das Statistische Amt der Europäischen Gemeinschaft) oder der Internationale Arbeitsorganisation ILO zugrunde. Erwerbslos im Sinne dieser Statistik ist jede Person im arbeitsfähigen Alter, die gegen Entgelt arbeiten will, ganz gleich wie lange und unabhängig davon, ob beim Arbeitsamt gemeldet oder nicht, und der oder die bei diesem Bemühen nicht erfolgreich ist.

Auch diese Zahlen werden in Deutschland amtlich erhoben; einmal jährlich vom Statistischen Bundesamt im Rahmen des Mikrozensus und nicht jeden Monat wie die Arbeitslosen von der Bundesanstalt für Arbeit. Deshalb werden vor allem die Zahlen aus Nürnberg und nicht die aus Wiesbaden zitiert.

Vielleicht noch größer ist die Konfusion bei der statistischen Erfassung der Armut. Nach Lesart des Paritätischen Wohlfahrtsverbandes und vieler anderer beginnt Armut in Deutschland unterhalb eines Einkommens von 60 % des Medians – unabhängig davon, wo dieser Median gerade liegt. Der ganze Unfug dieser Definition wird deutlich, wenn man die Folgen einer realen Verdopplung oder Verdreifachung aller Einkommen überdenkt: Dann verdoppelt oder verdreifacht sich auch der Median und damit auch die Armutsgrenze. Die Armut bleibt also gleich, unabhängig davon, wie stark das reale Einkommen der vormals Armen wächst.

Erschwerend kommt hinzu, dass das im Mikrozensus erfasste Nettoeinkommen das im ökonomischen Sinn „wahre" Einkommen nur sehr unvollkommen misst. Dazu zählt zum Beispiel auch Einkommen aus Schwarzarbeit. Nach Expertenschätzungen kommen so gerade in den unteren Einkommensgruppen und bei

Sozialhilfeempfängern nochmals bis zu durchschnittlich 10 % an Einkommen dazu. In Einzelfällen natürlich sehr viel mehr. Zum „wahren" Einkommen zählt ferner jede Produktion, die nicht am Mark gekauft, sondern im Haushalt selbst erwirtschaftet wurde. Nach Expertenschätzungen beträgt dieses am Markt vorbei erzeugte und nicht im Sozialprodukt erfasste Einkommen inzwischen über 100 Mrd. € jährlich; Ikea sei Dank, mit steigender Tendenz. Denn mit der Baumarktbranche und der Heimwerkerbewegung wächst auch die Haushaltsproduktion beziehungsweise das dadurch gesparte Geld. Und schließlich gehören zum wahren Einkommen auch die vielfältigen staatlichen Realtransfers. Würde man etwa, wie es die ökonomische Vernunft verlangt, die Ausgaben des Staates für eine Universitätsausbildung dem Einkommen des Elternhaushaltes zurechnen, wäre fast kein Haushalt mit studierenden Kindern in Deutschland heute arm. Würde man schließlich auf das Lebenseinkommen abzielen, zählten auch viele Studenten und Auszubildende nicht mehr als arm.

Wer also denkt, Amtsstatistik wäre langweilig, der irrt. Sie ist ein wahres Minenfeld. Als erster gibt der im Jahr 2018 mit 98 Jahren verstorbene Heinz Grohmann seine einschlägigen Erfahrungen preis. Als Vorsitzender der Deutschen Statistischen Gesellschaft, als Herausgeber des Allgemeinen Statistischen Archivs, als Vorsitzender des wissenschaftlichen Beirats für Mikrozensus und Volkszählung beim Statistischen Bundesamt in den Jahren 1989 bis 1991 und als Mitglied des Kuratoriums des Bundesinstituts für Bevölkerungsforschung hat er die enge Verbindung zwischen amtlicher und akademischer Statistik wie kaum ein anderer vorgelebt. Außer zum Thema Zensus hat er dabei auch großen Einfluss auf Rentenvorausschätzungen und Simulationen alternativer Politikszenarien gehabt. Das sind auch die Arbeitsgebiete von Ralf Münnich, der dieses Kapitel abschließt und auch schon als einschlägiger Sachverständiger vor dem Bundesverfassungsgericht aufgetreten ist. Die Amtsstatik selber wird vertreten durch zwei Präsidenten des Statistischen Bundesamtes: Walter Radermacher und Georg Thiel. Radermacher war von 2008 bis 2016 auch Generaldirektor von Eurostat in Luxemburg. Seit 2022 leitet er das Advisory Board on Ethics des International Statistical Instituts und die Kommission Zukunft Statistik (KomZS), des Statistischen Bundesamtes. Zusammen werfen diese Behördenleiter von ihren jeweiligen persönlichen Positionen aus ein wichtiges Licht auf die Arbeitsweise der Amtsstatistik in Deutschland.

Komplettiert wird diese Expertenriege durch Ingrid Steger, die sich vor allem durch ihre Mitarbeit in internationalen Statistikgremien wie dem Council des International Statistical Institute (ISI) Ansehen und Respekt erworben hat. Auch vertrat sie ihren Arbeitgeber Deutsche Bundesbank im Irving Fisher Committee on Central Bank Statistics (IFC) und war dort Vorsitzende und Mitglied des Exekutivkommittees. Sie eröffnet interessante Einsichten, wie international divergierende Ansichten über zielführendes oder optimales Erfassen von Bank- und Börsendaten unter einen Hut zu bringen sind.

Wie formuliert das weiter unten Walter Radermacher: „Es gibt keinen spannenderen Arbeitsplatz als die Amtsstatistk".

Literatur

Bauer T, Gigerenzer G, Krämer W, Schüller K (2022) Grüne fahren SUV und Joggen macht unsterblich. Campus, Frankfurt

Krämer W (2000) Armut in der Bundesrepublik. Zur Theorie und Praxis eines überforderten Begriffs. Campus, Frankfurt

Krämer W (2003) Der Nürnberger Trichter. Oder wer zählt die Arbeitslosen. Kursbuch 152:93–102

RWI (2014) Pressemitteilung vom 28. Juli. https://www.rwi-essen.de/presse/wissenschaftskommunikation/unstatistik/archiv/2014/detail/unfug-aus-luxemburg-gesundes-altern. Zugegriffen am 25.01.2024

Heinz Grohmann

Zwischen Amts- und Universitätsstatistik

Heinz Grohmann wurde am 21. Februar 1921 in Dresden geboren. Seine Kinder- und Jugendjahre verbrachte er in Dresden und Apolda (Thüringen). Nach 10 Jahren Kriegsdienst und russischer Gefangenschaft studierte er von 1953 bis 1956 Wirtschaftswissenschaften an der Johann Wolfgang Goethe–Universität in Frankfurt am Main. Es folgten – ebenfalls in Frankfurt – die Promotion 1963 und die Habilitation 1970. Noch im selben Jahr nahm er nach einer Lehrstuhlvertretung an der Universität des Saarlandes den Ruf auf einen Lehrstuhl für Statistik in Frankfurt an. Diesen hatte er bis zum Jahr 1987 inne. 1975/76 war er Dekan des Fachbereichs Wirtschaftswissenschaften.

Heinz Grohmann war in Lehre, Forschung und Beratung gleichermaßen aktiv, so z. B. im Sozialbeirat, im Sonderforschungsbereich 3 (Mikroanalytische Grundlagen der Gesellschaftspolitik), am Institut für Bevölkerungsforschung und Sozialpolitik der Universität Bielefeld (als langjähriger Vorsitzender des Beirats) und als wissenschaftlicher Berater in einem weltweit tätigen Marktforschungsunternehmen. Als besonderes Charakteristikum von Heinz Grohmanns Wirken ist aber seine enge Verbindung zur amtlichen Statistik hervorzuheben, der er viele Jahrzehnte als zugleich wohlwollender wie kritischer Ratgeber zur Seite stand – auch im Ruhestand. „Schwerpunkte waren hier unter anderem die Themen Zensus und Mikrozensus", schreibt das Statistische Bundesamt in einer Pressemitteilung anlässlich seines 90. Geburtstages. Dabei seien vor allem seine Tätigkeit als Vorsitzender des wissenschaftlichen Beirats für Mikrozensus und Volkszählung beim Statistischen Bundesamt in den Jahren 1989 bis 1991 und seine Mitgliedschaft im Kuratorium des Bundesinstituts für Bevölkerungsforschung hervorzuheben.

Dieser Beitrag wurde bereits in *AStA Wirtschafts- und Sozialstatistisches Archiv* (Bd. 8, 2014, https://link.springer.com/article/10.1007/s11943-014-0150-9) veröffentlicht und für das vorliegende Buch leicht überarbeitet.

W. Krämer (Hrsg.), *Statistik hautnah*, https://doi.org/10.1007/978-3-662-69596-8_2

Seit 1963 ist Heinz Grohmann Mitglied und seit 1996 Ehrenmitglied der Deutschen Statistischen Gesellschaft. Von 1973 bis 1980 war er Schriftleiter des Allgemeinen Statistischen Archivs und danach noch bis 1992 Mitglied des Vorstands, von 1984–1988 als Vorsitzender. Er hat auch zahlreiche Fachtagungen geleitet oder (mit)organisiert und betreute zusammen mit Almut Steger die Archivierung der Akten der Deutschen Statistischen Gesellschaft.

Heinz Grohmann ist Träger des Bundesverdienstkreuzes 1. Klasse und Ehrenmitglied der DGD und des VDSt. Zudem besitzt er eine Ehrenurkunde der staatlichen Universität Kasan/Russland. Mit dem Fragesteller verbindet ihn außer der gemeinsamen Herausgeberschaft der Festschrift „Statistik in Deutschland – 100 Jahre Deutsche Statistische Gesellschaft" (Grohmann et al. 2011) noch ein weiteres akademisches Faktum, ihm selbst vermutlich gar nicht mehr bewusst: die erste wissenschaftliche Veröffentlichung des Fragestellers überhaupt (Krämer 1979) akzeptierte Heinz Grohmann für das Allgemeine Statistische Archiv. Im Dezember 2018 ist Heinz Grohmann im Alter von 97 Jahren in Kronberg im Taunus verstorben.

Krämer Herr Grohmann, wie kamen Sie eigentlich zur Statistik?

Grohmann Da war ich 17 Jahre alt und habe mit einem Mitschüler eine 42-seitige Untersuchung über die Geschichte und die Lebens- und Wirtschaftsweise eines benachbarten Dorfes geschrieben. Von mir stammen vor allem die Zahlen, Grafiken und zugehörigen Interpretationen, von ihm die Fotos und die Texte zu Kunst und Kultur. Mir macht es noch heute Spaß zu sehen, was ich damals über Geburten, Sterbefälle und Wanderungen, über Getreideanbau und Viehbestände alles gezeichnet und geschrieben habe.

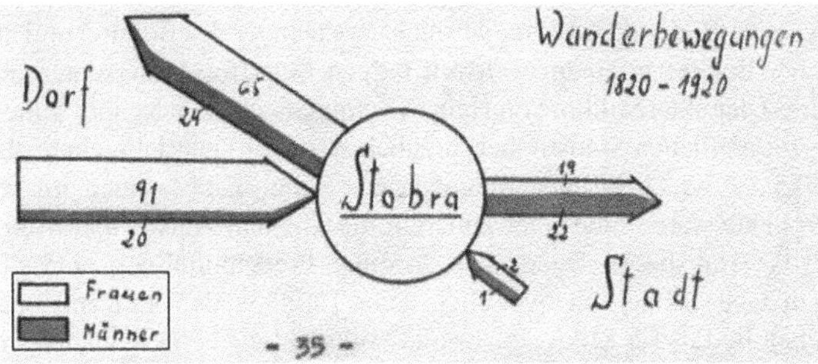

Heinz Grohmann mit 17: Hundert Jahre Wanderungen in einem Dorf in Thüringen

Krämer Und der Entschluss, daraus einen Beruf zu machen?

Grohmann Der kam vergleichsweise spät. Infolge von Krieg und Gefangenschaft war ich bei Beginn meines Studiums schon 32 Jahre alt. Nach der Aufnahmeprüfung in Frankfurt hätte ich Mathematik studieren können und auch wollen. Doch wäre dieses Studium in meiner Lage zu lang gewesen. So entschied ich mich für die Wirtschaftswissenschaften, und da faszinierten mich Paul Flaskämpers anwendungsorientierte statistische Methodenlehre und seine Betrachtungen zum Wesen der Zahl in den Sozialwissenschaften. Nach zwischenzeitlicher Assistententätigkeit bei dem Betriebswirt Karl Hax kehrte ich deshalb zur Statistik unter Adolf Blind zurück. Der war als ehemaliger Finanzminister und später als Aufsichtsratsvorsitzender der Saarbergwerke besonders gut in der Lage, eine an konkreten ökonomischen Problemen orientierte Statistik zu vermitteln (Blind 1953). Als Finanzminister war er für die wirtschaftliche Rückgliederung des Saarlandes (mit)verantwortlich gewesen.

Krämer Sie haben also die komplette Entwicklung der Deutschen Universitätsstatistik nach dem Zweiten Weltkrieg begleitet, zumindest in den Wirtschaftsfakultäten. Wo sehen Sie die größten Unterschiede zwischen damals und heute?

Grohmann Als ich mein Studium begann, gab es in der Bundesrepublik nur drei oder vier Lehrstühle für Statistik an Wirtschaftsfakultäten. In den sechziger und siebziger Jahren wurden es dann immer mehr, bis jede Universität mindesten einen hatte. Das ist bis heute im Wesentlichen so geblieben; doch sind einige davon erweitert worden zu „Statistik und Ökonometrie“ oder „Statistik und Empirische Wirtschaftsforschung“. Manchmal ist das Wort Statistik auch ganz weggefallen. Zu unser aller Bedauern sind aber auch viele Lehrstühle in völlig fachfremde umgewandelt oder gestrichen worden.

Krämer Und warum Ihrer Meinung nach?

Heinz Grohmann an seinem 90. Geburtstag im Kreis von Gratulanten. Es spricht der damalige Vorsitzende der DStatG, Wilfried Seidel. Von Seidel aus rechts (in dieser Reihenfolge): Christoph Weil (Commerzbank), Uwe Rehfeld (Rentenversicherung Bund), Stefan Vogt (University of Lancaster), Heinrich Rommelfanger (Universität Frankfurt), Almut Steger (Deutsche Bundesbank)

Grohmann Der wesentliche Grund scheint mir zu sein, dass angesichts der immer knapperen Mittel an den Hochschulen und einer ständig wachsenden Studierendenzahl, besonders in der Betriebswirtschaftslehre, der Zugriff auf frei werdende Lehrstühle in Fächern, die keine Mehrheit in den Entscheidungsgremien haben, nur schwer zu verhindern ist. Ich kann aber auch nicht verhehlen, dass meiner Meinung nach eine stärker an wirtschaftlichen Fragen orientierte Lehre und Forschung an den in Wirtschaftsfakultäten angesiedelten statistischen Lehrstühlen zur Verteidigung hilfreich gewesen wäre. Ich höre immer wieder Klagen aus Wirtschaft und Verwaltung über die mangelhaften Fähigkeiten des akademischen Nachwuchses, statistische Methoden zur Lösung wirtschaftlicher Fragen geeignet umzusetzen.

Krämer Damit sind wir auch schon bei den inhaltlichen Veränderungen des Studiums. Was sind denn hier die wichtigsten seit Ihrem Studienbeginn 1953?

Grohmann Da hatten wir in den fünfziger Jahren zunächst die Auseinandersetzung zwischen der Münchner und der Frankfurter Schule (Anderson sen. 1953; Blind 1953). Die Münchener sahen Statistik als allgemeine Methodenlehre an, unabhängig vom Anwendungsgebiet, die Frankfurter betonten, dass die Wirtschafts- und Sozialwissenschaften nicht nur formale, sondern auch materielle Ansprüche an die Statistik stellen. Bei näherem Zusehen besteht zwischen beiden zwar gar kein Widerspruch; doch setzte sich dann die rein formal ausgerichtete Statistik durch. Ein zweisemestriger Grundkurs in Statistik mit den Schwerpunkten Wahrscheinlichkeitsrechnung, Schätz- und Testtheorie wurde allgemeiner Standard. Lehrveranstaltungen über Wirtschaftsstatistik blieben dagegen die Ausnahme. Leider. Als in den sechziger Jahren der Ausbildungsausschuss der Deutschen Statistischen Gesellschaft über ein Pflichtprogramm für die Statistik im Grundstudium diskutierte, erläuterte mein Vorgänger Adolf Blind die Probleme der Wirtschaftsstatistik am Beispiel der Zahlungsbilanz, ihrer Aufstellung und der Vielfalt der Erhebungen und Schätzungen, die dafür nötig sind. Nach der Sitzung kam Kurt Weichselberger zu mir und sagte: „das ist ja hochinteressant, was Blind da erzählt, aber es ist keine Statistik".

Da kann ich nur sagen: Und ob das Statistik ist! (Grohmann 1991). Almut Steger, die Sie ja kennen, hat viele Jahre lang die Abteilung Zahlungsbilanzstatistik der Deutschen Bundesbank geleitet und maßgeblich an der Weiterentwicklung des „Balance-of-Payments-Manuals" des Internationalen Währungsfonds mitgewirkt. Doch setzte sich an den statistischen Lehrstühlen generell die Statistik im Sinne Weichselbergers durch. Obwohl weiter fast alle statistischen Lehrstühle in den Wirtschaftsfachbereichen angesiedelt waren, fanden die großen wirtschaftlichen und sozialen Probleme der Zeit, wie demografischer Wandel, soziale Ungleichheit, die Globalisierung oder die Energiewende, an diesen nur wenig Beachtung.

Krämer Was auch ich für eine ganz fatale Sache halte (Krämer 2012). Aber hier scheint sich ja in jüngster Zeit einiges zu tun?

Grohmann Das stimmt. Spätestens seit Beginn der jüngsten Wirtschaftskrise hat hier ein gewisser Wandel in dem Sinne eingesetzt, dass sich die Statistik zunehmend der empirischen Wirtschaftsforschung zuwandte, allerdings weiterhin stark mathematisch fundiert.

Krämer Diese Rückbesinnung auf die Praxis geht Ihnen also nicht weit genug?

Grohmann Gut bleibt auf jeden Fall, dass es heute doch noch fast an jeder Universität einen statistischen Lehrstuhl gibt, ebenso der damit verbundene Anschluss an die internationale Entwicklung. Ich bedaure nur, dass gerade in Wirtschaftsfakultäten wirtschaftsstatistische Fragen zu wenig behandelt werden. Nehmen Sie die Volkswirtschaftlichen Gesamtrechnungen. An statistischen Lehrstühlen werden sie so gut wie nicht behandelt. Die wissenschaftliche Auseinandersetzung über den beschränkten Aussagegehalt des Bruttosozialprodukts, siehe Stiglitz et al. (2010), zeigt aber, wie stark Statistiker mit den jeweiligen Sachfragen (Gesundheit, Wohnungsversorgung, Sozialschichtung) vertraut sein müssen, um tragfähige Beiträge zu leisten. Oder nehmen Sie Stichproben. Die sind auf den ersten Blick rein mathematischer Natur. Bevölkerungs-, Unternehmens- und Marktforschungsstichproben verlangen jedoch stets auch ein Eingehen auf die historisch oder kulturell bedingten Lebensumstände, wie gesetzliche Regelungen, Datenschutzfragen, Branchenspezifitäten, Antwortverweigerungen und anderes mehr.

Krämer Da sind wir uns völlig einig. Ich übertreibe wohl kaum, wenn ich Sie als das prominenteste Bindeglied zwischen amtlicher und universitärer Statistik in Deutschland bezeichne, siehe etwa Grohmann (1976). Welche Form hatte denn diese Brückenfunktion im Einzelnen?

Grohmann Es begann damit, dass ich für meine Dissertation – ein Bevölkerungsmodell zur Beurteilung der langfristigen Finanzierbarkeit der dynamischen Rente – sehr detaillierte Bevölkerungsdaten brauchte, die es nur im damals gerade eingeführten Mikrozensus gab (Grohmann 1965). Der zuständige Referent, Lothar Herberger, stellte sie mir in Form von Summenkarten zur Verfügung. Von da an pflegte ich enge Kontakte zum Statistischen Bundesamt und zur amtlichen Statistik überhaupt, vor allem bei den Jahrestagungen der Deutschen Statistischen Gesellschaft. So lernte ich auch Gerhard Fürst und Hildegard Bartels persönlich kennen. Das erleichterte generell die sachgerechte Nutzung amtlicher Daten, nicht zuletzt auch von Einzeldaten für die Wissenschaft. Hier stellte sich dann sehr bald die Frage des Datenschutzes. In diesem Zusammenhang habe ich beispielsweise 1979 auf der Jahrestagung der Deutschen Statistischen Gesellschaft in Hannover die Podiumsdiskussion über dieses Thema mit dem Vertreter des Statistischen Bundesamtes Gerhard Bürgin, dem Hessischen Datenschutzbeauftragten Spiros Simitis und einem der Initiatoren des Sonderforschungsbereich 3 Hans-Jürgen Krupp moderiert (Grohmann et al. 1980). Später habe ich als Sachverständiger an einer Sitzung des Innenausausschusses des Deutschen Bundestages zur Novellierung des Bundesstatistikgesetzes teilgenommen. Unter anderem ging es dabei auch um das sog. Wissenschaftsprivileg.

Krämer Bleiben wir noch etwas bei Ihrer Dissertation zum Thema Rente. Damit haben Sie sich ja immer wieder beschäftig?

Grohmann Oh ja, sehr viel sogar. Demografie und Alterssicherung waren eigentlich mein Hauptforschungsgebiet. Nach der Einführung der dynamischen Rente 1957 gab es heftige Auseinandersetzungen sowohl zwischen Arbeits- und Finanzministerium als auch mit der Versicherungswirtschaft über die langfristige Finanzierbarkeit. Als Beitrag zur Klärung habe ich das Modell einer stationären Bevölkerung entwickelt, die außer nach Alter auch nach allen für die Beitrags- und Rentenzahlungen maßgeblichen Merkmalen gegliedert war, und das mit recht simplen rechentechnischen Mitteln (Grohmann 1965). Das Ergebnis war ein Beitragssatz von 19 %, was beim damals aktuellen Beitragssatz von 14 % für Furore sorgte. Mitte der 70er-Jahre, als es die ersten Computer gab, hat einer meiner Assistenten das Konzept auf die tatsächliche Bevölkerung angewandt (Glaab 1977). Daraus ist dann eine der ersten Vorausrechnungen entstanden, die den langfristigen demografischen Wandel und seine Bedeutung für die Rentenversicherung sichtbar machten.

Später habe ich ein Gutachten über die Prognoseunsicherheiten 15-jähriger Vorausrechnungen für das Bundesarbeitsministerium erstellt (Grohmann 1980). Von da an wurde ich viele Jahre lang als Sachverständiger zu den Sitzungen des Sozialbeirats eingeladen. In dieser Zeit habe ich geradezu hautnah miterlebt, wie der Bundesarbeitsminister spontan die seit 20 Jahren geltende Rentenformel für drei Jahre aussetzte, um das System zu retten. Denn 1977 mussten die Renten nach der alten Formel um 9,9 % erhöht werden, obwohl die Lohnzuwachsraten inzwischen stark zurückgegangen waren. Ich habe mich damals sehr für eine zeitnahe Anpassung der Renten- an die Lohnentwicklung eingesetzt.

Als der Sozialbeirat 1979 eine Wissenschaftlergruppe mit einer Analyse der länger-fristigen Entwicklungsperspektiven der Rentenversicherung beauftragte, war ich eines der fünf Mitglieder. Neben meiner Beteiligung am Gesamtgutachten der Wissenschaftlergruppe habe ich ein Einzelgutachten über „Die gesetzliche Rentenversicherung im demographischen Wandel" angefertigt (Grohmann 1981). Dabei ging es mir vor allem um denkbare Anpassungs- und Entlastungsstrategien und deren finanzielle Auswirkungen. In diesem Zusammenhang habe ich als Gegensatz zur „Nettoanpassung" eine „Modifizierte Bruttoanpassung" vorgeschlagen, die inzwischen, wenn auch in etwas anderer Form, anstelle der Nettoanpassung verwirklicht wurde.

Krämer Also hat Ihre Beratertätigkeit tatsächlich etwas bewirkt?

Grohmann Ich glaube schon, siehe Grohmann (1993). Man darf dabei nur nicht erwarten, dass die Politik den Vorschlägen der Wissenschaft einfach folgt. Aber gänzlich unbeachtet bleiben sie auch nicht. Die Rentenversicherungspolitik in der Bundesrepublik hat sich immer wissenschaftlich beraten lassen. Auf den absehbaren demografischen Wandel hat sie aber nur sehr zögerlich und nicht entschieden genug reagiert. Heute neigt sie leider eher dazu, selbst das Erreichte aufs Spiel zu setzen.

Krämer Ein weiterer Schwerpunkt Ihrer Beratung war die Volkszählung?

Grohmann In der Tat war der nachhaltigste Brückenschlag zwischen amtlicher Statistik und Wissenschaft eine Folge des Volkszählungsgesetzes 1983. Das Bundesverfassungsgericht hatte dieses erst ausgesetzt und dann im berühmten Volkszählungsurteil vom 15. Dezember 1983 für verfassungswidrig erklärt. Die Deutsche Statistische Gesellschaft hat daraufhin auf ihrer Jahrestagung 1983 in Wuppertal nach einer fünfstündigen, vom Vorsitzenden Karl-August Schäffer geleiteten Diskussion in der Mitgliederversammlung eine positive Erklärung zur Volkszählung beschlossen, für die ich den ersten Entwurf verfasst hatte.

Von da an habe ich eigenständig oder in enger Kooperation mit dem damaligen Präsidenten des Statistischen Bundesamtes, Egon Hölder, in zahllosen, oft auch streitigen Veranstaltungen das hohe Interesse von Wissenschaft und Gesellschaft an den Daten einer Volkszählung begründet und das damalige Verfahren gerechtfertigt (Grohmann 1989). Ein Beispiel ist eine heftige Auseinandersetzung mit dem Informatiker Karl Brunnstein, einem der Beschwerdeführer gegen das Volkszählungsgesetz 1983, vor hunderten von Studenten im Audimax der Universität Heidelberg. An der nachfolgenden Sachverständigen-Anhörung im Innenausschuss des Deutschen Bundestages zu dem nun von der Bundesregierung vorgelegten Volkszählungsgesetz 1986 (das 1987 in Kraft trat), habe ich ebenfalls aktiv mitgewirkt.

Krämer Und im Kielwasser dann der Mikrozensus?

Grohmann Ja, zwangsläufig. Vom Volkszählungsurteil von 1983 konnte auch der Mikrozensus nicht unberührt bleiben. Im Bundestagsinnenausschuss wurde heftig darüber gestritten, ob bei dieser Erhebung nicht auf die Auskunftspflicht verzichtet werden könne. Zur Klärung ordnete der Bundestag im Mikrozensusgesetz 1985 große Probeerhebungen an und setzte zur Prüfung der Ergebnisse einen wissenschaftlichen Beirat ein, dessen Mitglieder vom Vorstand der Deutschen Statistischen Gesellschaft zu benennen waren (§ 13 Mikrozensusgesetz von 1985). Ich war Mitglied, zuletzt Vorsitzender dieses Beirats. Das Ergebnis der mehrjährigen Beratungen haben wir in dem Band „Mikrozensus im Wandel" an Bundesinnenminister Schäuble übergeben (Esser et al. 1989). Doch bedurfte es noch intensiver Beratungen mit den maßgeblichen Bundestagsabgeordneten, bis festgeschrieben war, dass der Kernteil des Mikrozensus als Pflichterhebung erhalten blieb. Ein weiterer methodischer Vorschlag für die Einführung eines unterjährigen Mikrozensus wurde später im Mikrozensusgesetz von 2005 in die Tat umgesetzt.

Krämer Ihre Einstellung zum registergestützten Zensus?

Grohmann Nachdem zunächst Bundeskanzler Helmut Kohl und später die Bundesregierung unter Gerhard Schröder eine Rückkehr zur traditionellen Form einer Volkszählung strikt abgelehnt hatten, haben die Statistischen Ämter des Bundes und der Länder zwei Formen eines registergestützten Zensus ausgearbeitet: ein Bundes- und ein Ländermodell. Ich habe mich früh für das Ländermodell, das zumindest eine 100 %-ige Gebäude- und Wohnungszählung umfasste, ausgesprochen und auch später den Weg zum Zensusgesetz 2011 aus wissenschaftlicher Sicht vertreten (Grohmann 2009). Die Deutsche Statistische Gesellschaft hat sich u. a. in einer ganztätigen Ausschusssitzung im Rahmen der Statistischen Woche 1998 in Lübeck unter dem Titel „Volkszählung 2001" ebenfalls der Thematik angenommen (Grohmann et al. 1999).

Krämer Sie haben sicher die Kritik am aktuellen Zensus verfolgt. Ist da etwas dran?

Grohmann Ja und nein. Richtig ist, dass ein registergestützter Zensus, wie wir ihn im Jahr 2011 hatten, nicht alle Datenanforderungen erfüllen kann wie ein traditioneller Zensus. Das gilt besonders für die regionale Aufgliederung. Die Entscheidung für den Registerzensus war aber eine rein politische, getragen von allen Regierungsparteien seit dem Jahr 2000. Statistiker in Bund, Ländern und Gemeinden und aus der Wissenschaft haben seitdem um eine tragfähige Lösung gerungen, und ich denke, der Zensus 2011 entspricht diesem Bemühen.

Die Klagen, die jetzt geführt werden, sind verständlich. Gemeinden, die nach dem neuen Zensus nun „amtlich" weniger Einwohner haben als bisher angenommen und mit finanziellen Einbußen rechnen müssen, suchen Schwachpunkte des Zensus auszumachen. Sie zielen vor allem auf die Anlage und Durchführung der Stichprobe, die ein wesentliches Element des Registerzensus ist. Bei Gemeinden unter 10.000 Einwohnern gab es keine Stichprobe; diese Grenzsetzung war aber politisch gewollt. Bei größeren Gemeinden diente die Stichprobe außer zur Ermittlung von sozioökonomischen Strukturdaten zur Korrektur der Einwohnerzahlen (siehe Münnich et al. 2011). Dabei sind Stichprobenfehler unvermeidlich. Allenfalls könnte man versuchen, systematische Fehler nachzuweisen und deren Korrektur einzufordern. Aber das scheitert wohl am Datenschutz. Auch waren die Planung der Stichprobe und die Hochrechnung der Ergebnisse für die betroffenen Gemeinden nicht mehr einfach zu durchschauen. Denn für die Anlage der Stichprobe hat der Gesetzgeber zahlreiche Vorgaben gemacht, die sich nur durch Anwendung einer hoch entwickelten Schätz- und Testmethodik erfüllen ließen. Aber wie immer man es auch dreht und wendet, ein handfester Angriff auf die Zensusergebnisse müsste sich wohl gegen das Zensusgesetz selbst richten, wenn er auch nur halbwegs Aussicht auf Erfolg haben sollte. Damit rechne ich aber nicht.

Krämer Wir treffen uns heute hier in Hannover. Morgen ist die Heinz Grohmann Vorlesung. Berührt Sie das?

Grohmann Das ist eine ganz große Ehre für mich. Ich empfinde sie aber auch als eine Bereicherung für die Deutsche Statistische Gesellschaft. Für mich war es immer auch eine Verpflichtung der Statistik als Wissenschaft, sich mit gesellschaftlichen Problemen auseinanderzusetzen, die ihrer zur Lösung bedürfen. Das verlangt Methodenkenntnisse; es verlangt aber auch Kenntnisse über geeignete Daten und deren Qualität und nicht zuletzt die Fähigkeit, sie im jeweiligen Kontext sachgerecht und kritisch zu interpretieren. Die Heinz-Grohmann-Vorlesung hat das bisher immer vorbildhaft gezeigt. Damit hat auch diese Auffassung von Statistik in der Deutschen Statistischen Gesellschaft einen festen Platz.

Am Rande der Statistischen Woche Hannover 2014: Heinz Grohmann und Almut Steger im Gespräch mit Walter Krämer

Krämer Herr Grohmann, ich danke Ihnen für das Gespräch.

Literatur

Anderson sen. O (1953) Moderne Methoden der statistischen Kausalforschung in den Sozialwissenschaften. Allg Stat Archiv 37:289–300

Blind A (1953) Probleme und Eigentümlichkeiten sozialstatistischer Erkenntnis. Allg Stat Archiv 37:301–313

Esser H, Grohmann H, Müller W, Schäffer K-A (1989) Mikrozensus im Wandel – Untersuchungen und Empfehlungen zur inhaltlichen und methodischen Gestaltung, Schriftenreihe Forum der Bundesstatistik, herausgegeben vom Statistischen Bundesamt, Bd 11. Metzler-Poeschel, Stuttgart

Glaab P (1977) Eine Modellrechnung zur langfristigen Entwicklung der finanziellen Situation in der gesetzlichen Rentenversicherung. Peter Lang, Frankfurt am Main

Grohmann H (1965) Die Entwicklung eines Bevölkerungsmodells zur Beurteilung der Finanzierung der dynamischen Rente. Duncker & Humblot, Berlin

Grohmann H (1976) Statistik im Dienste von Wirtschaftswissenschaft und Wirtschaftspolitik – Einige methodologische Betrachtungen zu ihren Zielen und Möglichkeiten. Allg Stat Archiv 60:320–356

Grohmann H (1980) Rentenversicherung und Bevölkerungsprognosen, Schriftenreihe des Sonderforschungsbereichs 3 der Universitäten Frankfurt und Mannheim, Bd 2. Campus, Frankfurt am Main

Grohmann H (1981) Die gesetzliche Rentenversicherung im demographischen Wandel. In: Langfristige Probleme der Alterssicherung in der Bundesrepublik Deutschland, Bd 2. veröffentlicht durch den Bundesminister für Arbeit und Sozialordnung, Bonn, S 1–94

Grohmann H (1989) Volkszählung 87–10 min, die allen helfen – Fakten der Ausgangslage der Volkszählung. In: Statistisches Bundesamt (Hrsg) Wie spricht der Staat mit seinen Bürgern? Metzler-Poeschel, Stuttgart, S 19–33

Grohmann H (Hrsg) (1991) Außenhandels- und Zahlungsbilanzstatistik. Allg Stat Archiv 27(Sonderheft)

Grohmann H (1993) Das Verhältnis von Wissenschaft und Politik im Prozeß der Rentenreformen seit 1957. In: Rinne H, Rüger B, Strecker H (Hrsg) Grundlagen der Statistik und ihre Anwendungen, Festschrift für Kurt Weichselberger. Physica, Heidelberg, S 242–255

Grohmann H (2009) Von der Volkszählung zum Registerzensus – Paradigmenwechsel in der deutschen amtlichen Statistik. AStA Wirtsch sozialstat Archiv 3(1):3–23

Grohmann H, Bürgin G, Krupp H-J, Simitis S (1980) Podiumsdiskussion zum Thema: „Vielseitige Nutzung statistischer Einzelangaben und Datenschutz". Allg Stat Archiv 64:39–75

Grohmann H, Sahner H, Wiegert R (1999) Volkszählung 2001 – Von der traditionellen Volkszählung zum Registerzensus. Allg Stat Archiv 33(Sonderheft)

Grohmann H, Krämer W, Steger A (2011) Statistik in Deutschland – 100 Jahre Deutsche Statistische Gesellschaft. Springer, Berlin

Krämer W (1979) Eine Alternative zur Methode der gleitenden Durchschnitte bei der Trendschätzung mit trendabhängiger Saisonkomponente. Allg Stat Archiv 63:386–393

Krämer W (2012) Das Signifikanztest-Ritual und andere Sackgassen des Fortschritts in der Statistik. AStA Wirtsch Sozialstat Archiv 5(4):299–308

Münnich R, Gabler S, Ganninger M, Burgard JP, Kolb J-P (2011) „Stichprobenoptimierung und Schätzung im Zensus 2011", Staat und Wissenschaft, Bd 21. Destatis, Wiesbaden

Stiglitz J, Sen AK, Fitoussi JP (2010) Mismeasuring our lives. The New Press, New York

Walter Radermacher

Kein spannenderer Arbeitsplatz als die Amtsstatistk

Walter Radermacher (*10. Juni 1952 in Aachen) war von 2008 bis 2016 Generaldirektor von Eurostat, dem Statistischen Amt der EU. Zuvor war er lange Jahre Mitarbeiter und zuletzt Präsident des Statistischen Bundesamtes. In dieses war er im Jahr 1978 nach einem Studium der Betriebswirtschaftslehre in Aachen und Münster eingetreten, er kennt also die Amtsstatistik sozusagen von der Piekauf. Seine ersten Erfahrungen sammelte er in den Handelsstatistiken und bei der Handels- und Gaststättenzählung 1985, der ersten Großzählung in Deutschland nach dem Volkszählungsurteil von 1983. Anschließend war er mit der Implementierung moderner Geo-Informationssysteme in der amtlichen Statistik befasst, in den 1990er-Jahren baute er die deutschen Umweltökonomischen Gesamtrechnungen (UGR) auf; das Statistische Bundesamt erntete damit hohe internationale Anerkennung.

Seit 1998 engagierte Radermacher sich für die Modernisierung der Verwaltung, zum Beispiel durch Einführung eines modernen Qualitätsmanagement- und Personalentwicklungssystems. Im Jahr 2003 wurde er Vizepräsident und Ende 2006 Präsident des Statistischen Bundesamtes (und damit auch Bundeswahlleiter). Während der deutschen EU-Präsidentschaft 2007 präsidierte Radermacher der Ratsarbeitsgruppe Statistik, von 2005 bis 2008 leitete er die Expertenkommission der Vereinten Nationen für umweltökonomische Gesamtrechnungen (UN Committee of Experts on Environmental-Economic Accounting – UNCEEA). Er ist auch Mitglied der „High-Level Expert Group on the Measurement of Economic Performance and Social Progress“ (HLEG) bei der OECD und bereitete die Gründung der europäischen Sektion des UNGGIM (United Nations Committee of Experts on Global Geospatial Information Management) vor. So gesehen war es fast kanonisch, dass bei der Neubesetzung des Eurostat-Chefpostens die Wahl auf Walter Radermacher fiel.

Dieser Beitrag wurde bereits in *AStA Wirtschafts- und Sozialstatistisches Archiv* (Bd. 9, 2015, https://link.springer.com/article/10.1007/s11943-015-0171-z) veröffentlicht und für das vorliegende Buch leicht überarbeitet.

W. Krämer (Hrsg.), *Statistik hautnah*, https://doi.org/10.1007/978-3-662-69596-8_3

Walter Radermacher war auch Lehrbeauftragter für Statistik und Umweltökonomie an der Fachhochschule Wiesbaden und an der Universität Lüneburg; an der Universität Luxemburg hat er im Rahmen eines Lehrgangs für nachhaltige Entwicklung in die amtliche Statistik eingeführt. Seit 2022 leitet er das Advisory Board on Ethics des International Statistical Instituts (ISI) sowie die Kommission Zukunft Statistik (KomZS), die das Statistische Bundesamt bei seiner Programmplanung berät. Er ist verheiratet und hat zwei Töchter und zwei Enkel. Mit dem Fragesteller Walter Krämer traf er sich im März 2015 in Luxemburg.

Krämer Herr Radermacher, wie kommt man als Betriebswirt zur Statistik?

Radermacher Da müssen Sie erst mal fragen: warum studiert man BWL? Bei mir war es der elterliche Betrieb, den sollte ich übernehmen. Daraus ist aus vielen Gründen zwar später nichts geworden, aber das BWL-Studium und der Abschluss als Diplom-Kaufmann waren nahezu ein Muss (wobei für meine Eltern der „Kaufmann" fast mehr zählte als das „Diplom").

Zu meiner Neigung für Statistik und zu einer Spezialisierung auf die mathematischeren Fächer ganz allgemein hat vor allem mein Studienbeginn an der RWTH Aachen beigetragen. Da saß man im ersten Semester mit den Ingenieuren zusammen, die waren hinsichtlich Mathematik natürlich ganz Anderes gewohnt als wir Betriebswirte. Nach erheblichen Startschwierigkeiten bei Professor Kurt Stange, aber kompensiert durch die pädagogische Unterstützung seines „Oberingenieurs" Peter-Theodor Wilrich, wurde ich dann ziemlich fit und war den BWLern an der Uni Münster überlegen, wo ich später hingegangen bin. Daraus ergab sich fast automatisch der Spaß an Statistik, Ökonometrie und Operations Research.

Krämer …. bis hin zu Ihrer Diplomarbeit

Radermacher Ja, die habe ich über Bayes'sche Intervallschätzung und Entscheidungen geschrieben, da habe ich zum ersten Mal mit der subjektiven Variante der Statistik und mit der Beziehung zwischen Evidenz und Entscheidungen Bekanntschaft gemacht. Dann war ich zwei Jahre an einem Lehrstuhl für Operations Research und Wirtschaftsmathematik und habe erkannt, dass Forschung und Universität nicht meine Zukunft sind. Stattdessen habe ich eine gute Mischung aus Theorie und Praxis sowie einen Bezug zu politisch relevanten Themen gesucht. Und das alles gab es beim Statistischen Bundesamt.

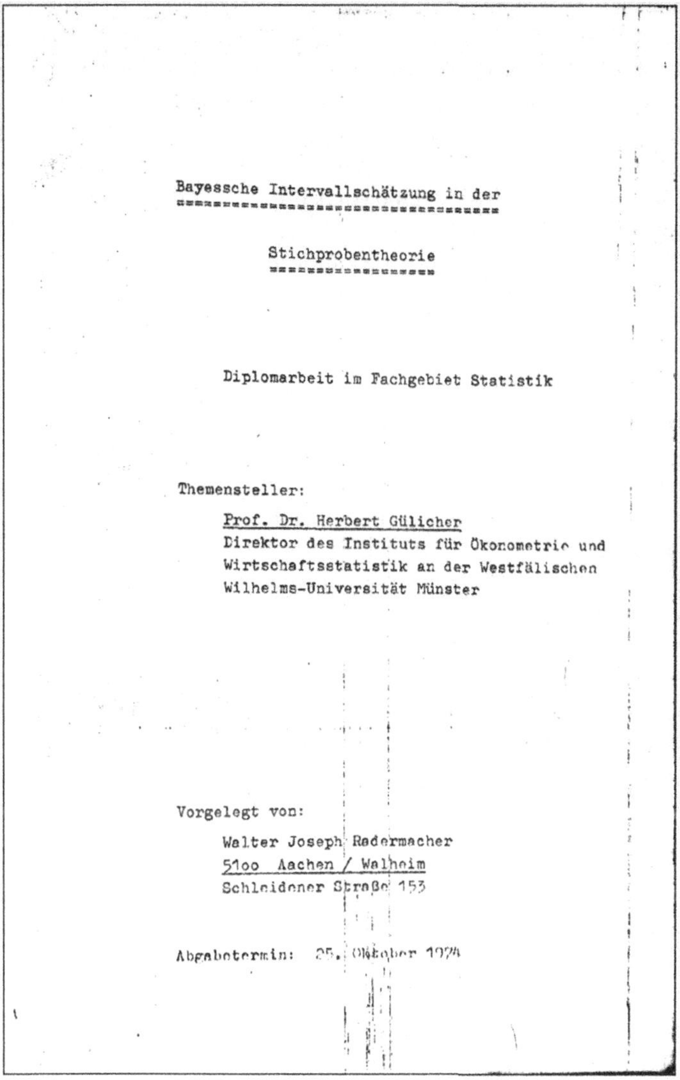

Bayessche Intervallschätzung in der

Stichprobentheorie

Diplomarbeit im Fachgebiet Statistik

Themensteller:

Prof. Dr. Herbert Gülicher
Direktor des Instituts für Ökonometrie und
Wirtschaftsstatistik an der Westfälischen
Wilhelms-Universität Münster

Vorgelegt von:

Walter Joseph Radermacher
5100 Aachen / Walheim
Schleidener Straße 153

Abgabetermin: 25. Oktober 1978

Eine frühe Begegnung mit Vorinformationen und subjektiven Wahrscheinlichkeiten

Krämer Sie haben also Ihren Wechsel in die Amtsstatistik nie bereut?

Radermacher Um Gottes Willen! Für mich gibt es keinen spannenderen Arbeitsplatz auf der Welt.

Krämer Aber fühlen Sie sich als Vertreter der Amtsstatistik von der akademischen Statistik zuweilen nicht etwas alleingelassen?

Radermacher Das kommt drauf an, in welcher Beziehung. Gewisse Defizite gibt es aus meiner Sicht zum Beispiel bei der Ausbildung des Nachwuchses. Mein Eindruck ist, dass das Fach Statistik an den Universitäten blüht, dass aber Lehre und Forschung mehr und mehr auf andere Anwendungen als die in der amtlichen Statistik ausgerichtet sind. Insbesondere die Finanzwirtschaft scheint im Vergleich der attraktivere Arbeitsmarkt für Absolventen und der potentere Finanzier für die Forschung zu sein. Hinzu kommt, dass die empirischen Fächer insbesondere in der VWL an Boden verloren haben. Und damit fällt es uns schwer, gut ausgebildete Volkswirte z. B. für die Volkswirtschaftlichen Gesamtrechnungen zu finden. Bei den Sozialwissenschaften oder den geografischen Fachbereichen scheint mir die Lage allerdings besser zu sein, was anwendungsorientierte, empirische Ausbildung angeht.

Krämer War das der Grund für den „European Master of Official Statistics" (EMOS)?

Radermacher Zum Teil ganz sicher. Mit EMOS wollen wir diesen Mangel beheben oder zumindest abmildern. Wir wollen die amtliche Statistik wieder mehr in den Blickpunkt der Universitäten und Studierenden bringen und zeigen, dass hier ein attraktiver Arbeitsmarkt mit hochinteressanten Aufgaben wartet. Das europäische Statistiksystem hält in rund 30 Ländern etwa 50.000 Arbeitsplätze vor. Nimmt man eine Fluktuation von – sagen wir – 2 % pro Jahr, dann sind das 1000 freie Stellen jedes Jahr, davon die Hälfte für akademisch ausgebildete Fachkräfte. Dazu kommt die Nachfrage der Zentralbanken, von Wirtschaftsforschungsinstituten, Versicherungen, Verbänden usw. Wenn das keine guten Aussichten sind!

Krämer Ich werde es meinen Studenten in Dortmund sagen. Und wie sehen Sie das Verhältnis von Amtsstatistik und statistischer Wissenschaft?

Radermacher Auch hier sehe ich vielfältige Möglichkeiten. Nehmen Sie die Auswirkung der „Datenrevolution" auf die Art und Weise, wie die Daten der amtlichen Statistik gesammelt werden. Im Englischen verwendet man den Begriff „multiple source mixed mode design" für den Übergang zur modernen Art der Erhebung; eine Herausforderung an die Spezialisten für entsprechende Methoden an den Universitäten, wenn man weiterhin die Qualität der statistischen Informationen gewährleisten will. Oder nehmen Sie die Verknüpfung von bislang getrennten Statistikfeldern auf der Ebene von (konsistenten) Kontenrahmen oder Indikatoren, repräsentiert durch die Abkürzung „GDP & Beyond". Oder nehmen Sie robuste Verfahren für Schnellschätzungen oder Small-Area-Schätzungen und viele andere Forschungsthemen mehr.

Krämer Mal was anderes: Sie haben es als Deutscher in eine Führungsposition in der EU gebracht. Fühlen Sie sich als Exot?

Radermacher Wieso? Unsere Landsleute sind in den Top-Etagen der EU gar nicht so selten, wie Sie vielleicht denken. Allein auf Generaldirektorenebene sind wir mit Matthias Ruete, Walter Deffaa und Karl-Friedrich Falkenberg zu viert. Neben dem EU-Kommissar Günther Öttinger gibt es den EU-Parlamentspräsidenten Martin

Schulz und den Leiter des ESM Klaus Regling sowie den Präsidenten der EIB Werner Hoyer, um nur einige Beispiele zu nennen. Wir müssen uns also über mangelnde deutsche Repräsentanz in der EU-Spitze nicht beklagen.

Krämer Ich werde trotzdem den Verdacht nicht los, dass etwa die Franzosen ihre Interessen weitaus vehementer durchsetzen als die deutsche Diplomatie es sich jemals trauen würde. Wie ist das zum Beispiel mit der Arbeitssprache hier bei Eurostat? Wie reden Sie denn hier in Luxemburg mit Ihren Mitarbeitern?

Radermacher Dass Franzosen ihre Interessen mit mehr Power durchsetzen, ist meines Erachtens eine fixe Idee in Deutschland. Sprachen gibt es in der EU insgesamt 24, Arbeitssprachen nur drei. Ich persönlich spreche mit meinen Mitarbeitern hauptsächlich Englisch, aber häufig auch Deutsch. Ansonsten ist Französisch ebenfalls eine der wichtigen Arbeitssprachen bei Eurostat. Es kommt immer auf den Kontext und die jeweiligen Mitarbeiter an. In Sitzungen haben wir uns fast durchweg auf Englisch geeinigt, dabei machen auch die Franzosen mit und ebenso die Deutschen.

Krämer Die Deutschen machen ja überall mit?

Radermacher Das würde ich so nicht sagen. Im Prinzip wollen wir bei Eurostat in Arbeitsgruppen auf Englisch kommunizieren, weil es einfach weniger kostet, da wir nicht extra Dolmetscher bestellen müssen. Es sei denn, wir haben wirklich einen Ausnahmefall, einen Teilnehmer, der in einer Sitzung partout nicht mit Englisch klarkommt.

Im Großen und Ganzen versuchen wir einfach, die Probleme pragmatisch zu lösen. Man wechselt die Sprachen, man richtet sich so ein, dass man sagt: Wir sprechen jetzt die Sprache, die für diese Gelegenheit und Konstellation die beste ist. Das kann mal Französisch sein, auch mal Deutsch, aber man ist da wirklich nicht dogmatisch.

Krämer Kann man eigentlich im Rahmen der europäischen Amtsstatistik von länderspezifischen Kulturen sprechen?

Radermacher Ja natürlich. Es gibt unterschiedliche geschichtliche Verläufe, unterschiedliche Einflüsse der kulturellen Umgebungen, aber auch sehr handfeste Unterschiede in den Produktionsbedingungen und in der Existenz von verlässlichen administrativen Daten. In Frankreich etwa spielt die zentrale Organisation des Staates und der Administration eine große Rolle. Zum Beispiel werden Statistikschulen durch das nationale Statistische Amt (INSEE) betrieben. Wenn man in Frankreich als Statistiker z. B. in Ministerien arbeitet, gehört man gleichwohl auch zu INSEE, und das ist wirklich ein starker Zusammenhalt. Und dann ist in Frankreich auch der Wechsel vom öffentlichen Dienst in die Privatwirtschaft und umgekehrt häufiger und normaler als in Deutschland. Bei uns ist man entweder bei der Bank, bei der Versicherung, in der Industrie oder im Statistikamt. Aber es kommt relativ selten vor, dass man wechselt.

Krämer Zu Ihrer Wiesbadener Zeit gab es also wenige Seiteneinsteiger?

Radermacher Es wird mal gewechselt zwischen der Bundesbank und Destatis oder auch zwischen den Statistischen Landesämtern und dem Bundesamt. Aber das ist viel zu wenig.

Krämer Und dann gibt es ja auch unterschiedliche Kulturen in der administrativen Organisation?

Radermacher Klar. In Deutschland, Österreich und der Schweiz legt man großen Wert darauf, dass amtliche Statistik sehr nahe an dem bleibt, was man beobachten und erheben kann. Demgegenüber orientieren sich unsere angelsächsischen, niederländischen und skandinavischen Kollegen mehr an wissenschaftlichen Theorien und deren Anforderungen. Natürlich handelt es sich hierbei eher um graduelle Unterschiede. Gleichwohl führt dies im konkreten Fall dazu, dass man je nach kulturellem Hintergrund Schätzungen auf Basis von Modellen mit Skepsis begegnet oder eben nicht. Hier habe ich den Eindruck, dass die methodische Einigung auf einen europäischen Mittelweg sehr vernünftig ist und beiden Lagern ihre manchmal zu einseitige Sichtweise nimmt.

Walter Radermacher im Gespräch mit Walter Krämer in seinem Büro bei Eurostat in Luxemburg

Krämer Aber bleiben wir noch etwas bei der Verlässlichkeit der Daten. Da ist ja im Umfeld der Eurokrise die Amtsstatistik einiger Mitgliedstaaten und damit indirekt auch Eurostat in die Kritik geraten. Was sagen Sie dazu?

Radermacher In der Tat hat sich zunächst 2005 und dann erneut 2009 herausgestellt: Die von Griechenland gelieferten Ergebnisse der VGR, insbesondere für die Maastricht-Indikatoren der öffentlichen Finanzen, waren inkorrekt. Beide

Male war Eurostat unter den Stimmen, die darauf hingewiesen haben. Wie von Eurostat (2010) dargelegt, sind diese Zahlen mit Vorsatz falsch erstellt und geliefert worden. Aber Eurostat hatte zu diesem Zeitpunkt nicht die gesetzlichen Mittel, dies zu verhindern. Jetzt haben wir diese gesetzlichen Mittel, und machen davon auch Gebrauch. Zum Beispiel führt Eurostat regelmäßig in allen Mitgliedstaaten sogenannte „upstream"-Besuche durch, bei denen wir Einblicke in die Rechnungsbücher bekommen, auf Grundlage derer die Volkswirtschaftliche Gesamtrechnung erstellt wird. Insofern hatte der damalige Vorgang auch sein Gutes und hat deutlich zur Stärkung unserer Rolle in Punkto Qualitätssicherung beigetragen. Seit November 2010 sind die griechischen Statistiken von Eurostat nicht mehr beanstandet worden.

Gleichzeitig ist dies ein methodisch interessanter Fall; er zeigt, dass Verlässlichkeit von Statistiken ein sehr wichtiges Gut ist, das es umso mehr zu schützen gilt, je größer die politische oder finanzielle Bedeutung von Statistiken ist. Amtliche Statistik agiert nicht im Elfenbeinturm, sondern in unmittelbarer Nähe der Politik. Es bedarf deshalb besonderer Vorkehrungen zum Schutze der Unabhängigkeit und Integrität der statistischen Ämter.

Krämer Daran scheint es ja in Deutschland leicht zu hapern. Sie sind z. B. einer der wenigen, die als Fachstatistiker Chef geworden sind.

Radermacher Ja, Gerhard Fürst, Hildegard Bartels und ich, und Patrick Schmidt auch. Aber ich hoffe, dass sich das ändern wird. Zumindest auf Bundesebene bin ich optimistisch, auf Landesebene hat sich ja auch die DStatG an dieser Diskussion beteiligt (DStaG 2015), dito das „European Statistical Governance Advisory Board" (ESGAB 2015). Es gibt ja jetzt die revidierte Europäische Statistikverordnung (Nr. 223/2009) mit verbindlichen Regeln und Prinzipien betreffend professionelle Unabhängigkeit, fachliche Eignung, Auswahlverfahren etc, und ich gehe davon aus, dass auch in Deutschland diese gesetzlichen Vorschriften Einfluss auf die Art und Weise haben werden, wie zukünftig die Leitungsebene der amtlichen Statistik besetzt wird.

Krämer Damit sind wir auch schon beim Ausblick: Wo sehen Sie sonst noch große Herausforderungen für die Amtsstatistik des 21. Jahrhunderts?

Radermacher Die womöglich schwierigste Herausforderung wird sein, die amtliche Statistik in der Informations- und Wissensgesellschaft zu positionieren (siehe auch Radermacher 2012, 2015 sowie Krämer (2014)). Die Datenflut oder „Datenrevolution" wird unser Leben, unser Miteinander und unsere politischen Strukturen beeinflussen, womöglich sogar massiv verändern. Darauf müssen sich die Statistiker einstellen. In der Zukunft wird unsere Arbeit so sein wie die eines Goldsuchers, der einen großen Klumpen Erde hat und darin kleine Goldnuggets sucht. Also viel Rauschen, aber wenig Signal.

Das berührt auch die professionelle Kultur und Qualitätsauffassung der amtlichen Statistik. Die geht bisher davon aus – zumindest in der Sozial- und Bevölkerungsstatistik – dass man dann und nur dann Kontrolle über die Qualität der Ergebnisse hat, wenn man von Anfang an den Prozess steuert. Das fängt mit dem Fragebogen zur Sammlung von Daten an. Wenn ich den Fragebogen getestet und eine vernünftige Klassifizierung habe, dann bin ich als traditioneller Statistiker der Meinung, dass ich sozusagen eine „reine" Beobachtung mache, *rein* dreimal unterstrichen, die also nicht auf irgendeinem Modell fußt. In der Zukunft werden wir mischen müssen: Daten, die schon da sind, mit Daten, die wir erst noch erheben. Die „reine" Beobachtung wird verschwinden. Das ist vielen Kollegen ein Dorn im Auge, das führt in die Diskussion zwischen objektiver und subjektiver Statistik. Plötzlich sind wir mit der unangenehmen Frage konfrontiert, was das richtige Modell ist (siehe auch Little 2012). Darauf sind wir (noch) nicht vorbereitet. Wir haben das Gefühl, wir verlören unsere Unschuld.

Krämer Und das Außenverhältnis zu Politik und Öffentlichkeit?

Radermacher Die Erwartungen der Öffentlichkeit und Politik an unsere „Zunft" sind bereits heute sehr hoch und kaum zu erfüllen. Angesichts allgegenwärtiger Datenströme wird es noch wichtiger sein, den Wert einer soliden, verlässlichen öffentlichen Inforamtions-Infrastruktur zu belegen. ‚Qualität' ist deshalb das allentscheidende Wort.

Aber hohe Qualität hat ihren Preis. Was ist, wenn der Trend weiterhin zu Fast-Food-Daten geht und die Gesellschaft nicht bereit ist, für die Sterneküche qualitativ hochwertiger Informationen zu bezahlen? Auch beim Essen beobachten wir ja den scheinbar paradoxen Sachverhalt, dass Kochen und Kochwettbewerbe absolute Medienrenner sind, während gleichzeitig ungesunde Fertiggerichte und Lieferservices den Markt erobern. Wie in der Ernährung mangelt es auch vielen Konsumenten von Statistik an Verständnis für die Details, für die Möglichkeiten, aber auch für die Grenzen guter Informationen. Üblicherweise wird an dieser Stelle die mangelnde „statistical literacy" beklagt. Darum geht es aber meines Erachtens gar nicht so sehr; mehr Unterricht in Stochastik würde das Problem jedenfalls alleine nicht lösen. Zusätzlich zu einem gewissen mathematischen Grundgerüst halte ich es für wichtig, möglichst viele gebildete Statistik-Gourmets auszubilden, die wissen, wie man gute Ware erkennt, worauf es bei der Produktion ankommt und wie man gute Informationen am besten genießt.

Krämer Da sind wir schon zwei …

Radermacher Dies würde auch dem Phänomen entgegenwirken, dass unsere Gesellschaften auf eine blindwütige Art und Weise nach immer mehr „Evidenz" gieren, also unersättliche Gourmands sind. Mit einer solchen Kompetenzillusion (siehe Wehr 2014) und der Annahme, die Welt sei berechenbar, werden Mechanismen in Gang gesetzt, vor denen wir Statistiker warnen müssen. Evidenzgestütztes Entscheiden kann auch zur Ideologie werden, welche sich verselbstständigt. Gegen solche Auswüchse argumentieren zu müssen, ist vielleicht die zweitgrößte Herausforderung für die amtliche Statistik.

Drittens befinden wir uns in einer Übergangsphase der Globalisierung. Der klassische Nationalstaat, auf den die Amtsstatistik ausgerichtet ist, bekommt politische „Gefährten". Einerseits werden internationale Fragen immer wichtiger, andererseits nehmen subnationale Regionen und lokale Fragen einen größeren Raum ein. Amtliche Statistik wird infolgedessen gleichzeitig internationaler und regionaler werden müssen. Das jüngste UN-Papier zur Datenrevolution (Vereinte Nationen 2014) zeigt erste Linien dazu auf.

Viertens muss die amtliche Statistik die Quadratur des Kreises bewerkstelligen und sich an neue Datenbedürfnisse schneller anpassen, ohne ihr Vertrauen zu verlieren. Dabei handelt es sich nicht nur um Methodenfragen, sondern nicht zuletzt auch um eine verbesserte Interaktion und Kommunikation mit Nutzern. Es muss gelingen, die Multidimensionalität der Qualität von Statistikprodukten klar zu machen (Royal Statistical Society 2014).

Fünftens und letztens muss die amtliche Statistik ihr verbessertes Renommee auch in bare Münze umwandeln. Es ist verblüffend, wie gering die Zahlungsbereitschaft von Politik und Gesellschaft für die empirische Seite der Wirtschafts- und Sozialwissenschaften ist, wenn man das mit den Naturwissenschaften vergleicht. Das wird nur besser, wenn vor allem die Vertreter der ökonomischen Theorie diese Forderung nach mehr Ressourcen für „das Verstehen der Gesellschaft" unterschreiben.

Krämer Herr Radermacher, Sie sind auch Mitglied der Deutschen Statistischen Gesellschaft und wurden 2008 sogar zum Vorsitzenden vorgeschlagen. Leider – aus meiner Sicht – haben Sie dieses Amt wegen Ihres Rufes an die Eurostat-Spitze nicht angetreten. Was raten Sie denn Ihren Kollegen und Kolleginnen in der DStatG?

Radermacher Das folgt aus dem, was ich gerade erklärt habe, aus dem Paradigmenwechsel der amtlichen Statistik. Und da haben gewisse Nachbargesellschaften wie etwa die Gesellschaft für Klassifikation schon etwas mehr an Paradigmenwechsel hinter sich, weil sie schon sehr stark mit lernenden Klassifizierungssystemen, neuronalen Netzen, semantischen Netzen usw. arbeiten. Das ist sicher ein sehr interessanter Partner, mit dem wir uns enger zusammenschließen sollten.

Krämer Herr Radermacher, vielen Dank für dieses interessante und aufschlussreiche Gespräch.

Literatur

Deutsche Statistische Gesellschaft (2015) Kompetenz der Amtsstatistik in Gefahr, Pressemitteilung, 18 März

ESGAB (2015) Opinion of the European Statistical governance Advisory board urging the German authorities to make statistical competence one of the professional qualifications required when appointing heads of statistical offices, Pressemitteilung, 7 April

Eurostat (2010) Bericht zu den Statistiken Griechenlands über das öffentliche Defizit und den öffentlichen Schuldenstand. http://ec.europa.eu/eurostat/web/products-eurostat-news/-/COM_2010_REPORT_GREEK. Zugegriffen am 04.05.2015

Krämer W (2014) Interview mit Heinz Grohmann. AStA Wirtsch Sozialstat Archiv 8(4):269–277
Little RJ (2012) Calibrated Bayes: an alternative inferential paradigm for official statistics (with discussion and rejoinder). JOS 28(3):309–372
Radermacher WJ (2012) Zahlen zählen. AStA Wirtsch Sozialstat Archiv 5:285–298
Radermacher WJ (2015) Statistics 4.0. Eröffnungsrede bei der NTTS-Konferenz in Brüssel, 2015. http://www.researchgate.net/publication/273909550_Statistics_4.0. Zugegriffen am 04.05.2015
Royal Statistical Society (2014) Data Manifesto, siehe. http://www.rss.org.uk/Images/PDF/influencing-change/rss-data-manifesto-2014.pdf. Zugegriffen am 04.05.2015
Vereinte Nationen (2014) A world that counts. http://www.undatarevolution.org/. Zugegriffen am 04.05.2015
Wehr M (2014) Die Kompetenzillusion, Frankfurter Allgemeine Zeitung, 7 Januar

Georg Thiel

Vom Technischen Hilfswerk zum Statistischen Bundesamt

Georg Thiel (*1957 in Köln) hat an der Universität zu Köln Rechtswissenschaften studiert und dort auch promoviert. Nach dem Studium arbeitete er zunächst im Bundesamt für Zivilschutz, dann ab 1990 als Referent in der Fachabteilung „Vertriebene" des Bundesministeriums des Innern. Dort übernahm er 1997 die Leitung des Organisationsreferates. Im Jahr 2002 wurde Georg Thiel zum Präsidenten der Bundesanstalt Technisches Hilfswerk berufen, und kehrte im Jahr 2006 als Ständiger Vertreter des Abteilungsleiters „Verwaltungsmodernisierung, Verwaltungsorganisation" in das Bundesministerium des Innern zurück, wo er unter anderem für die Bereiche Geoinformation und Statistik zuständig war. Im Jahr 2007 übernahm er zusätzlich auch die Leitung der Projektgruppe „Fortentwicklung der Arbeit des Verfassungsschutzes". Von Oktober 2015 bis Oktober 2016 war Georg Thiel stellvertretender Leiter des Bundesamtes für Migration und Flüchtlinge, im Oktober 2016 wurde der zum Vizepräsidenten und am 16. Oktober 2017 mit Wirkung zum 1. November 2017 zum Präsidenten des Statistischen Bundesamtes (Destatis) berufen und zum Bundeswahlleiter ernannt. Dieses Amt vesah er bis 2022. Mit dem Interviewer Walter Krämer traf er sich im November 2017 in seinem Büro in der Destatis-Zweigstelle Bonn.

Krämer Herr Thiel, erstmal einen herzlichen Glückwunsch zu Ihrer Ernennung zum 11. Präsidenten des Statistischen Bundesamtes. Sie stehen damit in einer großen Tradition. Was reizt Sie an dieser Aufgabe?

Dieser Beitrag wurde zuvor in *AStA Wirtschafts- und Sozialstatistisches Archiv* (Bd. 12, 2018, https://link.springer.com/article/10.1007/s11943-018-0218-z) veröffentlicht und für das vorliegende Buch leicht überarbeitet.

W. Krämer (Hrsg.), *Statistik hautnah*, https://doi.org/10.1007/978-3-662-69596-8_4

Thiel Dass hier verschiedene Fachdisziplinen zusammenarbeiten und ein qualitativ hochwertiges Produkt zu einem festen Zeitpunkt bereitstellen müssen. Diese gute Arbeit, die das Statistische Bundesamt in der Vergangenheit geliefert hat, hat zu einem großen Ruf und einer hohen Reputation geführt; eine solche Behörde dann zu übernehmen und zu leiten und weiterzuentwickeln, das ist einfach eine reizvolle Aufgabe.

Krämer Sie sagten „weiterentwickeln“. Welche Richtungen schweben Ihnen denn da vor?

Thiel Da sind zunächst einmal die großen Anforderungen durch Europa und die Globalisierung. Damit das griffig wird: Die Zahlen zur Entwicklung der Wirtschaftsleistung, das Bruttoinlandsprodukt, liefern wir bisher 45 beziehungsweise 60 Tage nach Ende eines Quartals. Viele EU-Mitgliedstaaten veröffentlichen schon nach 30 Tagen. Das auch in Deutschland in guter Qualität hinzubekommen und zu verankern, damit die Steuerschätzung und alles andere damit kompatibel werden, ist eine hoch reizvolle Aufgabe und auch nicht einfach.

Dann die Digitalisierung. Durch die Digitalisierung werden wir Datenmengen bekommen in einer Größenordnung, die wir uns nie vorgestellt haben. Was ist davon relevant und was nicht? Wie werden wir in der Amtsstatistik Daten bekommen von Bereichen, auf die wir bisher keinen Zugriff haben? Die Franzosen haben uns vorgemacht, wie man auf private digitale Daten zugreift. Davon sind wir noch weit entfernt. Die Digitalisierung wird die Prozesse enorm beschleunigen, aber auch verändern. Diese beiden Punkte, Globalisierung und Digitalisierung, sehe ich als die großen Herausforderungen.

Der neue Präsident des Statistischen Bundesamtes (*links*) mit seinem Amtsvorgänger Dieter Sarreither (*rechts*) und dem im Bundesministerium des Innern für Statistik zuständigen Staatssekretär Klaus Vitt

Krämer Und die kleinen Herausforderungen?

Thiel Also, wir haben eine ganze Reihe von gesellschaftlichen Themen, die in der amtlichen Statistik noch nicht optimal abgebildet werden. Ich nenne mal die Pflege, ich nenne das Bildungswesen. Wir sind mit den Kollegen der Bildungsressorts immer in der Diskussion und wir sind da schon vorangekommen im letzten Jahr, aber ich glaube, wir sind uns alle einig, dass wir da noch mehr tun könnten und wahrscheinlich sogar tun müssen.

Krämer Ihr Statistischer Beirat mahnt auch an, man möchte doch auch im Statistischen Bundesamt eine echte Forschungsabteilung installieren, damit auch hier Methodenforschung stattfindet, vergleichbar etwa dem Bureau of the Census in den USA. Wie stehen Sie denn dazu?

Thiel Was die Forschung als solche betrifft, positiv. Das Statistische Bundesamt und der gesamte Verbund der deutschen Amtsstatistik müssen den Anspruch haben, dass wir bei den statistisch-methodischen Dingen weltweit in der Spitzengruppe sind. Das ist erstmal der Anspruch. Das kann das Amt allein nie leisten. Deshalb haben wir ja schon jetzt eine enge Verzahnung von Wissenschaft und Amt. Die kann aber noch besser werden, und zwar in verschiedenen Stufen. So müssen wir bei der Bachelor- und Master-Ausbildung mehr einbringen, was uns als Amt interessiert. Umgekehrt müssen wird das Wissen von Bachelor- und Masterarbeiten mehr als bisher für uns nutzen. Der vom Statistischen Bundesamt vergebene Gerhard-Fürst-Preis, dessen Jury Sie dankenswerterweise angehören, zeigt ja, dass uns solche Arbeiten sehr interessieren. Schon jetzt haben wir in ausgewählten sonstigen Methodenfragen eine enge Kooperation etwa mit Professor Münnich in Trier. Solche Kooperationen kann ich mir auch in anderen Bereichen vorstellen. In unserem statistischen Beirat sind ja auch Statistik-Professoren. Generell sollten wir – die Amtsstatistik auf der einen und die Universitätsstatistik auf der anderen Seite – uns gegenseitig mehr miteinander verzahnen, fordern und fördern.

Krämer Dazu kann ich nur Amen sagen. Bleiben wir aber mal bei der Amtsstatistik. Eine mögliche weitere neue Aufgabe, bisher mehr schlecht als recht von privaten Anbietern erledigt, die im Rahmen der neuen Miet-Gesetzgebung aber immer wichtiger wird, ist das Erstellen von Mietspiegeln. Ich habe mal irgendwann auf einer Konferenz den Vorschlag gemacht, die Amtsstatistik damit zu betrauen. Was ist denn Ihre Meinung dazu?

Thiel Jetzt kommen wir zum Verhältnis von Auftraggeber und Auftragnehmer. Die amtliche Statistik ist in der Regel Auftragnehmer. Es muss also jemanden geben, der klar sagt: Tu das, und das ist natürlich der Gesetzgeber. Wir diskutieren das sehr stark, aber bisher hat sich dieser Vorschlag auf der Auftraggeberseite, also geld- und gesetzmäßig, noch nicht durchgesetzt. Hier muss die Politik entscheiden, wie sie es gerne haben möchte. Wir stehen gegebenenfalls parat und werden vernünftige Lösungen anbieten.

Krämer Das wäre doch ein Riesenvorteil gegenüber den bisherigen Halbheiten: Die Mieter müssten Auskunft geben, man wäre nicht mehr auf freiwillige Stichproben angewiesen ….

Thiel Wir haben ja insgesamt das Manko, dass die Beteiligung an Umfragen dramatisch abnimmt.

Krämer Aber wenn Sie fragen, müssen die Leute doch, sonst gibt es ein Bußgeld?

Thiel Ja, aber das ist vielen nicht bewusst, und ob Drohungen belastbare Auskünfte erbringen, darf man zumindest bezweifeln. Das Beispiel zeigt aber, dass die Bundesstatistik bei unserer Bevölkerung insgesamt einen recht guten Ruf genießt; vielleicht auch deshalb, weil alle die Früchte unserer Arbeit genießen, während nur wenige dazu aktiv beitragen müssen – eben mit Auskünften. Da geraten Privathaushalte oft ins Staunen, wenn sie zum Mikrozensus herangezogen werden und Unternehmen, die staunen vielfach schon nicht mehr, sondern stöhnen eher. Aber es ist schon wichtig, festzuhalten: Amtliche Statistik ist res publica, ist Wissen für Alle, zu dem Alle beitragen: Mit ihren Steuerzahlungen, aber vor allem mit den Informationen, die sie den statistischen Ämtern zur Verfügung stellen.

Krämer Wo sehen Sie denn die amtliche Statistik in 20 oder 30 Jahren?

Thiel Das ist eine gute Frage. Ich will mal sagen, wenn wir den Ruf, den wir heute haben, halten können angesichts der Konkurrenz, die auf dem Markt ist und den Bedürfnissen nach schnellen und nicht so soliden und validen Informationen nachkommt, wenn wir den halten können, ist schon viel gewonnen. Das ist der erste Punkt. Wenn wir dann noch die Gebiete, die wir aktuell noch nicht gut abbilden können, wie Gesundheit, Pflege, Bildung, generell alles, was für eine gesellschaftliche Gerechtigkeit wichtig ist, wenn wir das mit Zahlen unterlegen können, dann sehe ich die amtliche Statistik gut gerüstet in 20 Jahren. Aber das ist ein dickes Brett angesichts der Herausforderungen und der Rahmenbedingungen, die vor uns stehen.

Georg Thiel im Gespräch mit Walter Krämer in seinem Büro in Bonn

Krämer Und die Konkurrenz der privaten Anbieter wie Statista, Google und dergleichen?

Thiel Falls sie damit meinen, wir wären in unserem Außenauftritt vergleichsweise etwas langweilig: Da tut sich einiges. Wir haben zum Beispiel einen sehr schönen Twitter-Auftritt, mit vielen Interesse weckenden Bildern und Grafiken. Wir machen dasselbe auch für unsere Internetseite und sind gerade dabei, von einzelnen Abteilungen Wikipedia-Eintragungen zu passenden Stichwörtern vornehmen zu lassen. Wir müssen uns da noch mehr vermarkten. Dann haben wir vor, und das wird schmerzhaft sein, alle Hardcopys zu verbannen und auf Digitalprodukte umzustellen. Wir sind auch dabei, ein Videoatelier einzurichten, damit wir demnächst Clips einspielen können mit Originaltönen von Fachleuten aus der ganzen Welt. Also da tut sich einiges, mit dem wir den Statistas dieser Welt Paroli bieten können.

Krämer Ein großer Schatz der Deutschen Amtsstatistik ist ja deren Unabhängigkeit. Da gibt es in Europa leider auch Gegenbeispiele. Vor einigen Wochen wurde ihr griechischer Ex-Kollege Andreas Georgiou zu zwei Jahren Haft verurteilt, weil er Daten der Amtsstatistik, ohne vorher seine Regierung zu fragen, veröffentlicht hat. Kann das bei uns passieren?

Thiel Nein. Ich glaube, da haben wir einen sehr stabilen Umgang mit den Ministerien. Ich war ja selbst viele Jahre in der Fachaufsicht für das Statistische Bundesamt tätig. Wir haben uns in all den Jahren in den statistisch-methodischen Dingen nie auch nur näherungsweise eingemischt, und ich habe das auch von anderen Ministerien bisher nicht erlebt.

Krämer Das glaube ich gerne, aber man sieht ja, in anderen Ländern herrschen andere Sitten. Haben eigentlich Ihre Amtsleiterkollegen in anderen Ländern gegen die Verurteilung Georgious protestiert?

Thiel Soweit ich weiß, ja. Die haben alle miteinander protestiert, zuletzt im Oktober in einem Brief des europäischen Verbandes der statistischen Gesellschaften. Und auch sonstige Aktionen pro Georgiou unterstützt. Aber das war vor meiner Zeit, da war ich noch nicht selbst involviert.

Krämer Ich frage meine Interviewpartner auch gerne Dinge wie: Was hat Sie im Studium am meisten geprägt? Welcher akademische Lehrer? Welche Vorlesungen?

Thiel Am meisten geprägt hat mich am Ende mein Doktorvater. Wie so häufig, wenn man nicht genau weiß, was man studieren soll, gab es auch bei mir zwei Fächer, Jura oder Betriebswirtschaft. Nach dem Mathe-Leistungskurs war mir die Lust an Betriebswirtschaft vergangen, und so wurde es Jura. Das war dann ganz gut, denn die meisten Lebensweisheiten, die ich auch heute noch anwende, waren die meines Doktorvaters. Ich muss wissen, ob ich meinem Mitarbeiter oder dem Doktoranden einen Vertrauensvorschuss geben kann. Das will ich im Gespräch herausbekommen. Und wenn ich das weiß, dann bin ich bereit, zum Beispiel den Referendarscheck oder den Promotionsscheck auszuzahlen. Das war immer eine ganz wichtige Sache und die zweite wichtige Sache, die er mir beigebracht hat, die beherzige ich ebenfalls immer noch. Er sagte, „Thiel, als Führungskraft müssen Sie Leute versuchen zu gewinnen, die besser sind als Sie." Und das ist mir in vielen Stationen gelungen, das war eine gute Lebensweisheit.

Krämer Ihre Mitarbeiter wird das freuen ....

Thiel Ja, für einen Präsidenten ist es vor allem wichtig, dass er ein fachlich gutes Team zusammenstellt, das die Dinge weiterentwickelt und in die richtige Richtung geht. Da habe ich bei meinen Leuten keine Sorgen, das hat auch in meinen vergangenen Funktionen immer gut geklappt.

Krämer Dann wünsche ich Ihnen, dass das auch in der aktuellen Funktion gut funktioniert, und bedanke mich für das Gespräch.

Almut Steger

Die Statistik und das Geld

Almut Steger (*27. September 1948 in Frankfurt am Main) machte Abitur am altsprachlichen Heinrich-von-Gagern-Gymnasium in Frankfurt. Nach einem Studium der Betriebswirtschaftslehre mit Schwerpunkt Statistik wurde sie Mitarbeiterin des SPES-Projektes (Sozialpolitisches Entscheidungs- und Indikatorensystem für die Bundesrepublik Deutschland) und des nachfolgenden legendären Sonderforschungsbereichs 3 (Sfb 3 – Mikroanalytische Grundlagen der Gesellschaftspolitik). Im Jahr 1979 promovierte sie zum Dr. rer. pol. mit der Arbeit „Haushalte und Familien in der Bundesrepublik Deutschland bis zum Jahr 2000 – Eine mikroanalytische Untersuchung" (Steger 1980). Im Jahr 1980 wechselte sie zur Bundesbank und war dort zuletzt Leiterin der Abteilung Zahlungsbilanzstatistik und stellvertretende Leiterin des Zentralbereichs Statistik.

Als Statistikerin war Almut Steger vor allem international aktiv. Sie ist gewähltes Mitglied des International Statistical Institute (ISI) und gehörte vier Jahre dessen Council an. Sie vertrat die Deutsche Bundesbank auch im Irving Fisher Committee on Central Bank Statistics (IFC) und war dort Vorsitzende und Mitglied des Exekutivkommittees, neben vielen anderen Funktionen in internationalen Gremien aller Art. Die Mitglieder der Deutschen Statistischen Gesellschaft kennen sie als Geschäftsführerin (1984–1988), als Schatzmeisterin und Mitglied des Vorstands (1989–2006) und als Mitherausgeberin (mit Heinz Grohmann und Walter Krämer) des Jubiläumsbandes anlässlich der 100-Jahr-Feier 2011. Im Jahr 2016 wurde sie zum Ehrenmitglied der DStatG gewählt. Mit dem Interviewer Walter Krämer traf sie sich beim 28. Wissenschaftlichen Kolloquium des Statistischen Bundesamtes und der DStatG in Bonn im November 2019.

Dieser Beitrag wurde bereits in *AStA Wirtschafts- und Sozialstatistisches Archiv* (Bd. 15, 2021, https://link.springer.com/article/10.1007/s11943-021-00281-4) veröffentlicht und für das vorliegende Buch leicht überarbeitet.

W. Krämer (Hrsg.), *Statistik hautnah*, https://doi.org/10.1007/978-3-662-69596-8_5

Krämer Frau Steger, wir treffen uns hier beim 28. Wissenschaftlichen Kolloquium des Statistischen Bundesamtes und der DStatG. Eine gelungene Kooperation?

Steger Ja, ich halte dieses Kolloquium für eine ganz großartige Einrichtung. Es wurde 1992 von Rolf Wiegert und Jürgen Chlumsky zum ersten Mal durchgeführt und wegen seines großen Erfolgs dann zur Dauereinrichtung. Hier lassen sich anwendungsbezogene Themen in einem breiten Kreis von Produzenten auf der einen Seite und Nutzern aus der Wissenschaft, den Ministerien und aus Unternehmen auf der anderen Seite diskutieren. Diese Idee habe ich immer sehr begrüßt und hoffe natürlich, dass sich die DStatG auch in Zukunft in angemessener Weise an diesem Projekt beteiligt.

Krämer Sie selbst sind ja bei diesen Kolloquien auch ein häufiger Gast. Wie kam denn dieses Interesse zustande, wie kamen Sie eigentlich selbst zur Statistik?

Steger Da müssten Sie zunächst fragen: wie kam ich zur Betriebswirtschaftslehre? Mein Vater ist gestorben, bevor ich angefangen habe zu studieren. Deshalb musste ich ein Fach wählen, das schnell eine Erwerbstätigkeit erwarten ließ, und so kam ich zur BWL. Sonst hätte ich vielleicht Kunstgeschichte studiert oder in der Wüste gegraben. Ich hatte eigentlich immer mehrere Interessen-Schwerpunkte und das hat mir die Auswahl des Studienfaches nicht gerade erleichtert. Im Grundstudium habe ich Statistik bei Adolf Blind gehört und seine Vorlesungen haben mich so beeindruckt, dass ich Statistik auch als Pflichtfach im Hauptstudium gewählt habe. Dann machte das Statistische Seminar unter Leitung von Heinz Grohmann eine Erhebung für eine Input-Output-Tabelle für das Land Hessen. Dafür wurden studentische Mitarbeiter gesucht ....

Krämer ... und Sie haben sich gemeldet?

Steger Genau. Als ich dann mein Examen gemacht hatte, war bei Heinz Grohmann eine Forschungsstelle im SPES-Projekt (Sozialpolitisches Entscheidungs- und Indikatorensystem für die Bundesrepublik Deutschland) zu besetzen, die hat er mir angeboten. Das war einfach ein Glücksfall. Denn was ihm wichtig war, ist auch mir wichtig geworden. Heinz Grohmann hat das in einer Rückschau auf das Projekt so zusammengefasst: Es ging darum, politisch bedeutsame Fragestellungen auf empirischer Grundlage mit adäquaten Mitteln zu untersuchen mit dem Ziel, auch politisch verwendbare Einsichten zu gewinnen (Grohmann 1989). Damals war gerade die Mikrosimulation von Orcutt et al. (1961) aus den USA übernommen worden. Zudem standen aus der amtlichen Statistik Mikrodaten aus Mikrozensen (MZ) und Einkommens- und Verbrauchsstichproben (EVS) zur Verfügung. Und so habe ich denn ein Bevölkerungsmodell auf der Basis des MZ 1969 mit mehr als 600.000 Personen in mehr als 200.000 Haushalten in 4 Varianten über 30 Jahre simuliert.

Krämer Für damalige Rechner wohl ein dicker Brocken?

Steger Ja, die Rechenanlage der Universität Frankfurt war an den Wochenenden durch unsere Rechnungen komplett ausgelastet! Ich habe mich sehr darüber gefreut, dass die Arbeiten des SPES-Projekts, die dann ja im Sfb 3 (Mikroanalytische Grundlagen der Gesellschaftspolitik) fortgesetzt wurden, auf der Jahrestagung der DStatG in Trier in einigen Vorträgen als „Pionierarbeiten der 70er- und 80er-Jahre" erwähnt wurden.

Krämer Und dann der Wechsel ….

Steger … zur Deutschen Bundesbank. Nach meiner Promotion war dort eine Stelle in der Zahlungsbilanzstatistik frei. Und als ich bei Helmut Schlesinger vorgesprochen hatte, war ich relativ schnell eingestellt. Diese Entscheidung habe ich nie bereut. Die Zahlungsbilanzstatistik ist ein ungeheuer spannendes Themengebiet, man muss dort zum einen die gesamte Breite der Volkswirtschaft abdecken und hat es zum anderen aber auch ex definitione mit anderen Ländern und internationalen Organisationen zu tun (Hanau und Steger 1999). Speziell diese Internationalität hat mir viel Freude gemacht, fast von Anfang an war ich viel unterwegs, zunächst vor allem in Europa und hier speziell in Luxemburg. Dort ging es vor allem um die Weiterentwicklung und Harmonisierung der Meldesysteme in Europa. Hinzu kam dann eine langjährige Kooperation mit der OECD zum Internationalen Dienstleistungshandel. Daraus ist über die Mitarbeit in der Interagency Task Force der Vereinten Nationen das Manual on Statistics of International Trade in Services entstanden, Erstauflage 2002 und nach einer weltweiten Konsultation in zweiter Auflage 2010 (United Nations 2010).

Krämer Aber eigentlich interessiert sich die Bundesbank doch mehr für die monetären Aspekte des internationalen Handels?

Steger Sie meinen meine Mitarbeit beim Internationalen Währungsfond (IWF)? Hier wurde ich in eine Expertengruppe und dann 2004 in das Balance of Payments Committee (BOPCOM) berufen, dessen Hauptaufgabe in den folgenden Jahren darin bestand, eine Neuauflage des Balance of Payments Manuals vorzubereiten (International Monetary Fund 2009). Nach dem Fall des Eisernen Vorhangs war ich 1992 auch als Beraterin für den IWF in Moskau. Gut erinnere ich mich an die Lenin-Büste im Treppenhaus von Goskomstat, den Paternoster und ein kleines Fenster, in dem man Schuhe zur Reparatur abgeben konnte. 1994 folgte dann der erste Besuch bei der State Administration of Foreign Exchange (SAFE) in Beijing, die für die Peoples Bank of China die Währungsreserven verwaltet und für die Erstellung der Zahlungsbilanz zuständig ist. In beiden Fällen sind daraus enge bilaterale Kontakte über die Jahre und persönliche Freundschaften erwachsen. Die Kollegen, die ich damals beraten habe, habe ich später im BOPCOM des IWF als Leiter ihrer jeweiligen Fachabteilungen wiedergetroffen.

Almut Steger mit Silke Stapel (damals bei Eurostat) bei einem Besuch in Muscat anlässlich der Sitzung des Balance of Payments Committees des IWF 2013

Krämer Sie waren ja auch als eine von wenigen Personen aus Deutschland an führender Stelle beim International Statistical Institute (ISI) aktiv. Was hat es denn mit diesem Institut auf sich? Das ist für viele in Deutschland ja vergleichsweise unbekannt.

Steger Das ISI hat die Aufgabe, die internationale statistische Gemeinschaft zu leiten, zu unterstützen und zu fördern. Dies geschieht auf den Gebieten der wissenschaftlichen Forschung, der Ausbildung in Statistik, dem Austausch von best practices und der Bildung von statistischer Kompetenz auf allen Ebenen. Gerade in der jüngeren Zeit haben aber auch Fragen zum Verständnis des Berufsstands eine nicht unerhebliche Rolle gespielt. Das ISI wurde bereits 1885 gegründet und ist damit deutlich älter als die DStatG. Im Rahmen meiner Recherchen für den Jubiläumsband (Grohmann et al. 2011) habe ich erfahren, dass auf internationaler Bühne bereits seit 1853 auf Anregung von Quetelet alle 2–4 Jahre Statistische Kongresse stattfanden. Wenn deutsche Statistiker sich treffen wollten, fuhren sie zu diesen Veranstaltungen. Mich hat das ISI von Anfang an fasziniert durch seine weltweite Zusammensetzung. Wir waren ja lange Zeit in Deutschland sehr auf uns selbst konzentriert. Mit weltweit tätigen Organisationen, aber eben auch mit dem ISI, hat sich diese Perspektive für mich entscheidend erweitert, ich habe gelernt, mich mit Ideen und Argumenten aus anderen Kulturkreisen auseinanderzusetzen. Das hat umgekehrt dazu beigetragen, auch in der Beratung dritter Länder offener zu sein und weniger nachdrücklich auf eigenen Positionen zu beharren.

Krämer Und der aus Ihrer Sicht wichtigste eigene Beitrag dabei?

Steger Das ist vielleicht meine Mitarbeit beim Irving Fisher Committee (IFC). Bei dem ISI World Congress 1995 in Beijing hat man für Zentralbanken eine eigene Plattform eingerichtet, um sie stärker an das ISI zu binden, das Irving Fisher Committee on Central Bank Statistics. Die Deutsche Bundesbank war schon damals ein korporatives Mitglied des ISI, die meisten anderen Zentralbanken aber nicht. Bei der ISI-Tagung in Istanbul 1997 trafen sich zur konstituierenden Sitzung gerade mal eine Handvoll Mitglieder, die vom Vorsitzenden per Handschlag begrüßt wurden. Das Committee hat sich dann aber in den folgenden Jahren rasant weiterentwickelt. Heute zählt es knapp 100 Zentralbanken als Mitglieder.

Während der ISI-Tagung 2003 in Berlin war ich selbst Vorsitzende dieses Komitees und musste im Vorfeld vor dem Executive Committee des ISI und dann vor der General Assembly den Antrag auf Gewährung des Section Status für die Zentralbanken präsentieren. Das ging nicht ganz widerstandslos über die Bühne. Aber es gab auch z. T. ganz unerwartete Unterstützung, beispielsweise von der Leiterin des Statistics Departments des IWF. Am Ende stand die Anerkennung des Section Status auf vorläufiger Basis. In der Zwischenzeit haben sich die Beziehungen etwas anders weiterentwickelt. Das IFC hat seit 2006 seinen Sitz bei der Bank für internationalen Zahlungsausgleich (BIZ) in Basel und ist seit 2013 „affiliate member" des ISI. Meine Aktionen führten dann auch zu meiner Nominierung für das Council des ISI, im Übrigen auf Vorschlag von Kollegen der Vereinten Nationen. Als Zentralbanker war meine Position nie ganz unbestritten, aber am Ende hat man mich persönlich immer mehr akzeptiert und dann auch für die Wahl zum Vizepräsidenten vorgeschlagen.

Krämer Ich erinnere mich, das war in Dublin, ich habe für Sie gestimmt. Das hat dann ja leider nicht geklappt. War es knapp?

Steger Das weiß ich nicht einmal so genau. Aber ich bin damals zusammen mit einigen sehr angesehenen Kollegen angetreten. Dazu gehörte z. B. Pali Lahohla, der 2009 gerade sehr erfolgreich den ISI-Kongress in Durban veranstaltet hatte und dessen Wahl mehr als sicher galt, oder auch Hallgrimur Snorrason, der langjährige Präsident von Statistics Iceland. Am Ende hat sich neben diesen Kollegen auch Helen MacGillivray aus Australien durchgesetzt, die in den letzten Jahren bis zur Tagung 2019 in Kuala Lumpur Präsidentin des ISI war.

Almut Steger bei einer Sitzung der Interagency Task Force on Statistics of International Trade in Services in Beirut 2010

Krämer Gehen wir von der großen weiten Welt wieder nach Hause. Sie waren ja lange Zeit auch Geschäftsführerin und Mitglied des Vorstands des DStatG. In diese Zeit fällt auch die Volkszählung 1987. Was verbinden Sie damit?

Steger Da war vor allem die Resolution (Grohmann et al. 2011, S. 261 f.) auf der Mitgliederversammlung vom September 1983. Nach den weitreichenden Protesten im Vorfeld der Volkszählung, die in einer Aussetzung der VZ gipfelten, hielt es die DStatG für ihre Pflicht, der stark emotional aufgeladenen Diskussion eine sachkundige Stellungnahme entgegenzusetzen. Der Entwurf von Heinz Grohmann wurde dann in einer von Klaus Hanau gekürzten Version den Mitgliedern vorgelegt und nach einer intensiven und kontroversen Diskussion unter der Leitung von Karl-August Schäffer – ich glaube, das dauerte damals fünf Stunden, heute kaum mehr vorstellbar – am Ende einmütig angenommen. Ein Redner, der auch am Ende noch dagegen stimmen wollte, hatte vorher den Saal verlassen.

Krämer Was gab es denn sonst in dieser DStatG-Vorstandszeit noch an besonders schönen oder schlimmen Erlebnissen?

Steger Im Wesentlichen waren es schöne, wenn auch nicht immer einfache. Ich denke etwa an die Wiedervereinigung mit all den Problemen, die damit verbunden waren. Da war die Eingliederung von Mitgliedern aus der ehemaligen DDR, die Sicherung von Datenbeständen und die Rückrechnung wichtiger makroökonomischer Aggregate (Statistisches Bundesamt 1993). In Erinnerung wird mir immer die Jahrestagung 1990 in Stuttgart bleiben, an der zum ersten Mal Kollegen aus der ehemaligen DDR teilnahmen. Besonders anrührend war die Sitzung des Ausbildungsausschusses am 9. Oktober 1990, dem Tag der Wiedervereinigung. Der Vorsitzende Ulrich Kockelkorn hatte einige der Berliner Kollegen im Auto mitgenommen und daraus wurde ein emotionaler Bericht über eine Reise von Ost nach West. Kollegen aus der ehemaligen DDR berichteten über unterschiedliche Aspekte ihrer Arbeit in teilweise sehr persönlich gehaltenen Beiträgen. Dazu zählten u. a. Hans Gerhard Strohe, der später in den Vorstand der DStatG gewählt wurde, und der Stichprobenexperte Heinrich Schwarz, aber auch Jürgen Wilke, der im Jubiläumsband das viel zitierte Kapitel über die Entwicklung der DStatG in den 20er- und 30er-Jahren geschrieben hat. Heinrich Strecker und Heinrich Schwarz, die miteinander brieflich über viele Jahre in Kontakt gestanden hatten, trafen sich hier zum ersten Mal persönlich.

Beim Umgang mit den DDR-Kollegen haben wir – so glaube ich – einen guten Weg gefunden. Um sich auf der einen Seite zu öffnen, sich aber andererseits nicht der Gefahr auszusetzen, vor allem linientreue Statistiker aufzunehmen, wurde eine sog. „Interessentenliste" eingerichtet, formelle Aufnahmeanträge (mit 2 Bürgen) wurden dann ab 1991 vom Vorstand fallweise entschieden. Diese Liste wurde über zwei Jahre gepflegt und dann eingestellt. Am Ende gab es nur noch wenige problematische Fälle und alle Seiten konnten gut mit dem Ergebnis leben.

Krämer Alle?

Steger Es gab auch Ungerechtigkeiten, etwa bei der Neuausrichtung des Faches Statistik und der Besetzung von Lehrstühlen. 1991 verfasste die DStatG ein Memorandum zu diesem Thema, in dem sie sich u. a. „besorgt über die Verfahrensweisen zur Neustrukturierung und Neubesetzung der Lehrkörper" äußerte. Ein Fall ist uns auch persönlich sehr nahe gegangen. Heinz Grohmann, der ja in Dresden geboren war, ist sofort nach der Wende dorthin gefahren, um sich ein Bild von der Situation vor Ort zu machen. Dort gab es u. a. einen Dr. Peter Fischer, der politisch unbelastet war, ein honoriger Mann, den wir schnell schätzen gelernt haben. Im Zuge der Umstrukturierung bekam er aber einen Brief, dass er sein Büro geräumt zu übergeben habe. Das hat uns sehr betroffen gemacht. Auf der Statistischen Woche in Berlin 1991 hat Heinz Grohmann ihn dann dem damaligen Präsidenten des Statistischen Bundesamts Egon Hölder vorgestellt. Der war sehr angetan und meinte, man brauche für die anstehenden Aufgaben auch Leute aus der Region. So kam Dr. Fischer zum Statistischen Landesamt Sachsen nach Kamenz (das übrigens in einer ehemaligen Kaserne untergebracht ist) und wurde dort im Herbst 1992 Präsident. Als solcher wurde er auch in den Vorstand der DStatG gewählt. Das war eine der Happy-End-Geschichten. Aber es gab zweifellos viele ähnliche Fälle ohne einen so glücklichen Ausgang.

Krämer Und die DDR-Amtsstatistik?

Steger Dazu wurde auf der Statistischen Woche in Köln 1993 die „Kölner Erklärung der Deutschen Statistischen Gesellschaft zur Sicherung und Dokumentation der statistischen Datenbestände der DDR" verfasst (Stäglin 2011, S. 202). Ich selbst war in der Bundesbank verantwortlich für die Rückrechnung einer Zahlungsbilanz der ehemaligen DDR nach westlichem Muster. Dies geschah soweit wie möglich auf der Basis von originären, nicht von veröffentlichen Daten (Deutsche Bundesbank 1999). Damals haben wir sehr frühzeitig Kontakte zu Kollegen aus Ostberlin geknüpft. Für Rückrechnungen der VGR machte sich vor allem Silke Stapel stark, die diese Aufgabe dann auch im Statistischen Bundesamt vorangetrieben hat. Im August 2020 habe ich sie in Kuala Lumpur getroffen; sie ist seit Januar 2019 die Leiterin des Statistics Departments der EZB. So schließen sich Kreise über die Jahrzehnte.

Krämer Und die Zukunft? Ein Gerhard-Fürst-Preis geht heute Abend an eine Masterarbeit zum Thema „Web-Scraping". In meinem Verein Deutsche Sprache sagen wir auch „Netz-Kämmen" dazu. Welche Zukunft sehen Sie für die Amtsstatistik in einem Zeitalter, in dem es die Daten sozusagen umsonst gibt?

Steger Das ist eine spannende Frage. Schon seit einer ganzen Reihe von Jahren hat sich das Umfeld, in dem Statistiken erstellt werden, erheblich verändert. Daten sind im Internet im Übermaß und in der Regel schneller verfügbar als amtliche Daten. Die Amtsstatistik kommt also auf Dauer nicht umhin, Informationen aus dem Netz zu nutzen. Web Scraping wird ja schon seit einigen Jahren für die Preisstatistik getestet, und es gibt eine Reihe weiterer Themenbereiche, in denen man die Nutzbarmachung der im Internet verfügbaren Informationen näher untersucht. Ich kann mir allerdings nicht vorstellen, dass solche Daten die klassischen Erhebungen vollständig ablösen werden. Auf der einen Seite steht eine Flut von Informationen, die nicht in der Abgrenzung von statistischen Definitionen anfallen, deren Plausibilisierung im Hinblicke auf die interessierende Fragestellung oft schwierig ist, und von denen nicht bekannt ist, wie lange sie zur Verfügung stehen werden. Auf der anderen Seite steht die klassische Erhebung, bei der man den gesamten Prozess von der Fragestellung über die Ausgestaltung der Fragebogen, die Datenerhebung bis zur Bereitstellung der Daten steuert und deren Qualität man garantieren kann.

Mit der Nutzung des Internets ist auch der Gedanke verbunden, Plausibilitätschecks automatisiert durchführen und am Ende arbeitsintensive Prozesse einsparen und Meldepflichtige entlasten zu können. Allerdings braucht man für diese Entwicklung Mitarbeiter, die die erforderlichen technischen Qualifikationen mitbringen und die man erst noch gewinnen muss. Aber am Ende muss es m. E. noch immer den Statistiker geben, der die Plausibilität der Gesamtergebnisse im Blick hat und potenzielle Schwachstellen aufzeigen kann. Die Kombination unterschiedlicher Ansätze muss also mit dem erforderlichen Augenmaß erfolgen.

Krämer Zum Schluss nochmal eine Rolle rückwärts. Sie haben in Frankfurt 1968 zu studieren begonnen, im Zentrum des Studentenprotestes. Wie war denn das damals?

Steger Spannend. Da hat sich wirklich viel abgespielt. Aber eigentlich sollten Sie mich gar nicht danach fragen. Denn ich bin trotz meines Geburtsjahrgangs niemals der geborene 68er gewesen. Woran ich mich wirklich gut erinnere, sind die Blockaden der Universität sowie die Auftritte von Ludwig von Friedeburg und Iring Fetscher, aber auch die Präsenz von Joschka Fischer und Daniel Cohn-Bendit. In den Straßen flogen Pflastersteine und Freunde fragten, ob man denn in Frankfurt noch seines Lebens sicher sei. So schlimm habe ich es denn doch nicht empfunden und die besorgten Fragen positiv beschieden. Aber wir haben Klausuren unter Polizeischutz geschrieben; das war schon ein sehr sonderbares Gefühl. Das Rektorat wurde gestürmt, Vorlesungen wurden gestört u. a. m. Heinz Grohmann konnte seinen Habilitationsvortrag nicht halten, weil die Sitzung gesprengt wurde. Wohlmeinende Akteure meinten zwar, dass „man den Grohmann erst einmal hätte durchwinken sollen", konnten sich aber nicht den geplanten Aktionen entgegensetzen. Am Ende haben diese Studentenproteste sicher einige wichtige Veränderungen bewirkt und sie haben auch eine ganze Generation in ihrem Denken geprägt in einer Weise, die bis heute in vielfältiger Form nachwirkt.

Krämer Wo wir von Studenten reden: Sie haben ja bei der Bundesbank immer wieder Leute eingestellt. Ist die Statistikausbildung in Deutschland eine gute Basis für eine Karriere dort?

Steger Das ist nicht einfach mit ja oder nein zu beantworten. Es kommt darauf an, für welches Arbeitsgebiet Mitarbeiter gesucht werden. Für meine eigene Abteilung Zahlungsbilanzstatistik habe ich über viele Jahre Zweifel gehabt. Grundkenntnisse in Wirtschaftsstatistik, aber vor allem im System der Volkswirtschaftlichen Gesamtrechnungen, ganz zu schweigen von Begriffen wie Zahlungsbilanz und Auslandsvermögensstatus, wären für unsere Arbeit von großem Nutzen gewesen. Die Defizite traten im Zeitablauf immer deutlicher hervor. Bei Fragen in Bewerbergesprächen erhielten wir immer häufiger die Antwort: „Davon habe ich nichts gehört, das kam in unserer Ausbildung nicht vor." Und dabei ging es nicht etwa um tiefgegliederte Details, sondern vor allem um ein Grundverständnis der volkswirtschaftlichen Zusammenhänge, das dann im Rahmen der Einarbeitung Schritt für Schritt erworben werden musste.

Krämer Das soll ja jetzt durch EMOS besser werden?

Steger Ja, ich habe es sehr begrüßt, dass der European Master of Official Statistics eingeführt wurde. Diese Entwicklung macht deutlich, dass es einen erheblichen Bedarf an Nachwuchsakademikern gibt, die mit den Themen und Methoden, aber auch mit den Organisationsstrukturen der amtlichen Statistik in Europa vertraut sind. Die Lehrinhalte setzten allerdings eine enge Kooperation zwischen Hochschulen und Produzenten amtlicher Statistik voraus, da nur so das erforderliche Lehrangebot zustande kommen kann. Daraus ergeben sich aber auch Chancen für beide Seiten. Das Projekt ist gerade erst angelaufen und muss sich in den nächsten Jahren in der Praxis bewähren. Man kann nur hoffen, dass es sich zu einer Erfolgsgeschichte entwickelt.

Krämer Wie steht es denn damit an Ihrer eigenen alten Uni Frankfurt?

Steger Da hätte ich ein ganz persönliches Anliegen, das ich mir nachzusehen bitte. Es wäre schön, wenn es auch an der Universität Frankfurt eine solche Ausbildung gäbe und damit im weitesten Sinne an die langjährige Tradition der Wirtschafts- und Sozialwissenschaftlichen Statistik an diesem Standort angeknüpft würde.

Krämer Dann drücke ich Ihnen beide Daumen, verehrte Frau Steger, dass dieser Wunsch in Erfüllung geht, und bedanke mich für das Gespräch.

Literatur

Deutsche Bundesbank (Hrsg) (1999) Die Zahlungsbilanz der ehemaligen DDR 1975–1989. Eigenverlag der Deutschen Bundesbank, Frankfurt am Main

Grohmann H (1989) Die Frankfurter Schule der sozialwissenschaftlichen Statistik und der Sonderforschungsbereich 3. In: Schefold B (Hrsg) Wirtschafts- und Sozialwissenschaftler in Frankfurt am Main. Metropolis, Marburg, S 266–278

Grohmann H (2011) Volkszählung und Mikrozensus. In: Grohmann H, Krämer W, Steger A (Hrsg) Statistik in Deutschland – 100 Jahre Deutsche Statistische Gesellschaft. Springer, Berlin, S 207–221

Grohmann H, Krämer W, Steger A (2011) Statistik in Deutschland – 100 Jahre Deutsche Statistische Gesellschaft. Springer, Berlin

Hanau K, Steger A (Hrsg) (1999) Währungsunion und monetäre Statistiken, Sonderhefte zum Allgemeinen Statistischen Archiv, Bd 34. Vandenhoeck & Ruprecht, Göttingen

International Monetary Fund (2009) Balance of payments and international investment position manual, 6. Aufl. IMF, Washington (BPM6)

Orcutt GH, Greenberger M, Korbel J, Rivlin AM (1961) Microanalysis of socioeconomic systems: a simulation study. Harper, New York

Stäglin R (2011) Herausforderungen durch die deutsche Wiedervereinigung. In: Grohmann H, Krämer W, Steger A (Hrsg) Statistik in Deutschland – 100 Jahre Deutsche Statistische Gesellschaft. Springer, Berlin, S 195–205

Statistisches Bundesamt (Hrsg) (1993) Rückrechnungen gesamtwirtschaftlicher Daten für die ehemalige DDR. Forum der Bundesstatistik, Bd 24. Metzler-Poeschel, Stuttgart

Steger A (1980) Haushalte und Familien bis zum Jahr 2000 – Eine mikroanalytische Untersuchung für die Bundesrepublik Deutschland. Campus, Frankfurt am Main/New York

United Nations (2010) Manual on statistics of international trade in services 2010, 2. Aufl. United Nations, New York

Ralf Münnich

Als Statistiker vor dem Bundesverfassungsgericht

Ralf Münnich (*1964 in Heidelberg) steht wie kaum ein anderer aktiver deutscher Statistik-Hochschullehrer für die Verbindung zwischen akademischer und amtlicher Statistik. Er begann sein Berufsleben zwar als Diplom Mathematiker (Studium in Heidelberg und Tübingen mit Nebenfach VWL, dazwischen Erasmus-Stipendium an das St. Patrick's College Maynooth, Irland), wandte sich aber bald angewandten Fragestellungen besonders aus der Amtsstatistik und dem Wirtschaftsleben zu. Seine Promotion zum Dr. rer. pol. bei Eberhard Schaich in Tübingen 1996 erfolgte mit der Arbeit *Gebundene Hochrechnung bei Stichprobenerhebungen mit Hilfe von Splines*, seine Habilitation im Jahr 2005 behandelte die Datenqualität in komplexen Stichproben. In dieser Zeit, bis zu seinem Wechsel als Professor an die Universität Trier im Jahr 2005, arbeitete Ralf Münnich zunächst als Wissenschaftlicher Mitarbeiter, dann als Akademischer Rat am Tübinger Lehrstuhl für Lehrstuhl für Statistik, Ökonometrie und Unternehmensforschung.

Trotz mehrerer auswärtiger Rufe nach Dortmund, Stockholm und Bielefeld ist Ralf Münnich der Universität Trier und seinen ersten Forschungsinteressen Stichprobendesign und Survey-Statistik bis heute treu geblieben. Er vertritt die deutsche Statistik in der Internationalen Gesellschaft der Survey Statistik, berät das Statistische Bundesamt in Zensusfragen, war von 2011 bis 2016 Herausgeber des Allgemeinen Statistischen Archivs, und ist seit 2020 gewählter Vorsitzender der Deutschen Statistischen Gesellschaft. Mit dem Interviewer Walter Krämer traf er sich am Rande der Feierlichkeiten zum 75-jährigen Bestehen des Statistischen Bundesamtes Anfang Juli 2023 in Wiesbaden.

Dieser Beitrag wurde bereits in *AStA Wirtschafts- und Sozialstatistisches Archiv* (Bd. 18, 2024, https://link.springer.com/article/10.1007/s11943-024-00337-1) veröffentlicht und für das vorliegende Buch leicht überarbeitet.

W. Krämer (Hrsg.), *Statistik hautnah*, https://doi.org/10.1007/978-3-662-69596-8_6

Krämer Meine beliebte Eröffnungsfrage: Herr Münnich, wie kamen Sie eigentlich ursprünglich zur Statistik?

Ralf Münnich: Ein wichtiger Mittler zwischen universitärer und amtlicher Statistik

Münnich Eher durch Zufall. Darf ich das als Vorsitzender der Deutschen Statistischen Gesellschaft eigentlich zugeben? Meinen Lebenslauf bezeichne ich gerne auch mal als „Random Walk with Lucky Drift" – etwas, das ich meinen Schülern eigentlich absolut nicht empfehle. Während des Mathematik-Grundstudiums in Heidelberg hatte ich zwar im zweiten Semester Stochastik gehört, aber gedacht: Oje, das vielleicht nicht mehr. Als ich dann nach Tübingen gekommen bin und überlegt habe, welche Scheine ich noch mache, bin ich in einem Seminar bei Eberhard Schaich gelandet, eigentlich in meinem Nebenfach. Es ging um Armutsmessung, und gerade das Zusammenspiel zwischen Mathematik bzw. Statistik und anwendungsorientierten Problemen fand ich sehr spannend und genau das hat mir sehr viel Spaß gemacht ….

Krämer Mir auch, siehe Krämer (2000).

Münnich … und das Seminar lief so gut, dass Herr Schaich mir danach eine Hiwi-Stelle angeboten hat. Das Seminarthema war perfekt auf mich zugeschnitten. Ich konnte zeigen, dass in den mir zugeteilten zwei Papieren alle Beweise falsch waren, worauf ich dann die Hiwi Stelle sehr gerne angenommen habe. Als dann Hans Wolfgang Brachinger, der ja wissenschaftlich mein großer Bruder ist, seinen ersten Ruf bekommen hatte, wurde mir dessen Mitarbeiterstelle angeboten; Schaich hatte immer gerne einen Mathematiker in seinem Team. So bin ich dann Assistent geworden. Meinem Wunsch, als neuer Assistent dann erstmal was eher Mathematisches zu machen, entsprach Schaich aber nicht. Stattdessen hat er mich auf die Übungen zur Stichprobentheorie gesetzt. Das war so etwas, wo ich plötzlich merkte: Mann, das ist sehr spannend, und da bin ich heute noch – und bin ihm natürlich sehr dankbar, dass er mich dazu ein wenig gezwungen hat.

Ralf Münnich bei der Eröffnung der Statistischen Woche 2019 in Trier – die letzte vor der Covid-Krise und vor seiner Wahl zum Vorsitzenden der DStatG

Krämer Aus diesem Umkreis stammt ja auch das Gros ihrer wissenschaftlichen Arbeiten. Welche haben Ihnen denn am meisten Spaß gemacht?

Münnich Es gibt zwei Bereiche, die mich besonders beschäftigt haben, sowie einen dritten neuen, der sich teilweise daraus entwickelt hat. Bei der DStatG-Pfingsttagung in München entstand bei einem Gespräch mit Jürgen Schmidt vom Statistischen Bundesamt das Thema Varianzschätzung in komplexen Erhebungen, was zunächst mein Habilitationsthema und später auch mein erstes EU-Projekt DACSEIS (Data Quality in Complex Surveys within the New Europe Information Society) geworden ist. Ohne Projekterfahrung hatte ich auf einmal ein 1,6 Mio. €-Projekt zu leiten. Daraus ergaben sich eine Reihe von Publikationen im Komplex Stichproben und Varianzschätzung und etwas verzögert dann auch zur Small Area-Statistik (Münnich et al. 2012, 2016). Die eigentliche Königsdisziplin für mich war dann aber wohl die Forschung zum Zensus 2011 und später zum Zensus 2022. Niemals vergessen werde ich meinen Auftritt zum Zensus 2011 beim Bundesverfassungsgericht in Karlsruhe. Als besondere Ehre habe ich es dabei empfunden, im Urteil namentlich genannt zu werden. Als dritter Schwerpunkt, entstanden aus dem Bestreben, die Verfahren auch in einem anwendungsorientierten Kontext empirisch überprüfen zu können, entstand nach anfänglich einfacheren Simulationsstudien die statistische Methodik von Mikrosimulationen, wo wir international gerade sehr aktiv sind (Münnich et al. 2021).

Krämer Welche akademischen Lehrer neben Eberhard Schaich haben Sie denn sonst noch beeindruckt?

Münnich Im Mathematikstudium war das wohl Rainer Nagel aus der Funktionalanalysis. Er war einfach als Lehrer und als Mensch sehr beeindruckend und hat immer auch die Leute gefördert und mir zum Beispiel das Stipendium nach Irland besorgt. Aber er hat auch seine Schüler in die Pflicht genommen. Als Rainer mich während meiner Assistentenzeit angerufen hat, wusste ich, OK, jetzt ist wieder ein Student da und er braucht deine Unterstützung. Das war irgendwie eine ganz große Familie, was mich sehr beeindruckt und eigentlich auch geprägt hat, sodass für mich meine Professur, die ja nicht ganz klein ist, sozusagen meine zweite Familie ist. Aber das kennen Sie ja auch sehr gut ....

Krämer Ja, kann ein Vorteil, aber auch ein Nachteil sein. Noch mal zu ihrem Statistik-Werdegang. Der von Ihnen angeführte Zufall überrascht mich etwas, bei ihrem familiären Umfeld hätte ich eher das Gegenteil gedacht. Schließlich hat Ihr Vater Frank Münnich ja bei der immer noch einzigen deutschen Statistik-Fakultät in Dortmund Geburtshelfer gespielt ....

Vater und Sohn – beim Ausarbeiten einer Vorlesung zu Statistical Literacy mit dem Thema „Steeplechase – from statistical insight to political reality"

Münnich Ja, als er 1969 als junger VWL-Professor aus den USA an die neue Uni Dortmund kam, hatte er das amerikanische System im Kopf. Und da hat halt jede halbwegs seriöse Universität einen eigenen Statistik- Fachbereich. Deshalb hat er das auch in Dortmund propagiert und schließlich auch umgesetzt. Aber als Jugendlicher hat man eigene Flausen im Kopf, mich haben sehr früh immer schon Computer-Anwendungen interessiert – ich wäre fast in der Informatik in Karlsruhe gelandet. Und dann war auch immer das Gefühl, dass ich mich ein wenig distanzieren und nicht als „kleiner Münnich" profitieren wollte. So habe ich dann Mathematik studiert und mich dort auch zunächst eher auf Numerik fokussiert, bis ich dann in dem zuvor genannten Seminar plötzlich mein Interesse an angewandter Statistik entdeckt habe.

Krämer Nochmal zum Thema Ausbildung. Glauben Sie, dass die Statistik-Ausbildung, die der typische deutsche Volks- und Betriebswirt mitbekommt, das Richtige ist für das spätere Berufsleben, etwa für eine Karriere im Statistischen Bundesamt?

Münnich Das ist schwer zu sagen. Wir beide kennen ja noch die Klassik mit dem Diplom, wo die Statistik-Ausbildung immer ihren Platz und ihre Bedeutung hatte. Mit der Zeit und vor allem mit der Konkurrenz um Lehreinheiten im Bachelor habe ich aber den Eindruck, dass an der Statistik-Ausbildung immer mehr gespart wird mit der Folge, siehe Covid-Krise, dass in Deutschland auch sogenannte Experten einen geradezu fahrlässigen Umgang mit Daten pflegen. Hier müssen wir Statistiker vielleicht nochmal nachdenken; allzu methodische orientierte Vorlesungen, wie an vielen Fakultäten immer noch gepflegt, sind vielleicht nicht mehr zeitgemäß. Es wäre auch hilfreich, wenn die Studierenden uns als Vertreter einer hoch spannenden Disziplin wahrnehmen, und nicht als *die Hürde* vor dem Abschluss.

Bachelor und Master liefern aber auch neue Möglichkeiten, Vertiefungen im Master anzubieten. In Trier zum Beispiel haben wir „Applied Statistics" als Master eingeführt, mit der Möglichkeit der Spezialisierung in Survey-Statistik. Zusätzlich gibt es die Möglichkeit, eine Art Doppel Master zu erwerben, sodass man noch die eigene Herkunft aus der Volkswirtschaftslehre oder der Soziologie erkennt, aber trotzdem stärker in Statistik vertieft.

Krämer Sie haben ja auch den „European Master of Official Statistics" mit aus der Taufe gehoben. Wie geht es denn dem EMOS-Programm heute?

Münnich Ich war Mitglied im Vorbereitungs-Board, das bei einem Workshop in Southampton nach einem ISI-Weltkongress, ich meine in Lissabon, gegründet wurde. Damals hatte Eurostat große Probleme mit der Fach Ausbildung neuer Mitarbeiter und man hat überlegt, wie man die Statistik-Ausbildung verbessern und gleichzeitig etwas gemeinsames Europäisches daraus machen kann. Passiert ist aber wenig, bis dann Walter Rademacher als Generaldirektor kam. Bei einem Treffen in Helsinki wurden schließlich die entscheidenden Schritte getan, und seit zehn Jahren ist EMOS aktiv. Aktuell sind 34 Programme aus 18 Ländern dabei. Wir in Trier natürlich auch.

Krämer Wie viele deutsche Universitäten machen denn jetzt mit?

Münnich Eigentlich müssten nächstes Jahr Berlin, Bamberg, Dortmund und München wieder verlängern. Mannheim ist inzwischen auch dabei. Durch Corona haben wir ja gelernt, wie man mit Videotechniken umgeht, dieses Konzept kann man gerade für EMOS in hervorragender Art und Weise nutzen, wie wir das im gemeinsamen Master zwischen Bamberg und Trier machen – früher war auch noch Berlin dabei, hat sich aber für eine andere Ausrichtung entschieden. Gerade versuchen wir zusammen mit der EZB, Eurostat, der Bundesbank und dem Statistischen Bundesamt einen speziellen Master-Kurs für EMOS aufzubauen. Grundsätzlich wäre dieser Kurs auch exportierbar. Und wenn wir das ernst nehmen, könnte man im EMOS-Netzwerk auch weitere Veranstaltungen austauschen und diese auch im Sinne von *Raising Awareness* für Studierende anderer Disziplinen öffnen.

Krämer Sie gehören ja auch zu den deutschen Zensus-Experten. Halten auch Sie den traditionellen Zensus per Fragebogen noch für zeitgemäß?

Münnich Ja, es gibt immer weniger Länder in der Welt, die eine klassische Volkszählung durchführen. Der Ausgleich von Kosten und Aufwand ist ja eines der Grundprinzipien des European Statistics Code of Practice. Das bedeutet insbesondere Sparsamkeit bei der Befragung. Ich bin der Meinung, auch wenn es noch ein längerer Weg in Deutschland sein wird, aber manche Länder machen das schon, dass man noch viel stärker Register verwenden sollte und später möglicherweise einen Zensus direkt unter Verwendung von Registern durchführen kann. Aber die Verknüpfung der Einheiten, in Deutschland gibt es noch immer keinen für die Statistik verwendbaren eindeutigen Identifikator, zwischen Registern und die Ergänzung weiterer fehlender Informationen ist hochgradig nichttrivial. Beispielsweise befindet sich ein Bildungsregister erst im Aufbau, und wir beide werden da wohl nicht auftauchen, wenn wir beispielsweise nicht doch noch einen weiteren Titel machen. Ich bin mir sicher, dass es in nächster Zeit noch viel Diskussionen um die Zukunft des Zensus in Deutschland geben wird. Schließlich muss die Gesetzgebung angepasst werden, um die notwendigen Grundlagen zu schaffen.

Krämer Wo wir schon bei neuen Techniken für die Amtsstatistik sind: Was halten Sie von der verstärkten Einbindung von Internetdaten und Big Data allgemein in die Amtsstatistik?

Münnich Viel, aber bitte mit der nötigen Sorgfalt. Nehmen wir als Beispiel Satellitendaten für die Agrarstatistik. Da sieht man, was angebaut wird, und wie die Erntestände sind. Für mich gab es dazu ein Schlüsselereignis, als ich in Urlaub gefahren bin durch Deutschland und die Sonnenblumen links und rechts der Straße angesehen habe. Die waren in manchen Feldern drei Meter hoch und in bester Blüte, und wenig weiter völlig ausgedörrt und haben die zwei Meter nicht erreicht. Sowas kann man mit Fernerkundungsdaten besser erfassen. Genauso könnte man die Bautätigkeitsstatistik durch Satellitendaten unterstützen, um zu sehen, wo dann auch wirklich Häuser bezogen werden. Dazu gab es kürzlich eine sehr schöne Arbeit, übrigens aus Dortmund, die den DESTATIS-Nachwuchspreis erhalten hat.

Krämer Satellitendaten schreien natürlich geradezu nach Künstlicher Intelligenz. Sehen Sie eine Gefahr, dass auch auf anderen Gebieten die KI auch vielen Amtsstatistikern ihre Arbeitsplätze streitig machen wird?

Münnich Wie bei jeder Innovation müssen wir zunächst mal umdenken. Im Moment bin ich noch skeptisch, was die Reichweite betrifft. Nehmen wir Machine Learning in der Statistik. Oft ignoriert man hier das, was wir Statistiker mit der Muttermilch aufsaugen, die Unsicherheit in den Daten, die Variabilität und die Varianz. Wichtiger ist vielen hier das Finden der besten Lösung und des tollsten Algorithmus'. Und bei KI ist das dann noch viel undurchsichtiger. Man hat Ergebnisse, die oft sehr gut und sehr interessant sind und man weiß nicht, warum sie *möglicherweise* gut sind. Oft hat man noch nicht mal einen Qualitätsbegriff. Es passiert dann, dass solche Ergebnisse auch mal vollkommen neben der Wirklichkeit liegen oder sogar manipulierbar sind. Und gerade das ist, meine ich, ein Asset amtlicher Statistik: die Unabhängigkeit und dieses darüber nachdenken. Kann oder kann nicht manipuliert werden? Ist es objektiv, was da rauskommt? Welche Qualität haben die Ergebnisse? Das halte ich für ganz essenziell! Deswegen glaube ich, dass es keinen großen Bruch geben wird. Die amtliche Statistik sollte auf den KI-Zug aufspringen, sie darf es aber nicht übertreiben und darf ihre Wurzeln keinesfalls vergessen. Woher kommen die Daten und was sagen Sie aus? Wenn wir uns etwa Mobilfunkdaten ansehen, stellt man fest, dass gerade die 50- bis 55-jährigen Männer deutlich überrepräsentiert sind. Ja, das sind die Väter von den Kindern, die einen nicht geringen Teil dieser Mobilfunkgeräte nutzen. Hier sind wir gerade am überlegen, wie man mit Hilfe einer zusätzlichen Stichprobe solche demografischen und natürlich auch weitere Verzerrungen korrigieren kann.

Krämer Sie sind ja auch gewählter Vorsitzender der Deutschen Statistischen Gesellschaft, die ist ja anders als die Royal Statistical Society oder die American Statistical Association stärker auf die Wirtschafts- und Sozialwissenschaften fokussiert. Kann und sollte man etwas dagegen tun? Ich meine mehr, als aktuell schon in der Deutschen Arbeitsgemeinschaft Statistik (DAGStat).

Münnich Die deutsche Verbandsstruktur ist wie die englische und amerikanische traditionell gewachsen. Die Deutsche Statistische Gesellschaft ist die älteste statistische Gesellschaft in Deutschland, mit der Biometrie sind wir die zwei größten. Aber eben zwei und nicht eine. Das ist ein bisschen schade, dass das in Deutschland so ist und möglicherweise einer der Gründe, warum die Statistik an den Universitäten in Deutschland so zersplittert gelehrt wird bzw. fast keine eigenen Fakultäten hat also eine echte Statistik-Fakultät, wo Statistikerinnen und Statistiker dann auch zusammensitzen, auch über den Tellerrand hinausschauen. Das finde ich sehr schade, eigentlich sogar ärgerlich. Damit droht die Vielfalt unserer so spannenden Disziplin verloren zu gehen. Dieser Umstand ist leider an vielen Universitäten zu beobachten, dass immer weniger Statistik-Lehrstühle in ihrer eigentlichen Form wiederbesetzt werden. Und die aktuelle Diskussion um Data Science macht es leider noch schwieriger.

Gerade Corona hat gezeigt, wie wichtig die Statistik ist. Hier müssen wir aber noch viel Überzeugungsarbeit leisten. Und unsere Disziplin prominent zu vertreten, oder gar gute Lobby-Politik zu betreiben, ist bedauerlicherweise nicht unsere Stärke.

Krämer Was denn zum Beispiel?

Münnich Vielleicht müssen wir in Deutschland noch stärker anwendungsorientiert arbeiten. Ich sehe eine Lücke zwischen einer hervorragenden theoretischen Statistik, die wir in Deutschland haben, und den Anwendungen, qualitativ wie quantitativ. Ich selbst bin ja fast Monopolist für Surveys und Methoden der Amtsstatistik, hier brauchen wir mehr Personal. Eine starke Beteiligung an Drittmittelprojekten hilft sicher auch, Ministerien und Universitätsleitungen zu überzeugen.

Walter Krämer und Ralf Münnich beim Interview auf der Terrasse der Rhein-Main-Halle in Wiesbaden

Krämer Und zu allem Überfluss kommen jetzt auch noch die Informatiker und bedrohen unser Terrain

Münnich Ja, das ist die Data Science, vor der viele von uns Angst haben. Teilweise berechtigt, weil noch mehr Lehrstühle wegzufallen drohen und die Informatiker oft nicht die statistische Methodik und die damit verbundene Problematik hinter ihren

Lösungsversuchen sehen. Hier müssen wir aber positiver und selbstbewusster sein, unsere Statistik modernisieren, stärker auch wirklich mit den Daten arbeiten. Was habe ich denn selber im Statistik Studium gelernt? Da gab es Datensätze der Größe 10, damit man von Hand die Regression berechnen konnte, heute lachen wir darüber. Aber ein bisschen von dieser Denkweise ist bei manchen noch hängen geblieben. Ich plädiere hier für mehr Offenheit, mehr Arbeit mit den Daten. Ich sage auch dem Statistischen Bundesamt: Wir brauchen eure Daten an den Unis. Die Geheimhaltung vieler Datensätze erschwert das Arbeiten mit amtlichen Daten leider immer noch sehr. Nur wo die Daten und Projekte sind, da sind auch Professuren; für diese Sichtweise setze ich mich immer wieder auf europäischer und nationaler Ebene ein.

Krämer Ein positives und ermutigendes Schlusswort, vielen Dank für das Gespräch.

Literatur

Krämer W (2000) Armut in der Bundesrepublik. Zur Theorie und Praxis eines überforderten Begriffs. Campus, Frankfurt

Münnich R, Schnell R, Brenzel H, Dieckmann H, Dräger S, Emmenegger J, Höcker P, Kopp J, Merkle H, Neufang K, Obersneider M, Reinhold J, Schaller J, Schmaus S, Stein P (2021) A population based regional dynamic microsimulation of Germany: The MikroSim Model. Methods, Data, Analyses 15:2. https://doi.org/10.12758/mda.2021.03

Münnich R, Wagner J, Hill J, Stoffels J, Buddenbaum H, Udelhoven T (2016) Schätzung von Holzvorräten unter Verwendung von Fernerkundungsdaten. AStA Wirtsch Sozialstat Archiv 10(2/3):95–112. https://doi.org/10.1007/s11943-016-0186-0

Münnich R, Gabler S, Ganninger M, Burgard JP, Kolb J-P (2012) Statistik und Wissenschaft. Bd. 21: Stichprobenoptimierung und Schätzung im Zensus 2011. Destatis, Wiesbaden. https://www.zensus2011.de/SharedDocs/Downloads/DE/Publikationen/Monografien_Archiv/2012_07_Destatis_Stochprobenoptimierung_und_Schaetzung_im_Zensus.pdf?__blob=publicationFile&v=12. Zugegriffen am 04.09.2023

Teil II

Mathematische und technische Statistik

Einleitung

Dieser Teil ist das umfangreichste dieses Sammelwerks. Es versammelt acht Vertreter der im weitesten Sinne „mathematischen" Statistik. Diese liefert die Werkzeuge, mit denen die Statistik die Wirklichkeiten dieser Erde modelliert, quantifiziert und prognostiziert. Was aber viele nicht wissen: Diese mathematische Statistik hatte in Deutschland lange einen schweren Stand. Der Psychologe Peter Hofstätter etwa erinnert sich, dass sein Habilverfahren noch in den 1940er-Jahren abschlägig beschieden wurde, weil er gewisse „dem deutschen Geist völlig fremde [statistische] Methoden" in seinen Arbeiten verwendet hätte (Hofstätter 1993).

Gemeint waren natürlich die interferenzstatistischen Methoden, so wie von Ronald Fisher in den 1920er-Jahren in England eingeführt. Dieser Ablehnung ist dann einige Jahrzehnte später ein genauso gedankenloser Signifikanztest-Kult gefolgt, an den sich viele Absolventen wirtschaftswissenschaftlicher, soziologischer oder psychologischer Studiengänge noch mit Schrecken erinnern. Denn wo es Wege gibt, da gibt es auch Irrwege, siehe Krämer (2004, 2008, 2012), aber an der trivialen Einsicht, dass jedes Handwerk ohne Werkzeug auf verlorenem Posten steht, ändert das nichts. Wie so viele andere Wissenschaften hat dabei der Siegeszug des Computers auch die Statistik umgeformt, wie etwa in dem Interview mit Göran Kauermann deutlich wird. Und was die künstliche Intelligenz noch mit der Statistik anstellen wird, kann man heute nur vermuten. Auch dazu gib es im nächsten Kapitel eine prominente Stimme.

Den Reigen der hier Interviewten eröffnet Ursula Gather von der TU (seinerzeit noch Universität) Dortmund. Wie überraschend viele Inhaber von Statistiklehrstühlen bekleidete sie für einige Jahre auch das Rektorat ihrer Universität. Hier sind Statistiker überraschend erfolgreich. Andere Fachvertreter, die in den letzten drei Jahrzehnten ebenfalls Rektoren oder Präsidenten ihrer Universitäten waren, sind etwa Burkhard Rauhut (der Habilvater von Ursula Gather, Aachen 1999–2008), Eberhard Schaich (Tübingen 1999–2006; sein Wirken als Statistiker ist auch Inhalt des Interviews mit seinem Schüler Ralf Münnich), Walter Schweitzer (Passau 1997–2012), Jörg Michaelis (Mainz 2001–2007), oder Claudia Becker (Halle-Wittenberg, seit 2022). Diese

W. Krämer (Hrsg.), *Statistik hautnah*, https://doi.org/10.1007/978-3-662-69596-8_7

Beliebtheit bei anderen Fakultäten liegt vielleicht in der Neutralitätsvermutung in Sachfragen begründet, die man Methodenspezialisten gerne zubilligt.

Auf Ursula Gather folgt Karl Mosler von der Universität zu Köln, von 2004 bis 2008 auch Vorsitzender der DStatG und Mitbegründer (mit Joachim Röhmel und Göran Kauermann) der Deutschen Arbeitsgemeinschaft Statistik DAGStat. Er steht, außer für viele andere Dinge, auch für den Beitrag der Statistik zu optimalen Entscheidungen unter Risiko, und hat zusammen mit Wolfgang Brachinger das Wirtschafts- und Sozialstatistische Archiv (WiSosA) begründet, in dem viele der hier abgedruckten Interviews zuerst erschienen sind.

Noch deutlicher als Karl Mosler hat Volker Mammitzsch von der Universität Marburg, einer der drei ersten Träger der DAGStat-Medaille für Verdienste um die Statistik in Deutschland, seine wissenschaftlichen Wurzeln in der Mathematik. Was ihn aber nicht davon abhielt, zeit seines akademischen Lebens Anwender und Methodiker zusammenzubringen. Dass dies nicht immer einfach war, erfährt man im Interview.

Unter allen hier Interviewten war Mammitzschs Weg in die Wissenschaft wohl der holprigste: Als Kriegskind in der Nähe von Leipzig aufgewachsen, wurde ihm als Sohn eines in Russland kriegsgefangenen deutschen Soldaten (damit automatisch Kriegsverbrecher) der Besuch der Oberschule verwehrt. Mammitzsch wurde so zunächst Betriebselektriker, mit Gesellenprüfung und allem, was dazugehört. Dann hat ihm aber sein aus der Gefangenschaft nach München zurückgekehrter Vater in den Westen geholt und auf das Gymnasium und die Universität geschickt.

Peter-Theodor Wilrich von der FU Berlin steht in dieser Interviewsammlung für die Themen Qualitätskontrolle und technische Statistik. So wie Karl Mosler (und der später interviewte Wolfgang Schmid) war er mehrere Jahre, von 1996 bis 2000, Vorsitzender der DStatG. Auch er ist Träger der DAGStat-Medaille für Verdienste um die Statistik in Deutschland. Wie Mammitzsch in der DDR geboren, war auch er dort nicht für eine Oberschule zugelassen, kam aber schon mit 14 Jahren in den Westen in ein Internat. Das Interview mit ihm berührt auch wissenschaftspolitische Fragen wie die für 2000 geplante Volkszählung oder die Organisation des Weltkongresses des International Statistical Institute 2003 in Berlin.

Auch Wolfgang Schmid von der Viadrina in Frankfurt/Oder vertritt die Themen Qualitätskontrolle und technische Statistik. Und wie Peter-Theodor Wilrich war er Präsident der DStatG (2012–2020). Seine Ansichten zur Statistik-Ausbildung und Nachwuchsarbeit werden sicher viele Leser interessieren. Ebenfalls der technischen Statistik verpflichtet ist Christine Müller von der TU Dortmund. Sie war von 2013 bis 2018 Vorsitzende der DAGStat, aber auch zwei Jahre lang Sprecherin der Fachgruppe Stochastik der Deutschen Mathematiker-Vereinigung und mehrere Jahre Schatzmeisterin des Deutschen Hochschullehrerinnenbundes. Und als Herausgeberin der Statistical Papers hat sie sicher mit dem einen oder anderen Leser dieser Zeilen auch schon schriftlichen Kontakt gehabt.

Ernüchternde Einsichten zu allen möglichen Stolpersteinen, die seinerzeit und zum Teil noch heute Frauen bei akademischen Karrieren behindert haben, kommen von Nanny Wermuth von der Universität Mainz. Sie hat an der prestigeträchtigen Harvard-Universität am vielleicht bekanntesten Statistik-Fachbereich der Welt promoviert und pflegt als eine von wenigen Interviewten in diesem Buch auch enge Verbindungen in die Biometrie. So sieht sie sich selbst als „Großmutter der graphischen Markov-Modelle". Das Abschlussreferat für ihre Habilitation wurde auf den geplanten Geburtstermin ihres dritten Sohnes gelegt. „Ich habe meinen Vortrag gehalten – da mein Sohn noch nicht geboren war – und bin dann während der Beratung hinausgeschickt worden. Schließlich kam einer meiner Gutachter, Wolfgang Bühler, ein hochintegrer Mann, der eigentlich nicht leicht aufzuregen war, mit hochrotem Kopf aus der Sitzung und sagte – ich kann nicht glauben, was ich gehört habe –: ‚Soll man tatsächlich einer hochschwangeren Frau das Recht geben, an einer deutschen Universität zu unterrichten?'"

Tempora mutantur. Zum Glück, kann man da nur sagen.

Göran Kauermann von der Münchener Ludwig-Maximilian-Universität schließlich steht für eine Generation von Fachvertretern, die sich dem Herausarbeiten von Gemeinsamkeiten unterschiedlicher Teildisziplinen der Statistik verschrieben haben. Er hat im Jahr 2005 mit Karl Mosler und Joachim Röhmel die Deutsche Arbeitsgemeinschaft Statistik (DAGStat) gegründet („ein Verbund von wissenschaftlichen Fachgesellschaften und Berufsverbänden, die die Fortentwicklung statistischer Theorie und Methodik zu ihren wesentlichen Aufgaben zählen") und war lange Zeit deren wichtigster Motor. Die DAGStat vertritt die Interessen der Statistik in Wissenschaft, Gesellschaft und Politik, etwa durch Stellungnahmen wie die vom 16.03.2023 zum Thema „Umweltstatistik" – „Beschleunigung umweltpolitischer Entscheidungen durch verlässliche Daten und effiziente statistische Methoden", versammelt alle drei Jahre die in Deutschland arbeitenden Statistiker zu einer großen Konferenz, und verleiht auch die DAGStat-Medaillie an „Persönlichkeiten, die sich in nachhaltiger Weise um die Statistik in Deutschland verdient gemacht haben." Zu den bislang (Stand Anfang 2024) zehn Preisträgern zählen auch sechs der Interviewten in diesem Sammelband, als bisher letzter Göran Kauermann.

Literatur

Hofstätter P (1993) Von den Zahlen wegschauen. Die Welt vom 7. Juni, S 7

Krämer W (2004) Statistik: Vom Geburtshelfer zum Bremser der Erkenntnis in den Sozialwissenschaften? Köln Z Soziol Sozialpsychol 44:51–60

Krämer W (2008) Verhindert die Statistikausbildung den Fortschritt der Wirtschafts- und Sozialwissenschaften? Wirtsch Sozialstat Arch 2:41–50

Krämer W (2012) Das Signifikanztest-Ritual und andere Sackgassen des Fortschritts in der Statistik. AStA Wirtsch Sozialstat Arch 5(4):299–308

Ursula Gather

Aus der Universität an die Spitze der Krupp-Stiftung

Ursula Gather (* 1953 in Mönchengladbach) hat an der RWTH Aachen Mathematik studiert und 1979 über Ausreißertests und Ausreißeranfälligkeit von Wahrscheinlichkeitsverteilungen promoviert, gefolgt von einer Habilitation im Jahr 1984. Nach einem Jahr als Professorin im Department of Statistics and Actuarial Science der University of Iowa erhielt sie 1986 einen Ruf an die Fakultät Statistik der damaligen Universität (heute Technische Universität) Dortmund, der sie trotz mehrerer Auswärtsrufe seither treu geblieben ist. Internationale Gastprofessuren führten sie u. a. an die Yale University, New Haven, USA (1990), an die Université des Sciences et Technologies de Lille, Frankreich (1994) sowie an die La Trobe University, Melbourne, Australien (2001). Sie betreute über 30 Promotionen sowie sechs Habilitationen. Neben der eigenen Publikationstätigkeit (ca. 160 referierte Arbeiten) war sie Mitherausgeberin von fünf Fachzeitschriften und zwei Buchreihen.

An Ursula Gather imponiert vor allem das Zusammenspiel von akademischer Exzellenz und praktischen Managementqualitäten. Ihre mit zahlreichen Auszeichnungen prämierte Forschung (u. a. der mit 850.000 DM dotierte Alfried Krupp von Bohlen und Halbach-Preis für junge Hochschullehrer) betrifft vor allem die Mathematische Statistik und deren Anwendungen in den Ingenieur- und Naturwissenschaften sowie der Medizin. Hier hat sie zahlreiche hochkarätige Publikationen vorzuweisen. Daneben hat sie den Dortmunder Statistik-Sonderforschungsbereich 475 „Komplexitätsreduktion in Multivariaten Datenstrukturen" ins Leben gerufen und zwölf Jahre lang geleitet.

Dieser Beitrag wurde bereits in *AStA Wirtschafts- und Sozialstatistisches Archiv* (Bd. 9, 2015, https://link.springer.com/article/10.1007/s11943-015-0165-x) veröffentlicht und für das vorliegende Buch leicht überarbeitet.

W. Krämer (Hrsg.), *Statistik hautnah*, https://doi.org/10.1007/978-3-662-69596-8_8

In zahlreichen Funktionen hat sie in der akademischen Selbstverwaltung mitgewirkt: Dekanin der Fakultät Statistik, Mitglied des Senates, später Prorektorin für Forschung der Universität Dortmund, und von 2008 bis 2020 Rektorin dieser Institution. In dieser Funktion übernahm sie im Jahr 2010 auch den Vorsitz der Landesrektorenkonferenz NRW. Weitere ausgewählte Stationen in ihrer Laufbahn als Wissenschaftsmanagerin sind die Mitgliedschaft im Council des International Statistical Institute (2007–2011), der Vorsitz des DFG-Fachkollegiums Mathematik (2008–2012) sowie die Mitgliedschaft (2005–2012) und ab 2007 der stellvertretende Vorsitz im Senat des DLR (Deutsches Zentrum für Luft- und Raumfahrt). Von 2000 bis 2008 war Ursula Gather gewähltes Vorstandsmitglied der Deutschen Statistischen Gesellschaft. Seit 2005 ist sie Mitglied im Stiftungsrat der Oberwolfach-Stiftung, seit 2007 Vorsitzende des Fördervereins des Mathematischen Forschungsinstituts Oberwolfach, und. Seit August 2016 ist sie ad personam Mitglied im Senat der Nationalen Akademie der Wissenschaften.

Ende 2011 wurde Ursula Gather in das Kuratorium der Alfried Krupp von Bohlen und Halbach Stiftung berufen und im August 2013 von dessen Mitgliedern zur Vorsitzenden gewählt. Sie ist verheiratet und hat zwei erwachsene Söhne. Für das Interview traf sie sich mit Walter Krämer in ihrem Büro an der TU Dortmund im September 2014.

Krämer Frau Gather, als Kind hatten sie vermutlich noch nicht den Wunsch, später einmal Statistikprofessorin zu werden. Wann fing Ihr Interesse an Statistik an?

Gather In meinem Mathematikstudium. Meine Diplomarbeit war sehr statistiknah, da ging es um Grenzwertsätze für technische Prozesse. Anschließend bin ich als Mitarbeiterin an ein Statistikinstitut (Prof. Rauhut, RWTH Aachen) gegangen und habe über Ausreißer in Verteilungen promoviert.

Ursula Gather begrüßt die Gäste der akademischen Jahresfeier 2013 der TU Dortmund

Krämer Das ist ja dann zu einer lebenslangen Aufgabe geworden?

Gather Ja, Ausreißer bzw. ganz generell die Robustheit von statistischen Verfahren gegenüber Abweichungen, auch Modellabweichungen – das hat mich schon früh interessiert (Becker und Gather 1999; Davies und Gather 1993; Gather et al. 2002a).

Krämer Und der Gedanke: Ich könnte weitermachen? Eine Hochschullaufbahn anvisieren? Der kam dann während der Promotion oder danach?

Gather Wie wohl die meisten Kollegen und Kolleginnen hatte ich diesen Gedanken nicht von Anfang an. Aber mit der Habilitation kommt der ja fast definitionsgemäß. Danach bin ich in die USA gegangen und da hatte ich schon die Absicht, in der Wissenschaft zu bleiben. Und habe auch begonnen, mich auf Professuren zu bewerben. Aber ich hätte mir genauso auch eine Tätigkeit in der Industrie vorstellen können.

Krämer Rückblickend sind Sie also froh, alles so gemacht zu haben?

Gather Ja, ich habe tatsächlich keinen meiner Karriereschritte bereut. Über die Statistik habe ich einen großen Einblick in viele andere Disziplinen bekommen, Statistiker werden ja regelmäßig als Methodenberater bei der Datenanalyse und Versuchsplanung gefragt. Deswegen hatte ich das Gefühl, immer auch etwas aus anderen Disziplinen wie Medizin, Ingenieurwissenschaften und Wirtschaftswissenschaften dazu zu lernen. Das ist das Faszinierende, wenn man Statistik als Wissenschaft betreibt.

Krämer Sie sind über die Mathematik zur Statistik gekommen. Sie kennen das amerikanische System – dort ist das eher unüblich, da ist man Statistiker von Anfang an, man studiert das. Das kann man bei uns in Deutschland ja leider nur in Dortmund und in München. Ist das Ihrer Meinung nach auch einer der Gründe, warum die deutsche Statistikerszene so zersplittert ist?

Gather Nein, das glaube ich nicht. Ich halte im Gegenteil eine solide mathematische Grundlage für unentbehrlich. Mir hat das geholfen, Methoden und Ansätze zu verstehen. Ich glaube, dass man etwa die Zeitreihenanalyse überhaupt nicht verstehen kann, wenn man von stochastischen Prozessen keine Ahnung hat. Deshalb halte ich den Weg über die Mathematik keineswegs für hinderlich. Hinderlich ist vielleicht eher, dass die Statistiker in Deutschland an den Universitäten immer bei den jeweiligen Sachgebieten verortet sind, also die Biometrie in der Medizin, die Technometrie bei den Ingenieurwissenschaften. Und das ist eben das Gute, dass das hier in Dortmund anders ist. Wir haben eine eigene Fakultät – wie in den angelsächsischen Ländern. Die Vorteile liegen auf der Hand: Fast schon institutionalisierte enge Kooperationen und ein stetiger Austausch nicht nur darüber, wie ein konkretes Problem zu lösen ist, sondern wie allgemein statistische Methoden weiterentwickelt, vereinfacht und verbessert werden können.

Krämer Gab es für Sie akademische Vorbilder oder andere Menschen, die Ihren wissenschaftlichen Lebensweg entscheidend in die Richtung gelenkt haben, den er schließlich genommen hat?

Gather Ich hatte einen unglaublich guten Mathematiklehrer – das wird mir erst im Rückblick richtig klar –, der mit mich seiner Art, Mathematik zu lehren, auch über sprachlogische Korrektheit und über Sorgfalt, geprägt hat, das war mir immer eine große Hilfe.

Krämer In einem anderen Interview haben Sie mal gesagt, diese Gymnasialzeit in einer reinen Mädchenschule wäre ein Vorteil gewesen. Sind gemischt-geschlechtliche Schulen vielleicht ein Fehler?

Gather So pauschal würde ich das nicht sagen. Für mich persönlich war es in jedem Fall ein Vorteil. Ich habe mir nämlich nie die Rollenfrage gestellt, ob Mathe was für Mädchen ist.

Krämer Und nachher, an der Universität, gab es da auch Vorbilder, Lehrer, Kolleginnen und Kollegen mit bleibendem Einfluss?

Gather Klar gibt es Vorbilder. Für mich sind das insbesondere Personen, die Paradigmenwechsel herbeigeführt haben, John Tukey, Peter Huber und Frank Hampel beispielsweise, die immer wieder die Dinge anders und neu gesehen haben.

Krämer Welche Ihrer eigenen Beiträge würden Sie denn als die wichtigsten betrachten?

Gather Das sollten vielleicht andere tun; ich kann sagen, was mir am meisten Spaß gemacht hat. Das waren zum Beispiel die Arbeiten, kurz bevor ich Rektorin wurde, die Zusammenarbeit mit Intensivmedizinern und das Gefühl, mitgewirkt zu haben an Verbesserungen der Alarmsysteme am Intensivbett (Gather et al. 2002b; Lanius und Gather 2010; Siebig et al. 2010; Fried et al. 2007).

Ursula Gather erläutert eine Studie zu Online-Daten aus der Intensivmedizin

Zu sehen wie die eigenen wissenschaftlichen Ergebnisse das Leben anderer vielleicht positiv beeinflussen können, ist ein gutes Gefühl. Und davor die Arbeiten über Bruchpunkte (Davies und Gather 2005), das hat mir auch Freude gemacht.

Krämer Könnten Sie mal jemanden, der in der Bruchpunkttheorie nicht firm ist, in normalem Deutsch das Hauptergebnis erklären?

Gather Das ist schnell gesagt – man muss überlegen, wie viele besonders große oder kleine, falsche Messungen einen Schätzwert für den Mittelwert einer Verteilung ruinieren können. Beim arithmetischen Mittel ist das genau eine. Wenn ich eine Beobachtung besonders groß mache, dann wird auch der Mittelwert besonders groß, während der Median fast die Hälfte besonders große Beobachtungen verträgt und immer noch korrekt den Schwerpunkt der Verteilung wiedergibt. Eine wesentliche Aussage unserer Arbeit ist, dass es auch in allgemeineren Kontexten viel besser gar nicht geht, dass der Bruchpunkt nicht größer sein kann als ein Halb.

Krämer Sie haben in Ihrem Leben schon viele Auszeichnungen und Preise erhalten. Über welchen haben Sie sich am meisten gefreut?

Gather Über den Alfried Krupp Förderpreis für junge Hochschullehrer; er gab mir als junge Professorin die Freiheit und Möglichkeit, eine eigene Arbeitsgruppe aufzubauen.

Krämer Wenn jemand zu Ihnen käme, spricht bilingual Deutsch und Englisch gleichermaßen gut, und möchte Statistik studieren, wo würden Sie die Person hinschicken?

Gather Gemeine Frage! Zu uns, nach Dortmund natürlich (lacht).

Krämer Und Dortmund außen vor?

Gather Naja, die amerikanischen und britischen Ivy League Universitäten, die ein Statistik Department haben, sind sicher auch empfehlenswert.

Ursula Gather gratuliert ihrem Dortmund Kollegen Friedhelm Eicker, einem der Gründerväter der Fakultät, zum 60. Geburtstag

Krämer Generell zum amerikanischen System – die Amerikaner sind ja bei allen möglichen Ranglisten immer vor uns. Ist das ein Artefakt oder sind die tatsächlich besser? Nicht nur in Statistik, sondern das Universitätssystem als solches. Sie kennen ja beide Systeme gut.

Gather Bei den Kriterien, die den Rankings üblicherweise zu Grunde liegen, sind amerikanische Spitzen-Universitäten vorne, wie zum Beispiel bei der Anzahl der Publikationen in Nature und Science oder der Anzahl von Nobelpreisträgern. Der Vorsprung hat aber auch damit zu tun, wie viel deutsche Universitäten ihren Professoren als Lehrdeputat abverlangen sowie damit, dass in Deutschland die außeruniversitären Einrichtungen nicht zu den Standorten zählen. Wenn wir überall Max-Planck-Institute, Leibniz- und Fraunhofer-Institute und deren wissenschaftliche Leistung mitzählen würden, sähe das Bild schon anders aus. An amerikanischen Standorten gibt es solche außeruniversitäre Forschung, wie sie bei uns läuft, in diesem Ausmaß nicht.

Krämer Und die Studiengebühren? Die haben doch auch etwas mit der Spitzenstellung der amerikanischen Universitäten zu tun?

Gather Es wäre natürlich an deutschen Universitäten besser, wenn wir eine höhere und langfristig gesicherte Grundfinanzierung hätten. Ob man daran die Studierenden – natürlich absolut sozialverträglich – beteiligen sollte, darüber wird sicherlich in Zukunft wieder diskutiert werden.

Krämer Wo wir gerade bei den amerikanischen Vorbildern sind: Immer mehr Universitäten in Deutschland bieten immer mehr Studiengänge auf Englisch an. Die TU München will sogar ab 2017 sämtliche Masterstudiengänge nur noch auf Englisch anbieten. Wie sehen Sie diese Entwicklung?

Gather Natürlich kann man auch Studiengänge anbieten, die englischsprachig sind, aber mit Augenmaß. Selbstverständlich werden wir weiter Studiengänge in deutscher Sprache an unseren Hochschulen anbieten.

Ursula Gather mit Walter Krämer am Rande einer Konferenz in den späten 90ern

Krämer Ein anderes hochschulpolitisches Thema ist Bologna. War das eine Verbesserung oder eine Verschlechterung?

Gather Das Ziel war ein einheitlicher europäischer Hochschulraum. Im allerersten Schritt ist das nicht überall so gelungen, wie man sich das vorgestellt hatte. Man wollte hauptsächlich, dass Studierende mit dem Bachelor-Abschluss auch anderswo im Ausland weiterstudieren können. Zunächst ist diese Umsetzung ein schwieriger Prozess gewesen. Inzwischen sind die Ziele zum größten Teil erreicht, die Studierendenzufriedenheit ist stark gestiegen. Ich meine, dass dieser Umsetzungsprozess jetzt nach über zehn Jahren als gelungen bezeichnet werden kann, auch wenn nicht überall alles in wunderbarer Ordnung ist. Aber die Diplomstudiengänge, die wir vorher hatten, waren auch nicht überall und in jedem Fach gut studierbar und ohne Makel.

Krämer Und der Vorwurf, dass, wenn man schon das amerikanische System kopiert, man es dann auch wirklich kopieren sollte? Bei uns ist es ja fast schon so, dass jeder, der einen Bachelor hat, einen Rechtsanspruch auf einen Masterstudienplatz besitzt, während die Amerikaner da extrem sieben und im Masterstudiengang dann natürlich nur die wirklich Guten übrig bleiben.

Gather Wenn der erste berufsqualifizierende Abschluss, den der Bachelor ja darstellt, in Deutschland auf die entsprechende Akzeptanz stoßen würde so wie in Amerika, dann würden sich auch viele Studierende mit dem Bachelor zufrieden geben. Oft wird aber ein Masterabschluss vorausgesetzt, um den angestrebten Beruf überhaupt ausüben zu können – im Lehramt beispielsweise, aber auch anderswo.

Krämer Noch was zur Lage der Statistik: Es ist ja bemerkenswert, wie viele Statistik-Kolleginnen und -Kollegen sich in Deutschland in Hochschulleitungen wiederfinden. Hat das bestimmte Gründe oder ist das eine kognitive Verzerrung meinerseits?

Gather Ich habe Zweifel, ob das wirklich so ist. Aber wenn man einen Grund finden wollte, dann würde ich sagen, dass die Zusammenarbeit mit anderen den Kollegen und Kolleginnen aus der Statistik vielleicht Lust darauf macht, intensiver mit vielen Wissenschaftlern zusammenzuarbeiten und Verbünde zu fördern – und so eine ganze Universität nach vorne zu bringen, nicht nur die eigene Disziplin.

Krämer Noch eine Frage zur DFG. Sie waren ja auch lange Jahre gewählte Sprecherin des Fachkollegiums Mathematik. Wie würden Sie das DFG-System der Forschungsförderung einschätzen im Vergleich zu Systemen in England, den USA, der Schweiz?

Gather Vorbildlich! Ich finde dieses System wirklich großartig, es wird ja auch kopiert von anderen Ländern, und ich halte es für wichtig, dass wir uns dieses „nicht-Programm-gesteuerte" System der Forschungsförderung auch erhalten. Bei der DFG geht es in erster Linie um Qualität, die Themen setzen die Wissenschaftler selbst, es ist hier gerade nicht so, dass vorgegeben wäre, was zu beforschen ist.

Krämer Sie waren lange in der Deutschen Statistischen Gesellschaft aktiv, unter anderem auch im Vorstand. Was empfehlen Sie der DStatG für die Zukunft?

Gather Die ganze Breite der Statistik zu repräsentieren, junge Wissenschaftler zu motivieren, sich zu vernetzen und sie spüren zu lassen, dass eine gute Kommunikation in der eigenen Community und mit anderen Disziplinen alle weiterbringt und auch von Vorteil für das eigene Forschen und Lehren ist.

Krämer Frau Gather, vielen Dank für das Gespräch.

Literatur

Becker C, Gather U (1999) The masking breakdown point of multivariate outlier identification rules. J Amer Statist Assoc 94:947–955

Davies PL, Gather U (1993) „The Identification of Multiple Outliers“ (with discussion and rejoinder). J Amer Statist Assoc 88:782–792

Davies PL, Gather U (2005) „Breakdown and Groups“ with discussion and rejoinder. Ann Stat 33:977–1035

Fried R, Einbeck J, Gather U (2007) Weighted repeated median smoothing and filtering. J Amer Statist Assoc 102:1300–1308

Gather U, Hilker T, Becker C (2002a) A note On outlier sensitivity of Sliced Inverse Regression. Statistics 13:271–281

Gather U, Imhoff M, Fried R (2002b) Graphical models for multivariate time series from intensive care monitoring. Stat Med 21:2685–2701

Lanius V, Gather U (2010) Robust online signal extraction from multivariate time series. Comput Stat Data Anal 54:966–975

Siebig S, Kuhls S, Imhoff M, Langgartner J, Reng M, Schölmerich J, Gather U, Wrede CE (2010) The collection of annotated data in a clinical validation study for alarm algorithms in intensive care – a methodologic framework. J Crit Care 25(1):128–135

Karl Mosler

Ordnung stochastisch gesehen

Karl Mosler (*1947 in Bonn) war von 1995 bis 2014 Professor für Statistik und Ökonometrie an der Universität zu Köln. Zuvor lehrte er als Professor für Statistik und Quantitative Ökonomik an der Helmut-Schmidt-Universität in Hamburg (1985 bis 1995). Seine akademische Ausbildung erhielt er an den Universitäten Heidelberg und München (Diplom-Mathematiker, 1972) und an der Technischen Universität München (Dr. rer. nat., 1975). Anschließend habilitierte er sich 1981 für die Fächer Statistik und Operations Research. Mosler hatte Gast- und Vertretungsprofessuren an den Universitäten Kassel, Hamburg und Frankfurt (Oder), sowie an der Università di Pavia und der Università Bocconi in Mailand inne. Er wurde mit dem „August-Lösch-Preis für Regionalwissenschaften" und dem „Erik Kempe Prize in memoriam Tord Palander" der Universät Umea ausgezeichnet. Von 2004 bis 2008 war er Präsident der Deutschen Statistischen Gesellschaft und im Jahr 2005 Mitgründer und lange Zeit stellvertretender Vorsitzender der Deutschen Arbeitsgemeinschaft Statistik (DAGStat).

Moslers Forschungsinteressen umfassen statistische und ökonometrische Methoden, insbesondere die nichtparametrische Analyse von multivariaten Daten, die Modellierung von Risiko und die Messung von sozio-ökonomischer Ungleichheit. Er ist Autor von vier Monografien, drei Lehrbüchern und mehr als 70 wissenschaftlichen Arbeiten in hochrangigen Fachzeitschriften, unter anderem dem *Journal of the American Statistical Association*, den *Annals of Statistics*, dem *Journal of Multivariate Analysis, Computational Statistics and Data Analysis, Management Science*, den *Annals of Operations Research, Health Economics* und dem *Journal of Economic Inequality*. Daneben hat er mehrere Bücher und Zeitschriften herausgegeben; in den Jahren 1998 bis 2004 auch das *AStA: Advances in Statistical Analysis*,

Dieser Beitrag wurde bereits in *AStA Wirtschafts- und Sozialstatistisches Archiv* (Bd. 10, 2016, https://link.springer.com/article/10.1007/s11943-016-0179-z) veröffentlicht und für das vorliegende Buch leicht überarbeitet.

W. Krämer (Hrsg.), *Statistik hautnah*, https://doi.org/10.1007/978-3-662-69596-8_9

die internationale Fachzeitschrift der Deutschen Statistischen Gesellschaft. Zu diesem Interview traf er sich mit Walter Krämer am Rande der Statistischen Woche 2014 in Hannover.

Krämer Herr Mosler, wann fing denn Ihr Interesse für Statistik an?

Mosler Relativ spät. Auf der höheren Schule habe ich vor allem alte Sprachen gehabt, nur wenig Mathematik und Naturwissenschaften. Dann wollte ich aber doch genauer wissen, was es mit der Mathematik auf sich hat, habe ein Studium angefangen und mich erst einmal auf die ganz abstrakten Dinge geworfen: axiomatische Grundlagen, mathematische Logik und Metamathematik. Statistik als Hauptfach gab es damals noch nicht. In Heidelberg hatte ich aber das große Glück, dass meine erste Analysis-Vorlesung von Klaus Krickeberg gehalten wurde, einem der führenden Wahrscheinlichkeitstheoretiker, und der hat mich auf den Geschmack gebracht.

Krämer Aber dass das mal Ihr Beruf sein könnte …

Mosler … war überhaupt nicht klar. Aber Krickeberg hat mein Interesse für Stochastik und ihre Anwendungen geweckt. Er konnte gut russisch und las die Arbeiten von Kolmogoroff, Rosanow und Dynkin im Original. Seine Begeisterung für Wahrscheinlichkeitsmodelle hat er auf uns Studenten übertragen. Dann habe ich ganz normal Mathematik studiert, bis zum Vordiplom mit Nebenfach Physik, bin dann an die LMU nach München gegangen und habe dort bei Hans Richter und Volker Mammitzsch weiterstudiert. Auch Hans Richter kannte die Russen im Original und hatte eines der frühen Lehrbücher der Wahrscheinlichkeit geschrieben (Richter 1956). Er war schon älter, eine eindrucksvolle Person. Volker Mammitzsch war damals noch Privatdozent, bei ihm habe ich meine Diplomarbeit über mehrstufige Bayes-Entscheidungen geschrieben, eher theoretisch. Wirklich angewandte Statistik, etwa Tests mit Daten aus dem wahren Leben, die kam erst später.

Krämer Und dann, nach der Diplomarbeit, der übliche Assistentenjob, um zu promovieren?

Mosler Nein, ich hatte ein Stipendium und konnte als externer Doktorand frei arbeiten. Zum Promovieren bin ich zu Martin Beckmann gegangen, eigentlich ein Nationalökonom, der an der Münchner TU einen Lehrstuhl für Mathematik hatte, ohne jemals ein Mathematikstudium abgeschlossen zu haben. Beckmann sprudelte über vor Ideen, er war einfach ein inspirierender Mensch und hatte eine leichte, spielerische Art, Forschungsprobleme – ökonomische und mathematische – zu formulieren und zu lösen. Ihm verdanke ich viel, auch meine Liebe zum Operations Research. Ich habe über die optimale Lage von Transportnetzen promoviert, ein Thema zwischen Operations Research und volkswirtschaftlicher Standorttheorie.

Karl Mosler als junger Doktorand mit seinem Doktorvater Beckmann

Krämer Das war also der erste Schritt von Mathematik in Richtung Wirtschaft?

Mosler Der zweite. Davor war ich auf der Suche nach einem Job als Tutor. Bei den Mathematikern waren alle Stellen vergeben, deshalb wurde ich an die Wirtschaftswissenschaftler der LMU vermittelt. Die haben auch fast das Doppelte gezahlt. So bekam ich einen Fuß in deren Statistikinstitut und habe bei Kurt Weichselberger und Hans Schneeweiß die Wirtschaftsstatistik kennengelernt. Danach bin ich als PostDoc zu Harry Hauptmann an die damalige Hochschule der Bundeswehr, jetzt Helmut-Schmidt-Universität, gegangen. Und der hat mich als Mitarbeiter einfach laufen gelassen, das war das Beste. Ich konnte forschen, was ich wollte, das war eine sehr schöne Zeit. Habilitiert habe ich mich dabei für Statistik und Operations Research, mit einem Buch über stochastische Ordnungen und Entscheidungen bei Risiko.

Krämer Würden Sie das gleiche heute noch mal tun?

Mosler Ja, obwohl ich das nie gezielt angesteuert habe. Statistik ist ein faszinierendes Fach, weil es die Mathematik, die mich am Anfang sehr gelockt hat, verbindet mit dem täglichen Leben, mit Fragen der Gesellschaft, der Politik, auch dem eigenen Wohnungs- oder Arbeitsmarkt. Und so bin ich von der abstrakten Mathematik immer mehr zu den Anwendungen gekommen.

Krämer Sie haben zwei erwachsene Töchter, was machen die denn im Beruf?

Mosler Die eine ist Kinderärztin und arbeitet in einer Praxis. Die andere hat zunächst Grafikdesign studiert und dann Geografie, hat gerade in London promoviert und arbeitet dort.

Krämer Sie konnten also keine der beiden bewegen, in Papas Fußstapfen zu treten?

Mosler Das wollte ich auch gar nicht! Da habe ich mich immer sehr zurückgehalten, habe immer nur gesagt, sie sollten das studieren, was ihnen am meisten liegt, wozu sie am meisten Lust haben. Damit haben sie eine gute Chance, sich im Leben und auf dem Arbeitsmarkt zu behaupten.

Krämer Sie waren ja auf vielen Gebieten wissenschaftlich aktiv. Was würden Sie selbst als ihre wichtigsten Publikationen bezeichnen?

Mosler Wichtig aus heutiger Sicht erscheint mir zunächst, was ich in der Habilitationsphase gemacht habe, nämlich die Modellierung von Entscheidungen bei Risiko und die Theorie multivariater stochastischer Ordnungen. Ein Teil der Ergebnisse ist damals in *Management Science* erschienen (Mosler 1984). Stochastische Ordnungen sind ein sehr dankbares Arbeitsgebiet, in der Theorie und den ganz unterschiedlichen Anwendungen. Damit habe ich viele wissenschaftliche Bekannte und Freunde gewonnen, und es beschäftigt mich bis heute.

Krämer Welche dieser vielfältigen Kontakte waren denn für Sie die Wichtigsten?

Mosler Ein wichtiger Partner später, nicht immer ganz einfach, war Gleb Koshevoy von der Moskauer Akademie der Wissenschaften. Er kam von der algebraischen Topologie, und ich von der Statistik: Ich hatte keine Ahnung von algebraischer Topologie, und er hatte keine Ahnung von Statistik. Gemeinsame Basis war die Sprache der Maßtheorie. Zusammen haben wir eine völlig neue geometrische Charakterisierung von multivariaten Wahrscheinlichkeitsverteilungen entwickelt, die Lift-Zonoide, mit deren Hilfe man sowohl deskriptive als auch inferenzielle Statistik treiben kann. (Koshevoy und Mosler 1996, 1997a, b, 1997c). Schließlich ist mir die langjährige Zusammenarbeit mit Rainer Dyckerhoff besonders wichtig, zuletzt unsere Theorie der *weighted-mean regions* (Dyckerhoff und Mosler 2011).

Karl Mosler mit Koautor Gleb Koshevoy

Krämer Mal zu einem Thema, zu dem wir verschiedener Meinung sind (siehe Krämer 2012): Statistik ist ein weites Feld, und, wie ich finde, in mancher Hinsicht zu weit. Es gibt die Amtsstatistik, es gibt die Medizinstatik, es gibt die Wirtschaftsstatistik, es gibt die mathematische Statistik, alles heißt Statistik. Ist das wirklich das Gleiche, oder ist das eher eine Zwangsgemeinschaft?

Mosler Stimmt, da sehen wir die Dinge verschieden. Statistik ist eine Wissenschaft und zugleich eine praktische Tätigkeit. Das erfordert Menschen unterschiedlicher Ausbildung und Tätigkeit. Ich habe angefangen in der mathematischen Statistik, die eben Methoden produziert, vergleicht, Optimalitätsprinzipien untersucht. Der mathematische Statistiker ist darauf angewiesen, dass er Probleme aus der Praxis bekommt, sonst verhungert er im Elfenbeinturm. Der angewandte Statistiker muss sich im Wesentlichen darum kümmern, dass er ordentliche Daten hat, und er muss seine Methode rechtfertigen. Das heißt, er muss in beide Richtungen schauen. Und schließlich der Datenproduzent. Dem begegne ich mit besonderem Respekt, weil ich das selber nie gemacht habe: dem Menschen, der im Statistischen Amt sitzt, dort seinen Berichtskreis hat, und daraus valide statistische Daten produziert. Auch er nennt sich mit Recht Statistiker. Man braucht sie alle.

Krämer Dass man sie braucht, das ist ja auch gar keine Frage.

Mosler Das haben inzwischen auch die meisten eingesehen, jedenfalls die, mit denen ich so zu tun habe. In der DStatG kommen alle Statistiker zusammen, und ich denke, das ist eine Erfolgsgeschichte.

Krämer Sie waren ja lange Zeit auch Vorsitzender der DStatG. Was waren in dieser Zeit ihre erfreulichsten und ihre traurigsten Erlebnisse?

Mosler Erfreuliche gab es viele. Etwa, als ich mit Wolfgang Brachinger oberhalb des Genfer Sees auf einer wunderbaren Hotelterrasse saß und wir das zweite AStA, das WiSoSta, aus der Taufe gehoben haben. Oder dass sich die mathematischen Statistiker, die Biostatistiker und viele andere mit der DStatG gemeinsam in der DAGStat zusammengefunden haben, das finde ich gut. Und dass die vielfältigen Missverständnisse, Sprachprobleme untereinander und zwischen den verschiedenen Statistikern, dadurch verringert wurden und wir einen wirklichen Austausch haben. Viel Freude haben mir auch die verschiedenen Nachwuchsworkshops gemacht, die ich für die DStatG mit organisieren und leiten konnte.

Es gab auch einen traurigen Moment, ich glaube bei der Tagung 2008, da habe ich die Tagung eröffnet und vor versammelten Mitgliedern verkünden müssen, dass am gleichen Morgen eine meiner Vorgängerinnen, Hildegard Bartels, ehemalige Präsidentin des Statistischen Bundesamtes und Vorsitzende der DStatG 1976 bis 1980, gestorben war.

Krämer Sie haben gerade über Nachwuchsförderung geredet, da ist die DStatG ja sehr innovativ. Reicht das aus?

Mosler Ich fange mal bei der Promotionsphase an, weil das sozusagen die Weichenstellung ist, ob jemand in die Wissenschaft geht oder nicht. Meines Erachtens sind hier Graduiertenkollegs eine sehr gute Erfindung, weil sie die jungen Leute zusammenbringen, die bleiben dann nicht mehr wie oft frühere stille Einzelkämpfer. Man sollte aber im Promotionsstudium nicht zu viele Scheine verlangen, sondern den Kandidaten die nötigen Grundlagen schon im Masterstudium beibringen. Und dann der Austausch auf Tagungen: Die DStatG lädt die Doktoranden und Postdocs zu ihrem jährlichen Nachwuchsworkshop ein, und sie unterstützt deren Besuch von deutschen und internationalen Tagungen.

Ansonsten muss man natürlich schon bei den Kindern anfangen. In den Lehrplänen der Schulen kommt auch immer mehr Statistik vor. Allerdings fehlt es an der Ausbildung der Lehrer, man muss die Mathematiklehrer, aber auch die der Naturwissenschaften oder der Geografie, mit Statistikkursen und vor allem mit geeigneten Unterrichtsmaterialien versorgen, damit sie wirklich statistische Methoden der Datenanalyse und nicht nur Würfelwahrscheinlichkeiten unterrichten.

Krämer Da ist ja die DAGStat sehr aktiv.

Mosler Ja. Allerdings sind die Schwierigkeiten offensichtlich: Weil die Lehrer wenig Anreize haben, echte Statistik zu unterrichten, und die Ministerien, die solche Anreize setzen könnten, sehr zurückhaltend sind.

Krämer Ganz generell scheint speziell bei uns in Deutschland ein gewisses Innumeratentum zu gedeihen – die Leute sind regelrecht stolz darauf, dass sie nicht ½ und ½ addieren können. Was können/sollten wir dagegen tun?

Mosler Das ist in der Tat eine deutsche Eigenheit. Ich kenne die Verhältnisse in Russland ein bisschen, auch in Polen und in Frankreich. Dort muss man sich schämen, wenn man schlechte Mathematik-Noten hat. In Deutschland kann man immer noch auf einer Party Punkte sammeln, indem man sagt: Tja, in Mathematik war ich immer furchtbar schlecht. Das ist eine Schande. Es liegt an dem deutschen Bildungssystem und seiner Geschichte. Das sollte sich ändern.

Krämer Apropos Bildungssystem: haben sie schon mal in Deutschland Vorlesungen auf Englisch gehalten, und mit welchem Ergebnis?

Mosler Ja, habe ich. Die Reaktion der Studenten war überwiegend positiv. Sie empfanden das als einen Zug von Internationalität, und sie wollten auch die englischen Fachbegriffe lernen. Andererseits ist der Transfer dieser englischen Fachbegriffe ins Deutsche wichtig für deren tieferes Verständnis. Wenn ein deutscher Doktorand vor einheimischem Publikum seine Ergebnisse auf Englisch präsentieren will, frage ich ihn schon einmal, ob er das auch auf Deutsch könne. Die meisten Menschen denken nun einmal differenzierter und kreativer in ihrer Muttersprache.

Karl Mosler mit Rainer Dykerhoff auf der „Third International Conference on the L1-Norm and Related Methods" in Neuchatel 1997

Krämer An vielen deutschen Wirtschaftsfakultäten werden Statistiklehrstühle eingespart. Worauf führen Sie das zurück?

Mosler Auf den Erfolg der statistischen Methode, und weil jeder so einfach an Daten und Statistikprogramme kommt! Immer mehr Hochschullehrer der Anwendungsdisziplinen fühlen sich methodisch so fit, dass sie die Statistiklehre gleich selber machen wollen. An den ökonomischen Fakultäten sind deshalb schon viele Lehrstühle der Statistik an die Betriebs- oder Volkswirte gefallen. Das ist eine schlimme Entwicklung, weil so das Fach Statistik nicht in der nötigen Allgemeinheit gelehrt und vor allem nicht genug methodisch weiterentwickelt wird.

Krämer Was gehört denn Ihrer Meinung nach zu dieser nötigen Allgemeinheit dazu? Was kann und sollte man speziell den Studierenden der Wirtschaftswissenschaften im Pflichtbereich beibringen?

Mosler Zunächst die ganz elementaren deskriptiven Dinge: Wie werden Daten produziert? Grundgesamtheit und Merkmal, Regression (auch multipel und nicht linear). In der schließenden Statistik dann: Was ist eine Stichprobe? Der Unterschied zwischen Schätzer und Parameter, die Beziehung zwischen Schätzgenauigkeit und Stichprobenlänge, die Logik des Signifikanztests. Und nicht zu vergessen: Speziell für die Betriebswirte sind Wahrscheinlichkeitsmodelle als solche wichtig; sie sollten nicht nur die Gauß-Verteilung kennen.

Krämer Gehen wir mal wieder zurück zur Statistik allgemein. In dem Sammelband Statistik in Deutschland (Grohmann et al. 2011) äußern Sie sich zur Zukunft unserer Wissenschaft (Kauermann und Mosler 2011). Beginnen wir mal mit der Zukunft der DStatG. Was würden Sie dem nächsten DStatG-Vorsitzenden empfehlen?

Mosler Weitermachen mit den großen Tagungen, aber auch kleineren Spezialveranstaltungen. Das läuft sehr gut. Die Statistische Woche ist eine wissenschaftlich attraktive Tagung geworden. Man sollte auch wie bisher Arbeitsgruppen bilden für aktuelle Teilbereiche der Statistik; das läuft alles bestens. Weiterhin muss man etwas für die jungen Leute tun, Nachwuchsworkshop und Reisestipendien sind wichtig.

Sehr nötig wäre auch eine Verbesserung der Wahrnehmung von Statistik in der Öffentlichkeit. Es ist doch seltsam, dass zwar die Zeitungen immer voll sind mit Meldungen über Zahlen; das Statistische Bundesamt gibt Daten und Indikatoren an die Redaktionen und die bauen das in ihre Berichterstattung ein. Aber die Methoden, mit denen diese Zahlen erzeugt werden, und die Problematik der aus ihnen berechneten Kenngrößen werden in der öffentlichen Diskussion fast gar nicht angesprochen.

Krämer Wir Statistiker sollten also in der Öffentlichkeit öfter mal den Mund aufmachen, siehe Bauer et al. (2014)?

Mosler Ja, das sowieso. Wobei es natürlich für so ein vielköpfiges Gebilde wie die DStatG nicht einfach ist, sich zu Tagesthemen zu äußern. Es ist doch jedem nachdenkenden Zeitungsleser und jedem gesellschaftlich Aktiven klar, dass Statistik und ihre Ergebnisse eine ungeheure Bedeutung haben für alles, was wir tun. Aber, wie die Zahlen zustande kommen und welche Qualität sie haben, da fragt kaum einer nach. Da könnte die DStatG, anknüpfend an Zahlen von allgemeinem Interesse wie Arbeitslosenzahlen, Maastricht-Kriterien oder andere Indikatoren, versuchen, etwas über die statistischen Methoden an die Öffentlichkeit zu bringen. Das ist ein harter Acker, es geht nur über Personen, das heißt, es müssten sich Statistiker dafür interessieren und es auch wirklich tun. Eine solche Kommunikation mit der Öffentlichkeit längerfristig aufzubauen und zu vertiefen, das wäre eine große Aufgabe für den nächsten Vorsitzenden.

Krämer Und die Statistik der Zukunft ganz allgemein?

Mosler Ich riskiere mal einen Blick zehn Jahre voraus. Da wird immer wichtiger, was man *computational statistics* nennt. Bei den Methoden glaube ich, dass die Renaissance der Bayes-Methoden anhält, auch die der statistischen Entscheidungstheorie: die alten Sachen von Abraham Wald, bei denen man die monetären oder nichtmonetären Resultate von Statistik wieder stärker einbezieht. Klassifikationsverfahren werden angesichts immer größerer Datenmengen eine wachsende Rolle spielen, auch die Statistik von Netzwerkdaten. Das sind Dinge, die uns schon jetzt beschäftigen und die in zehn Jahren noch mehr blühen werden. Neue Anwendungsgebiete werden dazukommen, etwa in der Jurisprudenz und in manchen Geisteswissenschaften, die sich stärker empirisch ausrichten.

Dann Daten: Schon jetzt hat jeder alle möglichen Daten zur Hand, das wird weiter zunehmen, auch Auswertungsmöglichkeiten durch allgemein verbreitete Anwendungsprogramme. Andererseits werden viele Daten wohl nicht so kostenlos sein wie heute; es werden sich Märkte bilden, auf denen Daten unterschiedlicher Qualität gehandelt werden. Die gibt es heute schon, aber sie werden, denke ich, stark wachsen. Schließlich glaube ich, dass Datenschutz wieder populärer werden wird. Mehr Menschen werden das Bedürfnis haben, ihre persönlichen Daten zu schützen, und das wird dann auch Öffentlichkeit und Politik beschäftigen. Schließlich erwarte ich auch etwas von den allgemeinbildenden Schulen. Darüber haben wir vorhin geredet: Dass sie den Kindern und Jugendlichen die Grundprinzipien des empirischen Arbeitens nahebringen: Was bedeutet Datenanalyse, was sind Daten und welche Schlüsse kann man daraus ziehen? Die Logik von Tests und Schätzungen, dass die dann auf breiter Basis Allgemeingut wird.

Krämer Ihr Wort in Gottes Ohr, und vielen Dank für das Gespräch!

Am Rand der Statischen Woche Hannover 2014: Karl Mosler im Gespräch mit Walter Krämer

Literatur

Bauer T, Gigerenzer G, Krämer W (2014) Warum dick nicht doof macht und Genmais nicht tötet. Das Buch der Unstatistiken. Campus, Frankfurt

Dyckerhoff R, Mosler K (2011) Weighted-mean trimming of multivariate data. J Multivar Anal 102:405–421

Grohmann H, Steger A, Krämer W (2011) Statistik in Deutschland – 100 Jahre Deutsche Statistische Gesellschaft. Springer, Berlin

Kauermann G, Mosler K (2011) Wege in die Zukunft. In: Grohmann H, Steger A, Krämer W (Hrsg) Statistik in Deutschland – 100 Jahre Deutsche Statistische Gesellschaft. Springer, Berlin, S 69–76

Koshevoy G, Mosler K (1996) The Lorenz zonoid of a multivariate distribution. J Am Stat Assoc 91:873–882

Koshevoy G, Mosler K (1997a) Zonoid trimming for multivariate distributions. Ann Stat 25:1998–2017

Koshevoy G, Mosler K (1997b) Multivariate Gini indices. J Multivar Anal 60:252–276

Koshevoy G, Mosler K (1997c) Lift zonoids, random convex hulls and the variability of random vectors. Bernoulli 4:377–399

Krämer W (2012) Das Signifikanztest-Ritual und andere Sackgassen des Fortschritts in der Statistik. AStA Wirtsch- Sozialstat Arch 5:299–308

Mosler K (1984) Stochastic dominance decision rules when the attributes are utility independent. Manag Sci 30:1311–1322

Richter H (1956) Wahrscheinlichkeitstheorie. Springer, Heidelberg

Volker Mammitzsch

Von der Betriebselektrik zur Statistik-Professur

Volker Mammitzsch (*1938 in Leipzig) kam wie viele der in dieser Reihe interviewten deutschen Statistiker und Statistikerinnen erst über Umwege zu dieser Wissenschaft. Da in der DDR nicht zur Oberschule zugelassen, machte er das Abitur erst nach einer Lehre als Betriebselektriker inklusive Facharbeiterprüfung, nachdem die Familie nach München umgezogen war. Dort studierte er von 1957 bis 1962 Mathematik und Physik für das höhere Lehramt. Von 1961–1973 war er wissenschaftlicher Assistent, später Akademischer Rat bzw. Wissenschaftlicher Rat und Professor an der LMU, unterbrochen von Gastaufenthalten bzw. Lehrstuhlvertretungen an der Penn State University (USA), der TH Karlsruhe und der Universität Münster. Von 1973 bis zu seiner Emeritierung 2006 lehrte und forschte Volker Mammitzsch dann als Universitäts-Professor (C4) an der Philipps-Universität Marburg. Weitere Lehr- und Forschungsaufenthalte führten ihn an die Tongji-Universität Shanghai (China), an die University of California at Davis (USA) und an die International University Ho-Chi-Minh-Stadt (Vietnam).

In der deutschen Statistiker-Gemeinde wird Volker Mammitzsch als Lehrer und Forscher, aber auch als Vermittler zwischen mathematischer und „klassischer" Statistik geschätzt. So organisierte er u. a. das European Meeting of Statisticians 1984, die DStatG-Pfingsttagung 1988 oder die Jahrestagung der Deutschen Gesellschaft für Versicherungsmathematik 1998. Neben der DStatG und der Deutschen Gesellschaft für Versicherungs- und Finanzmathematik war er noch in einer Reihe weiterer Fachgesellschaften aktiv, so in der Deutschen Aktuar-Vereinigung, der Bernoulli-Gesellschaft (von 1994 bis 1996 als Chairman des European Regional Committee), der Mathematischen Gesellschaft in Hamburg oder der Marburger Gelehrten-Gesellschaft, siehe Mammitzsch (2016). Im Jahr 1988 erhielt er für

Dieser Beitrag wurde bereits in *AStA Wirtschafts- und Sozialstatistisches Archiv* (Bd. 12, 2018, https://link.springer.com/article/10.1007/s11943-018-0225-0) veröffentlicht und für das vorliegende Buch leicht überarbeitet.

W. Krämer (Hrsg.), *Statistik hautnah*, https://doi.org/10.1007/978-3-662-69596-8_10

diese und andere Verdienste die Bronzemedaille der Mathematisch-Naturwissenschaftlichen Fakultät der Karls-Universität Prag, im Jahr 2006 die Verdienstmedaille der Wirtschaftsakademie „Oskar Lange" in Breslau, und im Jahr 2013 als erster (zusammen mit Nanni Wermuth und Walter Krämer) die Medaille der Deutschen Arbeitsgemeinschaft Statistik für Verdienste um die Statistik in Deutschland. Mit dem Interviewer Walter Krämer traf er sich anlässlich der Statistischen Woche 2016 in Augsburg.

Krämer Herr Mammitzsch, Sie sind einer der drei ersten Träger der DAGStat-Medaille für Verdienste um die Statistik in Deutschland. Wie kamen Sie überhaupt zur Statistik? Das war ja zur Zeit Ihres Studiums in Deutschland ein absolutes Orchideenfach.

Mammitzsch Ich hatte in München Mathematik studiert, und als ich fertig war – ich habe kein Diplom gemacht, sondern ein Staatsexamen – da suchte ich eine Stelle. Und bei dem Statistiker Hans Richter gab es eine Vakanz. Ich hatte schon eine glänzende Vorlesung bei ihm gehört, im gleichen Jahrgang übrigens wie der Kollege Schmitz aus Münster, der einmal bemerkte: „Wenn Richter in der Vorlesung sagt: Der Beweis ist damit beendet! – dann klingelt es. Man hat den Eindruck, die Klingel ertönt als Ende des Beweises." Richter hatte eine kleine Handschrift, man musste ganz vorne sitzen, um mitzukommen. Das war mein Einstieg, ich wurde Assistent an seinem Lehrstuhl. Meine Staatsexamensarbeit hatte ich noch bei Georg Aumann angefangen und bei Martin Kneser vollendet. Sie ging über Approximationstheorie. Dann habe ich bei Richter über maximale Untermengenkörper (Untermengen-Algebren) promoviert. Das Problem ergab sich dadurch, dass ich Richter bei einer falschen Vermutung ertappt habe, die hatte er als Aufgabe in einer von mir betreuten Übung gestellt. Es gelang mir noch kurz vor dem Abgabetermin, den Studenten zu sagen: Das nehmen Sie mal mehr als eine Aufforderung zu entscheiden, ob das richtig ist oder nicht. Bis die Übung dann besprochen wurde, hatte ich zum Glück die richtige Lösung gefunden. Es ging um folgendes Problem: Wenn man eine Mengenalgebra durch Hinzunahme eines neuen Elementes erweitert, erhält man nicht notwendig eine Sigma-Algebra. Wenn man aber zu einer sogen. maximalen Mengenalgebra ein weiteres Element hinzunimmt, dann ist es eine Sigma-Algebra. Diese Möglichkeit hatte Richter nicht gesehen. Die Existenz solcher maximalen Algebren war im Wesentlichen der Inhalt meiner Promotion (Mammitzsch 1964).

KRÄMER Das klingt alles sehr abstrakt. Trotzdem sind Sie ein mathematischer Statistiker mit einem echten Interesse an Anwendungen und der Amtsstatistik. Wir treffen uns hier am Rande der Statistischen Woche in Augsburg, in der die Amtsstatistik als Thema dominiert. Sie sind hier soweit ich sehe der einzige Vertreter Ihrer mathematischen Statistikerzunft. Wie kommt das?

MAMMITZSCH Vielleicht sind meine Mathematikerkollegen doch eher in der Theorie verwurzelt und meinen, keine Zeit zum Mitmachen zu haben. Für meine Arbeit ist es aber wichtig, dass die Theorie auch eine Anwendung hat (Morgenstern und Mammitzsch 1970). Eigentlich selbstverständlich, aber man kann sich natürlich auf den axiomatischen Standpunkt stellen: Wir gehen davon aus, dass die Daten einwandfrei sind! Das war bei Richter nicht so. In der Einführung zur Statistik sprach er auch über die Schwierigkeiten bei der Datenbeschaffung. Zu dieser Zeit gab es z. B. noch das Telefonproblem: Wenn man damals eine Befragung per Telefon machte, dann hat man einen wesentlichen Teil der Grundgesamtheit nicht erreicht. Heute ist das vernachlässigbar.

KRÄMER Dann war der Kollege Richter also eines ihrer akademischen Vorbilder. Welche gab es noch?

MAMMITZSCH Sehr geprägt hat mich auch Leopold Schmetterer; er war es, der mich ohne mein Wissen für ein Jahr an die Penn State University vermittelt hat. Das wurde mir nie offiziell gesagt, aber ich vermute, man hat bei dem Kollegen Schmetterer angefragt, ob er jemanden für eine freie Stelle wüsste, und so bin ich dort hingekommen.

KRÄMER Wie fanden Sie denn das akademische Leben in Amerika, die Kollegen, die Studenten?

MAMMITZSCH Da gab es schon seltsame Dinge. Ich war dort 1967/68, da gab es noch die Rassendiskriminierung. Ich hatte als Hilfsassistenten einen Farbigen. Er wäre gerne an der Uni geblieben, das ging aber nicht. Damals war für Schwarze der einzige Weg, Karriere zu machen, zur Army zu gehen. Dort war die Rassentrennung weitgehend aufgehoben.

KRÄMER Waren denn Ihre Studenten, die ja auch Studiengebühren zahlen mussten, motivierter als unsere?

Volker Mammitzsch als junger Assistenzprofessor in den USA

Volker Mammitzsch (*2. v. l*) feiert seinen 30. Geburtstag mit Kollegen in den USA. Mit dabei: Ingrid James, Donald G. James, Ursula Müller (*links*)

MAMMITZSCH Das würde ich nicht so sehen. Das mag daran liegen, dass in der Mathematik der Frust in den ersten Semestern so groß ist, dass diejenigen, die bis zur Stochastik weitermachen, wirklich Interesse an ihrem Fach haben. Jedenfalls hat man dieses Motivationsproblem in der Mathematik eher nicht. In anderen Fächern fehlt mir die Erfahrung.

KRÄMER Ihr eigener Weg zum Studium war ja auch recht holprig?

MAMMITZSCH Das kann man so sagen. Ich bin in der Nähe von Leipzig aufgewachsen. Mein Vater wurde damals in Russland als Kriegsgefangener festgehalten; in den Augen der DDR-Offiziellen war er damit ein Kriegsverbrecher. Deshalb hat man seinem Sohn den Besuch der Oberschule verwehrt. Ich habe zunächst Betriebselektriker gelernt und 1954 die Gesellenprüfung abgelegt. In diesem Jahr konnte mein Vater zurückkehren. Da er wusste, wie es in der DDR aussah, hat er sich nach München zu seinem Bruder entlassen lassen. Die Familie ist dann zum Vater gezogen, und da der Vater nicht in der DDR gelebt hatte, galten die Bestimmungen für die legale Familienzusammenführung. Mein Vater hat dann die gesamte Entschädigung für seine zehnjährige Kriegsgefangenschaft, so an die 3000 DM, für den Unterricht durch einen Privatlehrer für seine Kinder ausgegeben. Das ging ein paar Monate, Mai bis September, da begann in Bayern das neue Schuljahr. Dann hat mein Vater einen Gymnasialdirektor bekniet, ob ich und mein Bruder nicht auf seine Schule dürften. Ohne Zeugnis, nur so. Und der Gymnasialdirektor hat ja gesagt. Einfach so. Das dürfte wohl nur in Bayern möglich gewesen sein.

KRÄMER Sie haben ja auch selbst als akademischer Lehrer viele Menschen sehr geprägt. Ein früherer Interviewpartner, Karl Mosler, hat bei Ihnen seine Diplomarbeit geschrieben. Und ich selbst habe für meine eigene Diplomarbeit sehr von Ihrem Buch zur KQ-Methode profitiert.

MAMMITZSCH Ja, Richter und ich haben eine Monografie über die Methodik der kleinsten Quadrate geschrieben (Richter und Mammitzsch 1973). Ich musste dann die Beweise dazu ausarbeiten. Das beschäftigt mich teilweise heute noch. So bin ich etwa vor kurzem darauf gekommen, dass zuweilen in der Zeitschrift „Bernoulli“ die einfache Wahrscheinlichkeitstheorie nicht besonders geschätzt wird. Dort hatten zwei Autoren eine Vermutung aufgestellt, diese aber nur in einem Spezialfall bewiesen. Bei der Betrachtung einer sogen. Wald-Statistik sind sie auf eine Zielfunktion gekommen, von der sie annahmen, dass diese asymptotisch einer Chi-Quadrat-Verteilung genügt. Für den Spezialfall, dass die Komponenten der Beobachtungsvektoren unabhängig sind, haben sie dies trickreich mit Hilfe stochastischer Prozesse gezeigt (Drton und Xiao 2016). Aber das ist gar nicht nötig, man kann das im allgemeinen Fall mit den üblichen Hilfsmitteln, wie sie bei der Methode der kleinsten Quadrate zur Anwendung kommen, viel einfacher beweisen. Ich habe diesen Beweis bei Bernoulli eingereicht und bin gespannt, was da herauskommt. Dort ist man ja zuweilen etwas elitär (Nachsatz bei Drucklegung: Meine kurze Arbeit, mit der die wahrscheinlichkeitstheoretischen Resultate der ursprünglichen Publikation weitgehend „erledigt“ werden konnten, wurde in der Tat als nicht wichtig genug abgelehnt).

KRÄMER Damit sind wir bei Ihren eigenen Beiträgen zur Statistik: Wo sehen Sie sich selbst?

MAMMITZSCH Meine Arbeitsgebiete sind die Entscheidungstheorie (Mammitzsch 1973, 1999), die mehrstufigen Tests (Mammitzsch 1967, 1971) und die Kernschätzer (Gasser et al. 1985; Mammitzsch 2007). Ich sehe mich selbst aber vor allem als Organisator und Vermittler. Dabei habe ich insbesondere versucht, im Rahmen von kleineren und größeren Tagungen Kolleginnen und Kollegen zusammenzubringen und die Kluft zwischen Anwendern und Methodikern zu überwinden. Das hat nicht immer geklappt: Nach einer Pfingsttagung der DStatG – ich meine, es war in Kiel –, da hatte es richtig gekracht. Ein theoretisch arbeitender Kollege hatte damals ein bisschen vollmundig ein Thema so formuliert, dass die Anwender meinten, das sei despektierlich für ihre eigenen Beiträge. Und das hat dann dazu geführt, dass es in Deutschland zu einer totalen Funkstille zwischen mathematischen Statistikern und Anwendern kam. Jahre später, 1984, habe ich dann ein European Meeting of Statisticians der Bernoulli-Gesellschaft in Marburg organisiert, und da wollte ich auch wieder ökonomisch interessierte Anwender mit einbeziehen. Es war aber schwierig, in Deutschland einen Chairman für diese Sektion zu gewinnen. Ich habe schließlich einen Kollegen in Breslau gefunden, einen Polen, der, wie es damals üblich war, natürlich auch die offizielle Staatsmeinung über die Wirtschaft mit einbringen musste. Das war etwas ungewohnt für den einen oder anderen. Immerhin, wir hatten eine Sektion „Statistics in Economics", eine Art Friedensschluss sozusagen. Nach anfänglichen Schwierigkeiten konnte sich die DStatG sogar bereitfinden, die Organisation des European Meetings durch einen Kredit finanziell zu unterstützen.

KRÄMER Daher auch Ihr Interesse für die Versicherungsmathematik?

MAMMITZSCH In gewisser Weise schon (Mammitzsch 1983, 1985, 2008). Die Versicherungsmathematik in Deutschland wurde ja über Jahrzehnte von der staatlichen Versicherungsaufsicht bestimmt, die gab die Marschrichtung vor. Damit erübrigte sich natürlich jegliche statistische Modellierung wie überhaupt jedwede Forschung.

KRÄMER Klar, wenn alles von Amts wegen vorgeschrieben ist!

MAMMITZSCH Später kam die Liberalisierung des Versicherungsmarktes im Rahmen der EU. Da hieß es dann, das kann nicht so weitergehen. Die Gesellschaften sollten nun selbst entscheiden, wie sie mit ihren Daten arbeiten. Damit ging die Notwendigkeit einher, Mathematiker zu finden, die sich mit solchen Daten beschäftigen konnten. Mathematiker waren Exoten in der Versicherungsbranche, entsprechend schwierig war es auch, da erst mal eine vernünftige Arbeitsumgebung zu schaffen. Später, 1991 nach der Wende, habe ich in Marburg einen Aufbaukurs „Versicherungsmathematik in Theorie und Praxis" für Mathematiker aus den neuen Ländern veranstaltet. Meine Idee war, die Mathematiker in den neuen Ländern zu schulen, die hatten ja nie was mit Versicherungen zu tun gehabt, und um sie nicht von einer guten Futterquelle fernzuhalten, habe ich diesen Kurs mit der Hilfe zahlreicher Kollegen aus der Mathematik sowie aus den Wirtschaftswissenschaften und der Praxis organisiert.

KRÄMER Sie waren ja auch viel im Ausland, neben den USA unter anderem auch in Vietnam. Wie bewertet man im Ausland das deutsche Bildungswesen?

Volker Mammitzsch auf einem Ausflug zum Sun Yatsen-Mausoleum während eines Forschungsaufenthaltes an der Tongji-Universität in Shanghai 2004

MAMMITZSCH Ich habe festgestellt, dass andere Nationen vor dem deutschen Abitur früher viel Respekt hatten. Das hat sich heute relativiert. Zu meiner USA-Zeit machte ein Anteil von 7 % aller Schüler Abitur. Heute sind es über 40 %, das geht natürlich zu Lasten der Qualität.

KRÄMER Und die Vor- und Nachteile des deutschen Universitätssystems, verglichen mit anderen Ländern?

MAMMITZSCH Was mich am amerikanischen System etwas gestört hat, ist dieses Paketsystem: Man lernt einen bestimmten Stoff intensiv, aber nur eine kurze Zeit, und dann legt man ihn wieder zurück. Das ist unsinnig. Das macht man heute aber in Deutschland auch zunehmend so. Ich halte es für besser, dass man einen Stoff über längere Zeit durchzieht, mit wechselnder Intensität, aber eben nicht ganz weglegt.

KRÄMER Damit kommen wir zu dem Modulsystem, in das uns die Bologna-Reform hineinzwingt.

MAMMITZSCH Wenn es vernünftig gemacht wird, kann man das schon gelten lassen, als eine Stufe weiter als ein reines Vorlesungssystem. Man fasst dann eben zwei, drei Vorlesungen zu einem Modul zusammen. Ich war ja schon öfter als Auditor bei Akkreditierungen von Studiengängen dabei, ich habe den Zweck, da mitzumachen, darin gesehen, dass man versucht, alles, was vernünftig erscheint, durchgehen zu lassen, und sich nicht bei formalen Kleinigkeiten allzu sehr aufzuhalten.

KRÄMER In den USA und in England hat jede Universität, die was auf sich hält, ein eigenes Statistik-Department. Bei uns ist das nur in Dortmund so. Sehen Sie das als Vor- oder als Nachteil? Warum sind Mathematiker und Statistiker so zersplittert?

MAMMITZSCH Sie können natürlich die Stochastik im engeren Sinn in Deutschland nur betreiben, wenn Sie das mathematische Werkzeug dafür besitzen. Das haben wir aber nicht an den wirtschaftswissenschaftlichen Fakultäten (oder in der Medizin und der Biologie, da ist es ganz schlimm); mit Einschränkungen besser ist es vielleicht bei den Technikern oder den Informatikern, deren Studiengänge etwas mehr an Mathematik vorsehen. Ansonsten hat man wenig mathematische Vorkenntnisse, auf denen man aufbauen kann. Das macht die Lehre sehr schwierig. Da betreibt man dann spezielle Statistik für Mediziner, Biologen und so weiter.

KRÄMER Aber genau das bieten ja die Kollegen an englischen und amerikanischen Universitäten an. Sehr erfolgreich. Warum wird das in Deutschland nicht kopiert?

Volker Mammitzsch im Gespräch mit Walter Krämer am Rand der Statistischen Woche 2016

MAMMITZSCH Das liegt vielleicht an der Anzahl der Professuren für Statistik. An den meisten Universitäten ist die kritische Masse dafür nicht da. In Marburg haben wir uns so beholfen, dass wir ein interdisziplinäres Statistik-Kolloquium eingerichtet haben unter allen in irgendeiner Form mit Statistik befassten Wissenschaftlern. Später fragten dann die Kollegen aus Gießen an, ob sie mitmachen dürften. Das läuft heute noch gut. Das war ein Erfolg, ohne Zweifel.

KRÄMER Trotzdem frage ich mich, warum das Experiment einer eigenständigen Fakultät für Statistik bis heute in Deutschland nicht nachgeahmt wurde. Was spricht dagegen? Berlin, Frankfurt, da wäre es von der Masse her problemlos möglich, eine eigene Fakultät zu gründen.

MAMMITZSCH Ich weiß nicht, warum das nicht gemacht wird. Risikoaversion? Tradition?

KRÄMER Wie sind Sie denn insgesamt mit der Entwicklung unseres Fachs zufrieden? Ich selbst zum Beispiel glaube, wie Ziliak und McCloskey (2008), dass die ganze Signifikanztesterei in vielen Anwendungen mehr Schaden als Nutzen stiftet (Krämer 2011), die Anwender sollten ihre knappe Zeit nicht mit inadäquaten statistischen Methoden vergeuden.

MAMMITZSCH In der Tat: Durch unkritische Anwendung statistischer Methoden kann man viele Fehler machen. Das Schlimme ist dabei, dass dank der zahlreichen zur Verfügung stehenden Rechnerprogramme immer ein Ergebnis herauskommt. Ob dieses aber einen Bezug zur Realität hat, steht auf einem anderen Blatt. Jeder statistischen Methode liegt ein mathematisches Modell zugrunde, das die sachwissenschaftlichen Gegebenheiten mehr oder weniger gut abbildet. Wenn nun dieses Modell nicht genügend gut die Wirklichkeit widerspiegelt, können die daraus gezogenen Schlüsse – auch bei völlig korrekter mathematischen Herleitung – meilenweit danebenliegen. Manchmal ist das Modell unmittelbar klar, etwa bei der Mittelwertbildung unabhängiger Beobachtungen einer Messgröße, die geschätzt werden soll, aber hier ist auch nicht immer sicher, dass die Unabhängigkeit gegeben ist. Das kann zu fatalen Fehlschlüssen führen und mehr Schaden als Nutzen stiften. Man sollte sich stets im Rahmen des Möglichen plausibel machen, dass das mathematische Modell eines sachwissenschaftlichen Problems den Gegebenheiten entspricht. Inwieweit dies in der wirtschaftswissenschaftlichen Literatur der Fall ist, kann ich nicht beurteilen.

KRÄMER Herr Mammitzsch, ich bedanke mich für das Gespräch.

Literatur

Drton M, Xiao H (2016) Wald tests of singular hypotheses. Bernoulli 22(1):38–59

Gasser T, Müller H-G, Mammitzsch V (1985) Kernels for nonparametric curve estimation. J R Stat Soc Series B Stat Methodol 47(2):238–252

Krämer W (2011) The cult of statistical significance – what economists should and should not do to make their data talk. Schmollers Jahrb 131(3):455–468. https://doi.org/10.3790/schm.131.3.455

Mammitzsch V (1964) Maximale Untermengenkörper. Math Z 89(4):324–332. https://doi.org/10.1007/bf01112164

Mammitzsch V (1967) Zur Theorie der endlichstufigen Tests mit abhängigen Beobachtungen. Z Wahrscheinlichkeitstheor Verwandte Geb 7(3):182–189. https://doi.org/10.1007/bf00532636

Mammitzsch V (1971) Bayeslösungen bei mehrstufigen Tests. Z Wahrscheinlichkeitstheor Verwandte Geb 19(2):123–166. https://doi.org/10.1007/bf00536903

Mammitzsch V (1973) Über ein Maßerweiterungsproblem aus der Entscheidungstheorie. Mitt Math Ges Hambg 2(X):104–108

Mammitzsch V (1983) Ein einfacher Beweis zur Konstruktion der operationalen Zeit. Bl Dtsch Ges Versicherungsmath 1(XVI):1–3

Mammitzsch V (1985) A note on the adjustment coefficient in ruin theory. Insur Math Econ 5:147–149

Mammitzsch V (1999) Fuzzy Theorie als Alternative zur Stochastik – Was heißt hier: Eine Alternative? In: Seising R (Hrsg) Fuzzy Theorie und Stochastik – Modelle und Anwendungen in der Diskussion. Vieweg, Braunschweig/Wiesbaden, S 239–243

Mammitzsch V (2007) Optimal kernels. Stat Decis 25:153–172

Mammitzsch V (2008) The generalized Discretized sequential probability ratio test and its applications in insurance mathematics. Acta Math Vietnam 33(2):173–180

Mammitzsch V (2016) Vorwort. In: Mammitzsch V, Föllinger S, Froning H, Gornig G, Jungraithmayr H (Hrsg) Die Marburger Gelehrten-Gesellschaft. Universitas litterarum nach 1968. De Gruyter, Berlin, S IX–XI

Morgenstern D, Mammitzsch V (1970) Wahrscheinlichkeitsrechnung und mathematische Statistik. In: Sauer R, Szabo I (Hrsg) Mathematische Hilfsmittel des Ingenieurs IV. Springer, Berlin/Heidelberg/New York

Richter H, Mammitzsch V (1973) Methode der kleinsten Quadrate. Kohlhammer, Stuttgart

Ziliak ST, McCloskey DN (2008) The cult of statistical significance: how the standard error costs us jobs, justice and lives. University of Michigan Press, Ann Arbor

Peter Theodor Wilrich

Statistik in der Qualitätskontrolle

Peter-Theodor Wilrich (*1937 in Dresden) zählt sicher zu den in mehrfacher Hinsicht einflussreichsten Statistikern seiner Generation. Von 1976 bis zu seiner Emeritierung 2002 war er Ordentlicher Professor für Statistik an der Freien Universität Berlin, mit den Forschungsschwerpunkten Versuchsplanung, statistische Qualitätskontrolle und Analyse von Messsystemen. Hier war er lange Jahre national wie international überaus aktiv, etwa als Vorsitzender des DIN-Normenausschusses „Qualitätssicherung und Statistik" (in dieser Eigenschaft hat er maßgeblich zahlreiche Normen, etwa die ISO-9000 Serie, mitgestaltet; für diese Verdienste wurde ihm 1980 die goldene Ehrennadel des DIN verliehen) oder als Vorsitzender eines Subkommittees der ISO, in welchem er den sechsteiligen ISO-Standard 5725 „Accuracy (trueness and precision) of measurement methods and results" maßgeblich mitverfasste. Seit 2005 ist er Fellow (als einer von nur zwei Deutschen) der American Society for Quality (ASQ).

Auch der Deutschen Statistischen Gesellschaft war Peter-Theodor Wilrich seit jeher eng verbunden; er hat den Ausschuss für Technische Statistik mitbegründet und von 1983 bis 1990 geleitet; von 1996 bis 2000 war er Vorsitzender, von 2000 bis 2004 stellvertretender Vorsitzender, und seit 2009 ist er Ehrenmitglied der DStatG. Bis vor kurzem war er in einer weltweiten Initiative zum sicheren Aufspüren und Eliminieren von Landminen aktiv und berät aktuell u. a. Mikrobiologen bei Messungen bakterieller Kontaminationen von Lebensmitteln. Mit dem Interviewer Walter Krämer traf er sich während der DAGStat-Tagung im März 2016 in Göttingen am Vorabend einer Feier, anlässlich derer er die DAGStat-Medaille für besondere Verdienste um die Statistik in Deutschland erhielt.

Dieser Beitrag wurde bereits in *AStA Wirtschafts- und Sozialstatistisches Archiv* (Bd. 11, 2017, https://link.springer.com/article/10.1007/s11943-017-0202-z) veröffentlicht und für das vorliegende Buch leicht überarbeitet.

W. Krämer (Hrsg.), *Statistik hautnah*, https://doi.org/10.1007/978-3-662-69596-8_11

Krämer Herr Wilrich, wir treffen uns hier bei der vierten Tagung der Deutschen Arbeitsgemeinschaft Statistik (DAGStat). Erstmal ganz herzlichen Glückwunsch zur DAGStat-Medaille, die Sie morgen erhalten werden ….

Wilrich Danke schön.

Krämer Die Gründe, warum Sie diese Medaille bekommen, werden im Lauf des Interviews noch deutlich werden. Zunächst zum Thema DAGStat allgemein: Wie schätzen Sie den Stellenwert dieser Gesellschaft im deutschen Statistiker- und Wissenschaftsgefüge ein?

Wilrich Sehr hoch. Ich war lange Zeit Mitglied der britischen Royal Statistical Society, und die 14 Gesellschaften, die jetzt hier unter dem Dach der DAGStat versammelt sind, bilden dort eine einzige Gesellschaft, die Royal Statistical Society; das ist für die Mitglieder außerordentlich anregend. Bei uns sind diese Gruppen lange Zeit aneinander vorbei gegangen, viele bis zum heutigen Tag. Und dagegen will und soll die DAGStat etwas tun.

Krämer Sie selbst vertreten in diesem Konzert vor allem die Technometrie. Was ist denn das aus Ihrer Sicht Besondere an dieser Subdisziplin der Statistik?

Wilrich Methodisch gibt es natürlich in jeder Anwendungsrichtung einige Besonderheiten. Aber die Gemeinsamkeiten wiegen stärker als viele glauben. Viele methodische Probleme, die bei der Anwendung statistischer Methoden auf reale Probleme entstehen, sind in den technischen Bereichen nicht viel anders als beispielsweise in den Wirtschafts- und Sozialwissenschaften. Nehmen Sie den Bereich Stichproben. Ich hatte zum Beispiel mit der Beprobung von zwei Binnenschiffen mit ungefähr 1000 t Chromerz zu tun. An 3 Analysenproben von je 1 g wurde der Chromgehalt bestimmt und der Mittelwert gebildet, als Schätzwert für den mittleren Chromgehalt der Schiffsladungen. 3 von 1 Mrd. war der Auswahlsatz, das ist so, wie wenn man die Körpergröße der Inder als Mittelwert der Körpergrößen von 3 zufällig ausgewählten Indern bestimmt. Wie bekommen wir eine unverzerrte Stichprobe? Ein Brocken Chromerz ist natürlich schwerer als ein Gramm, er wiegt ca. 20 kg. Chromerzstaub ist aber ganz anders beschaffen als ein Brocken. Man muss also ein komplizierteres Verfahren entwickeln wie Zerkleinern, Mischen, Teilen, in mehreren Schritten, bis man zu einer „repräsentativen“ 100 g-Probe kommt, die zur Analyse vorbereitet werden kann.

Oder nehmen Sie ein Problem der Adäquation: Ein feuerfester Stein besteht aus feuerfestem Material, das zunächst in eine pastöse Form gebracht wird, aus dem Steine geformt werden, die verdichtet und gebrannt werden. Diese werden im Hochofen vermauert, und der soll mehrere Jahre funktionieren. Wie stellt man das sicher? Welche Größen kann man am Stein messen, die adäquat sind für die Aussage „Der Stein hält im Hochofen zehn Jahre“? Man bohrt zylindrische Probekörper aus einem Stein und zerdrückt sie in einer Testmaschine. Was man damit bestimmen kann, ist die Kaltdruckfestigkeit. Obwohl es im Hochofen heiß ist, bestimmt man die Kaltdruckfestigkeit, weil die Bestimmung der Heißdruckfestigkeit ungeheuer aufwändig ist. Abgesehen davon ist jede zerstörende Festigkeitsmessung eine Messung unter Grenzbedingungen, die beim Gebrauch nicht auftreten sollten. Die Kaltdruckfestigkeit ist also nur ein Surrogat – und zwar nicht allein für die Heißdruckfestigkeit, sondern für die Lebensdauer des Steins im Hochofen. Also wenn das kein Adäquationsproblem ist!

Peter-Th. Wilrich 2012 auf einem Symposium zu E-Learning in Berlin

Krämer Historisch gesehen kam wohl Ihr Interesse für die Technometrie über den Kollegen Stange in Aachen, bei dem Sie Ihre erste Stelle hatten?

Wilrich Besser gesagt, die erste Stelle, die etwas mit Statistik zu tun hatte. Ich hatte zunächst in Hamburg und Aachen Physik und Elektrotechnik mit Schwerpunkt elektrische Nachrichtentechnik studiert und war lange Hilfsassistent am Rechenzentrum der RWTH Aachen. Als ich dort Ende 1959 anfing, hatten wir nur eine einzige Maschine für die gesamte Hochschule, das war eine Zuse Z22. Kurze Zeit später bekam die RWTH Aachen dann als eine von zwei Universitäten den ersten transistorisierten Rechner – nicht nur in Deutschland, sondern weltweit die Siemens 2002. Sie können diesen Rechner heute in München im Deutschen Museum sehen. Eine Maschine mit einem eindrucksvollen Bedienungspult, aber ohne Betriebssystem. Man musste das Programm als Folge von Befehlen auf Lochstreifen eingeben und wenn man dabei einen Fehler machte, stand die Maschine.

Dann war Ruhe und man konnte mit Knebelschaltern einen Befehl eingeben, den man als richtig empfand. Das konnte der Anwender, der Rechenzeit zugeteilt bekommen hatte, nicht. Neben ihm saß immer ein Operator, der die Maschine bedienen konnte – und nachts haben das oftmals die Hilfsassistenten gemacht, so wie ich. Damit konnte man gut sein Studium finanzieren.

Krämer Und der Weg zum Studium überhaupt?

Wilrich Ich stamme aus Dresden, kam aber von da mit 14 Jahren in den Westen in ein Internat, weil ich im Osten nicht für eine weiterführende Oberschule zugelassen war ….

Krämer Waren Ihre Eltern keine Proletarier?

Wilrich Einmal das, aber ich war auch in der Schule etwas angeeckt, weil ich mich nicht „linientreu" verhalten habe. Das ist mir politisch ausgelegt worden, war aber von mir aus gar nicht so gemeint. Meine Mutter hat dann Internate angeschrieben, eines hat mich mit einem Stipendium angenommen. Das war die Herrmann-Lietz-Schule, ein Landerziehungsheim in Schloss Bieberstein bei Fulda. Nach zwei Jahren kam ich auf die Nordseeinsel Spiekeroog, dort habe ich 1956 das Abitur gemacht. Zum Studium bin ich dann wegen meines Schulfreundes Klaus Meyer-Abich nach Hamburg gegangen ….

Krämer Der nachmalige Wissenschaftssenator?

Wilrich Ja. Mein Freund Klaus wohnte in Hamburg bei seinen Eltern. Von dort aus musste ich vom ersten Tag meines Studiums an für meinen Unterhalt selbst sorgen. Mein Vater war gestorben, meine Mutter war in Dresden mit meinen drei jüngeren Geschwistern, von dort konnte natürlich keine Unterstützung kommen. Deshalb habe ich gleich nach dem Abitur angefangen, immer in den Semesterferien als Werkstudent zu arbeiten. Insgesamt ein Jahr in einer Schiffsschraubenfabrik, die Firma Zeise Propeller, dann bei den Howaldtswerken-Deutsche Werft, in der Zigarettenmaschinenfabrik Hauni in Bergedorf, bei Philips-Valvo in Lokstedt und noch verschiedene andere. 1956 hatte ich mit dem Physikstudium begonnen und ab 1958 in Aachen Elektrotechnik weiter studiert. Aachen deshalb, weil dort ein Mitschüler aus Spiekeroog studierte, der mir bei dem Sprung von Hamburg nach Aachen sehr behilflich war. Nach dem Vorexamen bekam ich eine Hilfsassistentenstelle im Rechenzentrum, nach dem Abschluss des Studiums eine halbe Stelle eines wissenschaftlichen Mitarbeiters im Institut für Nachrichtentechnik. Dort habe ich passive Filter berechnet. Das sagt Ihnen möglicherweise nichts?

Krämer Nein.

Wilrich Die gibt es heute auch kaum noch. Sie bestehen aus passiven Bauelementen. Heute hat man aktive Filter, die aus integrierten Schaltkreisen bestehen. Nach wenigen Monaten bekam ich einen Anruf vom Leiter des Rechenzentrums, der den Statistiker Kurt Stange kannte und in dessen Berufungskommission gewesen war. Stange wurde von ihm gefragt, ob er ihm einen Ingenieur als wissenschaftlichen Mitarbeiter vermitteln könne. Ich habe mir 24 h Bedenkzeit erbeten, da ich auch ein Angebot einer Planstelle in Karlsruhe hatte, aber erst ein Jahr später, vom Betreuer meiner Diplomarbeit, der inzwischen in den USA war und den Ruf auf eine Professur in Karlsruhe angenommen hatte. Jetzt war für mich die Frage: Willst du ein Jahr später elektrische Nachrichtentechnik in Karlsruhe machen, also das, was ich gelernt hatte, oder willst du jetzt sofort eine Planstelle in Statistik? Und ich hatte überhaupt keine Vorstellung, was Statistik ist!

Krämer Das ist ja interessant.

Wilrich In meiner ganzen Ausbildung war Statistik nirgends vorgekommen. Im Praktikum Experimentalphysik in Hamburg mussten wir hin und wieder mal zwei oder drei wiederholte Messwerte in die Messprotokolle eintragen. Aber Messungen zu wiederholen und das Gefühl zu bekommen, was es bedeutet, wenn dann nicht derselbe Wert herauskommt, das hat man uns überhaupt nicht vermittelt. Ich hatte also ein Angebot für ein Fach, das für mich unbekannt war. Und habe ich gedacht, gut, warum soll man nicht etwas Neues anfangen, wenn es interessant ist. In der Bibliothek habe ich mir erstmal Kürschners Gelehrtenkalender genommen und über Kurt Stange nachgelesen. Dort stand, er sei Mathematiker und habe während des Krieges bei Krupp gearbeitet. Nach dem Krieg habe er mit der Statistik begonnen und schließlich eine Professur an der Technischen Universität Berlin bekommen. Eine der ersten Schriften im Schriftenverzeichnis hieß: Zur Berechnung von Treffwahrscheinlichkeiten gegen bewegte Ziele (Stange 1945).

Krämer Aha, Flak!

Wilrich Flak, ja, aber ich habe mich gefragt: Was kann man darüber schreiben? Weitere Veröffentlichungen waren Probenahme vom Band (Stange 1958) und Pläne für messende Prüfung (Stange 1960). Was für Bänder und was heißt Probenahme, wie prüft man messend und mit welchen Plänen? Diese drei Arbeiten habe ich mir in den Lesesaal bestellt und herausbekommen, worum es überhaupt geht, also dass es eine Art anwendungsbezogene Mathematik war. Das genügte mir, um das Stellenangebot anzunehmen, mit der Überlegung, dass es besser ist, als einer von wenigen (ich wusste, es gibt nicht viele Statistiker) Statistik zu machen, als in einer der vielen Arbeitsgruppen zu sitzen, in denen dann 100 Leute passive Filter berechnen. Und dass mir immer noch die Möglichkeit blieb, nach einem Jahr nach Karlsruhe zu gehen.

Krämer Aber es hat Ihnen gefallen?

Wilrich Von Anfang an. Obwohl ich, wie gesagt, wenig Ahnung von Statistik hatte. Das habe ich dann bei Stange gelernt.

Krämer Also autodidaktisch, sozusagen.

Wilrich Naja, Stange hat mir das Buch „Statistical Theory with Engineering Applications" von A. Hald in die Hand gedrückt, etwa 600 Seiten, auf Englisch (Hald 1960). Das Englische war für mich zunächst eine weitere Hürde. Vor allem aber habe ich von Stange gelernt, was angewandte Statistik bedeutet: Dass Probleme, die an einen herangetragen werden, oder auch Daten, die man bekommt, einerseits und statistische Auswertungsmethoden andererseits nie ganz zueinander passen, dass man daher Kompromisse eingehen muss oder, weil man so nicht weiter kommt, Methodenentwicklung betreiben muss.

Krämer Sie waren ja auch je vier Jahre Vorsitzender und stellvertretender Vorsitzender der Deutschen Statistischen Gesellschaft. Solche Interviewpartner frage ich gerne, was in dieser Zeit die schönsten und traurigsten Erlebnisse gewesen sind.

Peter-Th. Wilrich mit Hans Schneeweiß (*links*) und Wolfgang Wetzel bei der DStatG-Pfingsttagung 2003

Wilrich Da gibt es zwei Dinge, die uns, also mich nicht alleine, sondern den DStatG-Vorstand ganz allgemein, damals bewegt haben. Das eine war die Volkszählung, die zunächst um das Jahr 2000 stattfinden sollte, und das andere war der ISI-Weltkongress 2003 in Berlin. Dieser war zuletzt 1903, also 100 Jahre vorher, erst- und einmalig in Deutschland gewesen, jetzt sollte Deutschland mal wieder an der Reihe sein, nachdem Frankreich und andere Länder inzwischen ein halbes Dutzend Mal die ISI beherbergt hatten.

Alle wussten, dass ein Land wie die Bundesrepublik, mit fünf neuen Bundesländern, dringend und so schnell wie möglich eine Volkszählung brauchte! Und zwar eine klassische Volkszählung, weil keine Grundlagen für eine stichprobenbasierte Volkszählung bestanden, aber mit einer klassischen Volkszählung für spätere Volkszählungen geschaffen werden konnten.

Krämer Eigentlich selbstverständlich.

Wilrich Ja, aber diese Selbstverständlichkeit haben wir nicht durchsetzen können! Das war das Unangenehme. Warum konnten wir das nicht? Weil die Politik sie aus zwei Gründen nicht wollte. Der erste war das Scheitern der Volkszählung 1983, die dann ja mit dem durchaus weiterführenden Urteil des Bundesverfassungsgerichts über die informationelle Selbstbestimmung auch etwas Positives gebracht hatte und schließlich 1987 stattfand. Aber da war die Angst: Wenn wir wieder eine klassische Volkszählung machen, beginnen die Akzeptanzprobleme von neuem. Der zweite war die Finanzierung. Es war klar, eine Volkszählung kostet mehr als eine Milliarde Mark, warum nicht einfach die Register abschöpfen und auf diese Weise viel Geld sparen? Und die Vorgabe des damaligen Innenministers Kanther an den neuen Präsidenten des Statistischen Bundesamtes, Hahlen, war aus meiner Sicht ganz offenbar: Verhindern Sie eine klassische Volkszählung! Ein Chef des Statistischen Bundesamtes, der die Vorstellung hat: Mit mir keine klassische Volkszählung ....

Krämer ... ist eigentlich fehl am Platz?

Wilrich Ich hatte daher auch mit dem Präsidenten Hahlen Auseinandersetzungen. Andererseits habe ich ihn auch geschätzt, er mich möglicherweise auch; er hat sich – als Jurist – in die Statistik eingearbeitet und war einer der wenigen, die völlig fachfremd da hineingekommen sind und nach einer gewissen Zeit in Fachdebatten durchaus mithalten konnten.

Das war die Volkszählungsgeschichte, und das andere war ISI 2003. Den ISI-Weltkongress nach Deutschland zu holen hat Herr Frohn, mein Vorgänger als DStatG-Vorsitzender, angefangen – und ich habe das gern weiterverfolgt. Da bin ich wieder mit dem Chef des Statistischen Bundesamtes aneinandergeraten, weil wir völlig diametrale Positionen vertreten mussten. So eine ISI-Tagung kostete damals rund fünf Millionen Mark, mit einem Riesenempfang in großem Rahmen und vielen Veranstaltungen für die offizielle Statistik mit Teilnehmern aus aller Welt. Das ist eine völlig andere Dimension als unsere wissenschaftlichen Tagungen wie jetzt hier in Göttingen. Woher sollten die fünf Millionen Mark kommen? Für uns war klar: Vom Innenministerium, denn für die Statistik des Bundes ist das Statistische Bundesamt zuständig, und das ist eine Behörde des Innenministeriums. Das Innenministerium fand die Idee einer ISI-Tagung in Berlin gut und hatte eine mehr oder weniger vage Zusage gegeben. Präsident Hahlen ahnte (oder wusste?), dass die Kosten letztlich beim Statistischen Bundesamt hängen bleiben würden und plädierte in einer entscheidenden Sitzung dafür, abzusagen. Ich habe dann dafür gesorgt, dass wir in diesem Gremium keinen Beschluss gefasst haben, und habe am nächsten Tag einen persönlichen Brief an Innenminister Kanther geschrieben, dass es für Deutschland eine Ehre sei, nach 100 Jahren wieder einen ISI-Weltkongress auszurichten, und dass es unmöglich sei, jetzt zu sagen: Wir haben kein Geld, wir machen das nicht. Ausgerechnet Deutschland! Ganz schnell kam dann die persönliche Antwort von Herrn Kanther, dass er das Projekt vorbehaltlos unterstütze (wobei die Finanzierung letztlich doch, wie von Präsident Hahlen befürchtet, überwiegend beim Statistischen Bundesamt hängen blieb).

Krämer Und die Tagung selbst?

Wilrich Ich war national für das wissenschaftliche Programm verantwortlich, und wir hatten starke Höhepunkte. Ich hatte mir zwei oder drei Sitzungen ausbedungen, wo ich ein bestimmtes Programm haben wollte, etwa eine Sitzung „Amtliche Statistik in Deutschland in fünf politischen Systemen“: mit vier Vorträgen zur Statistik in Kaiserreich und Weimarer Republik (da sah ich, was die Statistik anging, keinen großen Unterschied), im Nazi-Regime, in der DDR und in der Bundesrepublik. Und die Sitzung „Statistik – deutsche Politik – Emigration“ über Statistiker, die aus politischen Gründen Deutschland verlassen haben: Felix Bernstein, Emil Julius Gumbel, Hermann Otto (Hirschfeld) Hartley, Richard von Mises und Abraham Wald. Gestatten Sie noch einige Worte zu Gumbel. Er wurde 1933 auf einem Plakat abgebildet, das die Nazis aufhängen ließen, mit etwa 15 bis 20 Bildern von Leuten, die sie als ihre schlimmsten Feinde empfanden. Gumbel ist noch 1933 weggegangen, denn ihm war klar, dass er sein Leben riskierte, wenn er in Deutschland blieb. Prof. Gumbel kam, als ich bei Stange Assistent war, für eine Woche aus den USA zu Besuch und hat bei uns vorgetragen. Er ist mir in sehr angenehmer Erinnerung. Es klopfte an meine Zimmertür, Prof. Gumbel steht an der Tür. Herr Wilrich, darf ich mal reinkommen? Ich bin natürlich sofort aufgesprungen: Herr Professor, gern! Darauf Prof. Gumbel: Wissen Sie, wenn Sie etwas Zeit haben, wollte ich einfach mal ein bisschen mit Ihnen über Ihre Arbeit sprechen. Das ist mir weder vorher noch hinterher wieder passiert.

Peter-Th. Wilrich (*links*) als Mitorganisator des ISI-Kongresses 2003 in Berlin. Daneben (*von links nach rechts*): ISI-Präsident Dennis Trewin, ein Vertreter der russischen Botschaft sowie ein Solist und der Dirigent der Young Philharmonic Russia, als Vertreter einer beeindruckenden musikalischen Umrahmung

Krämer Damit sind wir auch schon bei den Unterschieden zwischen dem deutschen und dem angelsächsischen Universitätssystem. Sie waren ja auch ein Jahr in Stanford. Wo sind wir besser, wo schlechter?

Wilrich Besser ist auf jeden Fall das Verhalten à la Gumbel. Die Professoren in Stanford fühlten sich für unser Fortkommen verantwortlich, auch für Leute, die nur vorübergehend dort waren, und das ist bei uns nicht der Fall. Und es gibt mehr Teamarbeit. Wobei das mit der Teamarbeit in der Mathematik und in der Statistik nicht so einfach ist wie in der Technik oder in der Physik, wo sich sowieso immer 20 oder mehr Leute um eine große Versuchsanlage scharen. Aber Arbeitsgruppen gab es auch in der Statistik. Anders als bei uns, bei Stange waren wir alle Einzelkämpfer. In Stanford habe ich nur Vorteile gesehen. Z. B. hatte ich eine Arbeit zur Weibull-Verteilung begonnen und musste rechnen. Das hatte ich gelernt, ich konnte mit Programmiersprachen umgehen, ich brauchte aber Rechenzeit! Und ich erfuhr, dass dort keine Rechenzeit verteilt wurde wie in Aachen. Ich musste kurz aufschreiben, was ich rechnen wollte und bekam einen Termin beim Chef des Rechenzentrums, Prof. Liebermann, einem mir dem Namen nach wohlbekannten Statistiker. Er unterhielt sich mit mir und genehmigte mir 500 Dollar. Nicht bar auf die Hand, sondern als Papiergeld mit der Bemerkung, dass man über einen Nachschlag reden könne, falls die 500 Dollar nutzbringend verbraucht seien. Im Rechenzentrum bekam ich eine Preisliste. Ich will es mal überspitzt sagen: Ich hätte mir für 500 Dollar einen roten Teppich ausrollen lassen können, da wäre ich einmal drüber geschritten und dann wäre das Geld weg gewesen. Ich hätte mir auch meine Lochkarten lochen lassen können. Ich hätte auch, und das habe ich gemacht, die 500 Dollar für reine Rechenzeit verwenden können. Die Preisliste machte mir klar, was was kostet, und ich wurde zur Sparsamkeit erzogen. So funktionierte das System!

Krämer Und speziell die Statistik?

Wilrich Stanford ist eine Eliteuniversität. Wer dort als Statistiker war, kann man gar nicht in kurzer Zeit aufzählen. Ich habe mal im Vorlesungsverzeichnis geblättert und gefunden: Polya! Musste wohl sein Sohn sein oder ein Enkel, da gehst du mal hin. Und es war – Polya! Er war damals so um die 80 und machte jede Woche anderthalb Stunden Vorlesung als Emeritus und erzählte Anekdoten: Wie er auf die Polya-Verteilung gekommen ist. Wie er mit Kolmogorov zurechtgekommen ist. Dies und jenes. Das war natürlich keine methodisch-statistische Vorlesung, aber sehr motivierend. Dann gab es Charles Stein. Ich dachte: Stein, da gehst du hin! Stein ging am Anfang der Vorlesung zur Tafel, fing links oben an (er hatte eine ganz kleine Schrift) und entwickelte etwas Neues, er schrieb und redete dazu ein bisschen, alle drei Tafeln wurden voll. Entweder er hatte plötzlich etwas Neues gefunden und bewiesen, oder es endete im Desaster. Noch jemand: Emanuel Parzen. Er war damals noch jung, bei ihm hatte ich Probability Theory und auch noch Stochastic Processes belegt. Parzen hatte dazu zwei Bücher geschrieben, trug daraus kapitelweise vor und bot auch eine Übung an mit Aufgaben, die wir lösen sollten. Die erste Übung werde ich nie vergessen. Parzen kam rein, 10, 15 Leute: Hat einer

Fragen zu den Aufgaben? Wir saßen schweigend. Nach einer Minute sagte er: Gut, dann sehen wir uns zur nächsten Vorlesung wieder. Die amerikanischen Studenten wussten das schon vorher und ich habe verstanden, dass alles, was auf dem Übungszettel stand, von mir durchzuarbeiten war. Komme ich durch, dann brauche ich nichts zu fragen. Und wenn nicht, dann wird er mir an der Stelle, wo ich hängengeblieben bin, erklären, wie es weitergeht.

Krämer Wir haben angefangen mit Ihrer DAGStat-Medaille für Verdienste um die Statistik. Auf welche Ihrer Beiträge sind Sie am meisten stolz?

Wilrich Das ist schwer zu sagen. Aus meiner Sicht hat ein ganz dünnes Papier mit einer Fortsetzung, das ich aus Stanford mitgebracht hatte, die meiste Wirkung gehabt, weil es die Möglichkeit bot, sehr schnell und effizient einen Stichprobenplan für Variablenprüfung nomografisch zu bestimmen (Wilrich 1970a, b). Dazu gab es den sogenannten Military Standard 414, mit 60 Seiten und vielen Tabellen, die waren nun nicht mehr nötig. Vorreiter war Stange, der hatte das doppelte Wahrscheinlichkeitsnetz entwickelt, aber das war im Vergleich zu meinen Nomogrammen zu umständlich. Oder eine ganz einfache Arbeit: „Die Auswertung von Daten und ihre Abhängigkeit von der Merkmalsart", erschienen in einer Zeitschrift für Techniker im Bereich Qualitätsprüfung (Padberg und Wilrich 1981a, b). Da haben wir, Karl-Heinz Padberg, ein Textilingenieur bei Bayer, und ich, klargemacht, dass das Skalenniveau der Daten, die man erhebt, einen ganz wesentlichen Einfluss haben muss auf die Art der Auswertung. Ich kann 0–1-Daten oder Zähldaten nicht genauso auswerten wie echte Messungen. Das war den Anwendern nicht klar – und ist es oft bis heute nicht. Die Mikrobiologen, mit denen ich zurzeit zusammenarbeite, untersuchen zum Beispiel Fleischproben auf Salmonellen oder Listerien, indem sie die Proben in einer Nährlösung ansetzen und nach einiger Zeit nachsehen, ob sich etwas entwickelt hat. Das Ergebnis ist also Null oder Eins. Seit einigen Jahren wird von jedem erwartet, dass er zu seinen Messergebnissen Messunsicherheiten angibt (meist als Standardabweichungen), was die Mikrobiologen zunächst ignoriert haben, mit der Bemerkung: Bei 0–1 Ergebnissen kann man keine Standardabweichung angeben! Vor etwa 10 Jahren begann dann eine Gruppe von Mikrobiologen in Paris, von der ich eingeladen wurde, zu diskutieren, ob nicht doch Messunsicherheiten angegeben werden könnten. Oder ob aus solchen 0–1-Ergebnissen das Ausmaß der Kontamination geschätzt werden könne? Das geht! Jetzt sind die Auswertungsmethoden – es geht um verallgemeinerte lineare Modelle – Bestandteile von ISO-Normen und die zugehörigen Programme stehen auf der Netzseite der ISO in Genf und auf meiner Netzseite.

Ich war gerade für die statistische Planung und Auswertung eines internationalen Ringversuchs Interlaboratory Validation of Bioaccessibility Testing for Metals verantwortlich (Henderson et al. 2014). Es ging um die Belastung von Körperflüssigkeiten – Blut, Urin, Speichel, Lymphe – durch Metalle, insbesondere Schwermetalle. Die Frage ist: Wie gut kann man die Kontaminationen messen? Das Problem war, dass Proben zu den beteiligten Laboratorien (in Europa, aber auch z. B. in Brasilien) geschickt werden müssten. Natürliche Proben sind aber zu inhomogen und zu wenig stabil und deshalb wurden künstliche Proben geschaffen, die den kontaminierten Körperflüssigkeiten so gut wie möglich ähneln sollten. Die Ergebnisse waren zuerst verheerend schlecht. Messverfahren und Einheitlichkeit der Vorgehensweise in den Laboratorien mussten ständig überarbeitet werden, bis plausible Ergebnisse vorlagen. Da die Kontaminationen gering sind, sind allerdings die Mess-Standardabweichungen – wie immer in der Spurenanalytik – in der Größenordnung der zu messenden Werte. Man kann also nur unpräzise messen. Deshalb sind die Messprobleme in der Spurenanalytik meiner Ansicht nach noch viel größer als die Messprobleme in den Wirtschafts- und Sozialwissenschaften! Und das hat Folgen bei der Prüfung auf Einhaltung von Grenzwerten oder auf die Festlegung von Grenzwerten.

Krämer Herr Wilrich, ganz herzlichen Dank für dieses überaus anregende Gespräch.

Literatur

Hald A (1960) Statistical theory with engineering applications. Wiley, New York

Henderson RG, Verougstraete V, Anderson K, Arbildua JJ, Brock TO, Brouwers T, Cappellini D, Delbeke K, Herting G, Hixon G, Wallinder IO, Rodriguez PH, Van Assche F, Wilrich P, Oller AR (2014) Inter-laboratory validation of bioaccessibility testing for metals. Regul Toxicol Pharmacol 70:170–181

Padberg KH, Wilrich P-T (1981a) Die Auswertung von Daten und ihre Abhängigkeit von der Merkmalsart. Teil 1: Skalentypen. Qual Zuverlässigk 26:179–183

Padberg K-H, Wilrich P-T (1981b) Die Auswertung von Daten und ihre Abhängigkeit von der Merkmalsart. Teil 2: Statistische Kennwerte. Qual Zuverlässigk 26:210–214

Stange K (1945) Zur Berechnung von Treffwahrscheinlichkeiten gegen bewegte Ziele. Schrift Dtsch Akad Luftfahrtforsch, Ausgabe 54

Stange K (1958) Probenahme vom Band. Metrika 1:177–222

Stange K (1960) Pläne für messende Prüfung I–IV. Z Qual 4: 2–7, 29–34, 75–80, 155–160

Wilrich P-T (1970a) Nomogramme zur Ermittlung von Stichprobenplänen für messende Prüfung bei einer einseitig vorgeschriebenen Toleranzgrenze. Teil 1. Pläne bei bekannter Varianz der Fertigung. Qual Zuverlässigk 15:61–65

Wilrich P-T (1970b) Nomogramme zur Ermittlung von Stichprobenplänen für messende Prüfung bei einer einseitig vorgeschriebenen Toleranzgrenze. Teil 2. Pläne bei bekannter Varianz der Fertigung. Qual Zuverlässigk 15:181–187

Wolfgang Schmid

Statistik in Naurwissenschaft und Technik

Wolfgang Schmid (*1956 in Geislingen an der Steige) war von 2012 bis 2020 der Vorsitzende der Deutschen Statistischen Gesellschaft. Davor war er Mitglied des Vorstands und von 1998 bis 2002 Vorsitzender des Ausschusses „Statistik in Naturwissenschaft und Technik“. Wolfgang Schmid hat in Ulm Mathematik mit Nebenfach Statistik studiert und dort auch promoviert und habilitiert. Nach kurzen Zwischenaufenthalten in Konstanz, Trier und Stuttgart ist er seit 1995 ordentlicher Professor und Inhaber des Lehrstuhls „Quantitative Methoden, insbesondere Statistik“ an der Europa-Universität Viadrina in Frankfurt (Oder). Daneben war er mehrfach Gastprofessor an der Universität Bergamo in Italien. Er hat bisher 25 Dissertationen betreut. Zwölf ehemalige Doktoranden bzw. Mitarbeiter haben eine Hochschulkarriere eingeschlagen und sind als Professoren in Deutschland, England, Holland, Schweden und der Ukraine tätig.

Wolfgang Schmid ist „Elected Member“ des ISI, Autor zahlreicher wissenschaftlicher Publikationen in führenden nationalen und internationalen Fachzeitschriften und Mitglied der Herausgeberbeiräte von AStA – Advances in Statistical Analysis, Journal of Multivariate Analysis und Sequential Analysis. Mit dem Interviewer Walter Krämer traf er sich am Rande der DAGStat 2019 in München.

Krämer Herr Schmid, eine meiner ersten Fragen ist immer: Wie kamen Sie überhaupt zur Statistik? Sie sind ja Mathematiker von der Ausbildung her.

Dieser Beitrag wurde zuvor in *AStA Wirtschafts- und Sozialstatistisches Archiv* (Bd. 14, 2019, https://link.springer.com/article/10.1007/s11943-019-00267-3) veröffentlicht und für das vorliegende Buch leicht überarbeitet.

W. Krämer (Hrsg.), *Statistik hautnah*, https://doi.org/10.1007/978-3-662-69596-8_12

Schmid Richtig. Ich habe mich zum Ende meiner Schulzeit für Mathematik begeistert. Mein Mathelehrer hat mich auch unterstützt und mir weiterführende Bücher empfohlen, und so dachte ich: Versuche es mal mit der Mathematik. Ich habe mich informiert, wo man das studieren kann und eine Möglichkeit war Ulm. Da konnte man Mathematik mit den Nebenfächern Physik, Operations Research und Statistik studieren und auch als erster Universität in Deutschland das Fach Wirtschaftsmathematik. Ich habe mich sowohl für Wirtschaftsmathematik als auch Mathematik beworben und dann Mathematik mit Nebenfach Statistik genommen. Ich hatte in der Schule nie Statistik und wenig Ahnung, um was es dabei geht. Deshalb habe ich versuchsweise ein paar Veranstaltungen gehört, und es hat mir gefallen, und ich bin dabei geblieben.

Krämer Und das offensichtlich mit Erfolg. Welche akademischen Lehrer haben Sie denn besonders beeindruckt?

Schmid In Ulm wurden damals die Stochastik-Vorlesungen von Professoren gehalten, die aus der Analysis kamen und weniger an praktischen Fragestellungen, sondern mehr an den theoretischen Grundlagen interessiert waren. Den intensivsten Kontakt hatte ich mit Rolf Trautner, der mich auch später zu meinem Promotionsthema gebracht hat und Betreuer meiner Dissertation war. Ich habe viele Vorlesungen zur Wahrscheinlichkeitstheorie bei Wolfgang Gawronski gehört. Seine Veranstaltungen haben mir gut gefallen und sie waren auch ein Grund dafür, mich in dieser Richtung zu vertiefen.

Krämer Und das würden Sie heute genauso nochmal machen?

Schmid Ja, das hat mir Spaß gemacht. Im Rahmen meines Studiums musste ich auch ein Praktikum absolvieren. Ich habe dies an der Bundesanstalt für Geowissenschaften und Rohstoffe in Hannover bestritten. Hier bin ich zum ersten Mal mit der Auswertung realer Daten konfrontiert worden. Meine Aufgabe bestand darin, einen Algorithmus zur Entdeckung von Ausreißern bei störungsanfälligen Messungen zu entwerfen. Und so bin ich auch zu meinem Promotionsthema über Ausreißer bei Zeitreihen gekommen.

Eine kleine Feier nach der Habilitation 1991 in Ulm. Von links: Wolfgang Schmid, Ansgar Brinkmann, Otto Körner

Krämer Wir treffen uns hier am Rand der DAGStat 2019 und waren ja beide gestern in der Veranstaltung „Statistik in der Öffentlichkeit". Da ist ja noch einiges nachzuholen. Meine Meinung haben Sie ja gehört: Es ist eine Sisyphusarbeit. Wenn man meint, man hätte einen Erfolg, dann gibt es den nächsten blöden Artikel in der Zeitung, der den gleichen Fehler wie vor zehn Jahren macht. Was kann man da tun?

Schmid Das ist eine komplexe Angelegenheit. Leider ist es so, dass die Statistik in der Öffentlichkeit bei vielen Leuten einen schlechten Touch hat. Wenn man mich fragt, was ich bin und ich sage Statistiker, dann rümpfen die Leute manchmal die Nase. Wenn ich sage, ich bin Mathematiker, dann wird man mehr geschätzt. Ich denke, dass wir schon auf einem guten Weg sind, das Erscheinungsbild der Statistik in der Öffentlichkeit zu verbessern. Wir müssen die Chance und die neuen Strömungen im Rahmen der Digitalisierung nutzen. Data Science ist zurzeit sehr angesagt. Früher hat man die Statistik gern mit dem Begriff „Lüge" in Verbindung gebracht, heute redet man von Daten als dem „Öl des 21. Jahrhunderts". Es entsteht eine vollkommen andere Bewertung und vielleicht sollten wir Statistiker das noch intensiver ausnutzen. Ich sehe darin eine große Chance, aber es ist natürlich auch eine sehr mühsame Angelegenheit. Wir haben gestern den Vortrag von Katharina Schüller gehört und sie hatte auch sehr gute Ideen, wie man schon in der Schule ansetzt und die Schüler mehr mit Statistik, mit dem statistischen Denken vertraut macht.

Krämer Also schon in der Schule anfangen?

Schmid Ja, und dann weiter an den Universitäten. Ich denke hier an eine Art verpflichtendes „Studium Generale" in Statistik für Hörer aller Fakultäten. Aber das ist wohl nur an großen Universitäten realisierbar.

Krämer Wir hatten gerade das schöne Stichwort von den Daten als dem „Öl des 21. Jahrhunderts". Das führt geradewegs zu meiner nächsten Frage, wo Sie die Statistik und die DStatG in 30 Jahren sehen?

Schmid Ich sehe natürlich die DStatG auch weiterhin als diejenige Instanz, die in Deutschland die Statistik auf breiter Basis vertritt, also als Treffpunkt für Statistiker aller Fachrichtungen aus Wissenschaft und Praxis. Natürlich gibt es Gebiete, die wir nicht abdecken, wie die Biometrie, aber dennoch sollten wir als erste Anlaufstelle für Statistiker aus allen Bereichen angesehen werden. Das wäre meine Wunschvorstellung. Natürlich müssen wir dabei auch mit der Zeit gehen und aktuelle Strömungen integrieren. Jetzt sind wir zum Beispiel dabei, einen neuen Ausschuss einzurichten, der auch Data Science umfassen soll.

Krämer Wenn uns da nicht wieder mal die Informatiker die Butter vom Brot nehmen. Wie können wir uns als Statistiker gegen solche Kompetenzanmaßungen wehren?

Schmid Das ist tatsächlich ein Problem. Die Informatik versteht es sehr gut, Dinge zu verkaufen und wir müssen uns einfach klarer abgrenzen. Auch die größte Datenmenge will nicht nur gesammelt und abgespeichert, sie will auch analysiert und ausgewertet werden. Was nützen mir die Daten, wenn ich sie nicht verstehe? Und ich denke, das ist die Chance für uns, auf die Bedeutung der Statistik hinzuweisen.

Krämer Klar, da sind wir beide uns völlig einig. Aber irgendwie kriegt unsere Konkurrenz die Unentbehrlichkeit ihrer jeweiligen Wissenschaften viel deutlicher ans Publikum gebracht, und haben wir Statistiker viel mehr zu kämpfen, um der Öffentlichkeit zu zeigen, dass wir wichtig sind.

Schmid Das stimmt natürlich. Das ist eine langwierige Angelegenheit, aber trotzdem sollten wir auf den aktuellen Data Science-Zug aufspringen und diese Chance auch nutzen. Wir sollten das positiv sehen. Ich finde es toll, wenn ich in der Zeitung lese, dass Daten plötzlich so wichtig sind.

Krämer Haben wir es in Deutschland vielleicht auch deshalb so schwer, weil die Statistik bei uns recht zersplittert ist? Sie als DStatG-Vorsitzender vertreten ja nicht alle Statistiker, es gibt die Biometriker, die Technometriker, die Gesellschaft für Klassifikation, die Demografen und so weiter. Meinen Sie, es reicht, wenn man sich alle drei Jahre mal trifft, oder soll man noch festere, engere Kooperationen vereinbaren? In Amerika gibt es die American Statistical Association, da sind alle dabei.

Schmid Wie ich gerade schon gesagt habe: Die DStatG ist im Prinzip für alle Statistiker offen. Es stellt sich die Frage, was man möchte, eine Tagung mit 1000 bis 2000 Teilnehmern, wie es in den Staaten üblich ist, oder möchte ich auf eine Tagung gehen, wo ich die Leute treffe, die eher auch in meinem eigenen Bereich arbeiten. Die DStatG ist mit der Biometrischen Gesellschaft die größte statistische Vereinigung in Deutschland und die Angebote sind relativ komplementär. Natürlich verwendet man in vielen Bereichen ähnliche Methoden wie z. B. in Survival Analysis und der Zuverlässigkeitstheorie, aber letzten Endes ist doch das Klientel recht unterschiedlich. Ich persönlich finde den 3-Jahres-Rhythmus für die gemeinsamen DAGStat-Treffen gut. Die Statistische Woche hat sich in den letzten Jahren auch zu einer großen internationalen Tagung entwickelt.

Wolfgang Schmid mit Stefan Huschens und Günter Bamberg auf der DStatG-Pfingsttagung 1996 in Tübingen

Krämer Sie sind ja schon seit einigen Jahren Vorsitzender der DStatG und solche Interviewgäste frage ich auch immer, was die schönsten und die schlimmsten Erlebnisse ihrer Vorsitzendenzeit gewesen sind?

Schmid Es gibt natürlich viele schöne Ereignisse. Unsere Hauptveranstaltung, die Statistische Woche, gehört auf jeden Fall dazu. Wenn man hierzu eine positive Rückkopplung bekommt, ist das schon eine große Freude, man spürt, dass die enorme Arbeit bei der Planung gewürdigt wird. Ich war jetzt fast zehn Mal Vorsitzender des Programmkomitees und das ist jedes Mal eine schwierige Angelegenheit, neue Ideen und Bereiche zu integrieren. Schön sind auch immer die Momente, wenn man zum Beispiel auf ein Geburtstagsschreiben eine Antwort bekommt. Das ist oft sehr rührend. Dann sehe ich, dass es gelungen ist, auch die älteren Mitglieder anzusprechen. Wir haben ja für langjährige Mitgliedschaften auch Ehrennadeln eingeführt.

Weniger angenehm enden zuweilen Versuche, allen alles recht zu machen. Das geht natürlich nicht immer, dann kommt auch schon mal Kritik auf. Aber ich kann mich an keinen Moment erinnern, der mich um meinen Schlaf gebracht hat. Vielleicht auch, weil ich doch ein sehr positiv eingestellter Mensch bin. Wenn ich mich also mal geärgert habe, dann nur kurz.

Krämer Was anderes. Ich hatte gestern mit einem Kollegen geredet, der meinte, man könnte eigentlich jemanden mit einem Bachelor in Statistik nicht auf die Menschheit loslassen. Wie stehen Sie zur Bologna-Reform?

Schmid Ich war an sich dagegen. Aber wir haben an meiner Universität zahlreiche Austauschprogramme mit vielen anderen Universitäten weltweit, und viele unserer Studenten müssen auch ein Auslandssemester ablegen. Leider wurden im Rahmen der Reform auch gewisse wichtige Bereiche der Ausbildung abgespeckt, und das ist natürlich nicht gut. Wir mussten in Frankfurt (Oder) hart dafür kämpfen, dass die Statistik in gleicher Form berücksichtigt worden ist wie zuvor.

Krämer Das führt mich gleich zur nächsten Frage, die alle meine Interviewpartner gestellt bekommen, die ja in der Regel Hochschullehrer für Statistik sind: Es ist leider fast schon die Regel, dass, wenn etwa eine Wirtschaftsfakultät mit zwei Statistik-Lehrstühlen einen davon neu zu besetzen hat, dieser dann der BWL zugeschustert wird. Das heißt, dass unsere Präsenz im akademischen Leben zurückgeht. Wie sehen Sie das?

Schmid Leider genauso. Da sind Sie mit Ihrer Statistik-Fakultät in Dortmund natürlich in einer viel besseren Position. Aber klar, ich weiß auch nicht, ob und wie meine Stelle wiederbesetzt wird, wenn ich mal in den Ruhestand gehe. Auf jeden Fall wird es in der Berufungskommission keinen Statistiker geben, nur Volks- und Betriebswirte. Aber das ist – mit Ausnahme von Dortmund und München – das generelle Problem aller Statistiker, auch an mathematischen Fakultäten, denn die haben oft auch nur einen Statistiker, falls überhaupt.

Krämer Ich glaube ja, viele unserer Kollegen haben diese missliche Lage selbst erzeugt, indem sie sich bei der Didaktik zu wenig Mühe gegeben haben. Ich habe gestern erfahren, dass es tatsächlich Wirtschaftsfakultäten gibt, wo der Preis für die beste Vorlesung an einen Statistiker geht. Das ist aber eher die Ausnahme, oder?

Schmid Also, ich selbst habe diesen Preis nie bekommen, aber ich sehe das nicht ganz so negativ. Denn inzwischen schätzen doch die meisten Kollegen aus BWL und VWL eine solide statistische Grundausbildung. Das war nicht immer so. Von daher denke ich schon, dass hier die Zeit eine Veränderung mit sich gebracht hat. Denn auch um im Marketing oder Management eine gute Arbeit publizieren zu können, muss einfach eine solide statistische Auswertung dabei sein.

Krämer Viele BWL- und VWL-Kollegen meinen aber, sie könn ten das den Leuten auch selber beibringen.

Schmid Die Gefahr besteht natürlich.

Krämer Sie selbst werden ja in der Statistik eher in die Technometrie eingeordnet. Oder wie würden Sie Ihren eigenen Schwerpunkt beschreiben?

Schmid Zurzeit habe ich drei Forschungsschwerpunkte, die Technometrie ist nur ein Gebiet davon. Am Ende meiner Zeit in Ulm habe ich auf Empfehlung meines damaligen Chefs, Hans Wolff, mit der statistischen Prozesskontrolle begonnen. Er kam von einer Tagung aus den Staaten und sagte zu mir: „Herr Schmid, Sie machen doch Zeitreihenanalyse. Ich habe gehört, dass in Sachen Verbindung Zeitreihen und Prozesskontrolle noch nichts gemacht wurde. Das wäre doch was für Sie“. In meiner ersten Arbeit hierzu habe ich das Verhalten der Shewhart-Kontrollkarte für Zeitreihen untersucht (Schmid 1995). Danach habe ich die bekannte EWMA-Kontrollkarte auf Zeitreihe übertragen. Gemeinsam mit Alexander Schöne konnten wir unter Verwendung stochastischer Ungleichungen zeigen, dass die Wahrscheinlichkeit für einen falschen Alarm für eine wichtige Gruppe von stochastischen Prozessen größer ist als im Falle unabhängiger Variabler (Schmid und Schöne 1997). Nach meinem Wechsel nach Frankfurt/Oder habe ich daran weitergearbeitet und ich konnte mit Sven Knoth und Ansgar Steland auch sehr gute Mitarbeiter dafür gewinnen. Ich habe mich vermehrt auf ökonomische Zeitreihen fokussiert. Wir waren auch weltweit mit die Ersten, die Prozesskontrolle mit Finance verknüpft haben. Das war 1998. In den letzten Jahren habe ich mich u. a. mit Olha Bodnar mit dem Monitoring von mehrdimensionalen Zeitreihen beschäftigt. Besonders hervorheben möchte ich auch die Arbeiten mit Vasyl Golosnoy zum Monitoring von Aktienportfolios. Nach meiner Ansicht handelt es sich dabei um wichtige Beiträge. Daraus ist dann auch mein zweiter Schwerpunkt entstanden: Statistics in Finance. Wir haben festgestellt, dass in den meisten klassischen Lehrbüchern zur Finance immer vorausgesetzt wird, dass man den Erwartungswert und die Kovarianz-Matrix eines Aktien-Portfolios kennt. In der Praxis sind diese Größen natürlich zu schätzen, und wir haben damals dann begonnen, dies systematisch zu untersuchen. Daraus haben sich meine am meisten zitierten Publikationen ergeben (Okhrin und Schmid 2006; Okhrin et al. 2013) und es sind viele Schüler hervorgegangen wie Yarema Okhrin, Taras Bodnar, Roman Kozhan, Taras Zabolotskyy, Ostap Okhrin und Nestor Parolya. Unser aktueller Fokus liegt dabei auf hochdimensionalen Portfolios. Zurzeit setze ich mich auch mit Fragen der räumlichen Statistik und Umweltstatistik auseinander. Das ist mein drittes Standbein. Gemeinsam mit Philipp Otto und Robert Garthoff haben wir etwa räumliche GARCH-Prozesse eingeführt (Otto et al. 2018).

Krämer Ist es die Nähe von Frankfurt (Oder) zum Osten, dass so viele Ihrer Schüler aus Ostblockländern kommen?

Schmid Das spielt bestimmt eine Rolle. Das Ganze geht an sich zurück auf meine Anfangszeit in Frankfurt (Oder) und ein Graduiertenkolleg zum Thema „Kapitalmarkt und Finanzwirtschaft im erweiterten Europa“, das von der Deutschen Bank finanziert worden ist. Ich war einige Zeit auch der Sprecher des Kollegs und habe nach guten Studenten gesucht. Heute gäbe es dafür das Internet. Damals haben wir das über Plakate gemacht, die wir an viele Universitäten, auch im Ostblock, verschickt haben. Und viele Bewerbungen kamen eben aus Ostblockstaaten. Im ersten Jahr haben wir dann zehn Kandidaten aufgenommen, darunter auch Yarema Okhrin. Der Betreuer seiner Diplomarbeit hatte unser Plakat an der Universität in Lemberg ausgehängt. Das war ein sehr guter Draht, der bis heute funktioniert. Inzwischen habe ich zwölf Doktoranden aus der Ukraine gehabt, alles Leute mit einer guten mathematischen Ausbildung. Nach meiner Erfahrung ist es im Allgemeinen einfacher, einen Mathematiker mit den modernen Methoden in Finance vertraut zu machen, als einen Betriebs- oder Volkswirt.

Wolfgang Schmid im Kreis von Freunden und Schülern anlässlich eines Kolloquiums zu seinem 60. Geburtstag

Krämer Auf welche Ihrer eigenen Arbeiten sind Sie denn am meisten stolz?!

Schmid Was die Prozesskontrolle betrifft, so möchte ich die Arbeiten zur EWMA-Kontrollkarte für Zeitreihen erwähnen. Wir konnten hier einige interessante und wichtige stochastische Ungleichungen beweisen (u. a. Schmid und Schöne 1997).

Die Anwendung der Prozesskontrolle zur Portfolioüberwachung finde ich ebenfalls eine interessante Idee. Hierzu sind einige Publikationen mit Vasyl Golosnoy entstanden. Bei der Analyse von Schätzern für die Portfoliogewichte und Portfoliokenngrößen waren wir die Ersten. Meine erste Arbeit dazu, gemeinsam mit Yarema Okhrin, ist auch meine am meisten zitierte Arbeit (Okhrin und Schmid 2006). Konfidenzbereiche für die Effizienzfunktion wurden in einer Arbeit mit Taras Bodnar eingeführt (Bodnar und Schmid 2009). Hierzu sind einige schöne Beiträge entstanden. Momentan stehen dabei hochdimensionale Portfolios im Blickpunkt unseres Interesses. Zurzeit begeistere ich mich auch für die räumliche Statistik. Gemeinsam mit Philipp Otto und Robert Garthoff haben wir GARCH-Prozesse um eine räumliche Komponente erweitert (Otto et al. 2018). Somit liegen Prozesse mit räumlichen Volatilitätsclustern vor.

Krämer Gibt es noch weitere Dinge, die Sie gerne den Lesern mitteilen möchten?

Schmid Vielleicht, dass mir die Nachwuchsarbeit an meinem Lehrstuhl immer wichtig war. Ich habe bisher 25 Doktoranden betreut und das ist etwas, was mir viel Freude bereitet hat, die Zusammenarbeit mit jungen Leuten. Das empfinde ich als eine der angenehmsten Tätigkeiten im Hochschulbereich.

Krämer Vielleicht darf ich von mir aus noch erwähnen, dass Sie vermutlich der einzige promovierte deutsche Statistiker sind, der schon mal den New-York-Marathon beendet hat? Sie halten sich also auch körperlich gerne fit?

Schmid Ich denke, dass es da bestimmt noch einige andere Kollegen gibt. Ich habe in Frankfurt (Oder) angefangen, Rennrad zu fahren. Das hat mir viel Freude gemacht, allerdings ist es auf Grund des zunehmenden Verkehrs, schlechter Straßen und der aggressiven Fahrweise mancher Autofahrer auch nicht ungefährlich. Nach zwei Radunfällen habe ich dann im Jahr 2008 mit dem Laufen begonnen. Seitdem habe ich 10 Marathons (je 42.195 km) und 22 Halbmarathons erfolgreich absolviert. Laufen ist für mich ein toller Ausgleich, bei dem ich mich sehr gut entspannen kann. Wenn ich auf eine Tagung fahre, nehme ich deshalb auch stets meine Laufsachen mit.

Wolfgang Schmid beim Zieleinlauf des New-York-Marathon 2013

Krämer Dann bedanke ich mich für das Gespräch und wünsche Ihnen auch in Zukunft viel Erfolg beim Laufen und bei der Statistik gleichermaßen.

Literatur

Bodnar T, Schmid W (2009) Econometrical analysis of the sample efficient frontier. Eur J Finance 15:317–335

Okhrin O, Okhrin Y, Schmid W (2013) On the structure and estimation of hierarchical Archimedean copulas. J Econom 173:189–204

Okhrin Y, Schmid W (2006) Distributional properties of portfolio weights. J Econom 134:235–256

Otto P, Schmid W, Garthoff R (2018) Generalised spatial and spatiotemporal autoregressive conditional heteroscedasticity. Spat Stat 26:125–145

Schmid W (1995) On the run length of a Shewhart chart for correlated data. Stat Pap 36:111–130

Schmid W, Schöne A (1997) Some properties of the EWMA control chart in the presence of data correlation. Ann Stat 25:1277–1283

Christine Müller

Statistik unter einem Dach

Christine Müller (*1959 in Berlin) ist Professorin für Statistik in den Ingenieurwissenschaften an der Fakultät Statistik der Technischen Universität Dortmund. Von März 2013 bis März 2019 war sie die Vorsitzende der Deutschen Arbeitsgemeinschaft Statistik (DAGStat), einem Zusammenschluss von 13 in Deutschland beheimateten wissenschaftlichen Fachgesellschaften aus dem inneren und äußeren Kreis der theoretischen und angewandten Statistik und dem Statistischen Bundesamt. Von 2011 bis 2020 war sie die Chefherausgeberin der Zeitschrift Statistical Papers. Daneben war sie Mitglied und zuweilen auch Vorsitzende des Programmkomitees zahlreicher statistischer Fachkonferenzen, zwei Jahre lang Sprecherin der DMV-Fachgruppe Stochastik und mehrere Jahre Schatzmeisterin des Deutschen Hochschullehrerinnenbundes.

Christine Müller hat an der FU Berlin Mathematik mit Nebenfach Biologie studiert und dort 1987 mit einer Arbeit über „Optimale Versuchspläne für robuste Schätzfunktionen in linearen Modellen" promoviert und 1995 über „Outlier Robust Inference for Planned Experiments" habilitiert. Nach Zwischenstationen in Göttingen (1997–2000, Hochschuldozentin), Oldenburg (2000–2006, Professorin am Fachbereich Mathematik) und Kassel (2006–2009, Professorin am Fachbereich Mathematik und Informatik) lehrt und forscht sie seitdem an der Fakultät für Statistik an der TU Dortmund. Dort traf sie sich auch mit dem Interviewer Walter Krämer zu dem im folgenden aufgezeichneten Gespräch.

Krämer Frau Müller, Sie waren ja lange Jahre Vorsitzende der Deutschen Arbeitsgemeinschaft Statistik (DAGStat). Nicht alle WiSoStA-Leser haben eine klare Vorstellung, um was es dabei eigentlich geht. Können Sie uns kurz erklären, was dieses Projekt will und was dahintersteckt?

Dieser Beitrag wurde zuvor in *AStA Wirtschafts- und Sozialstatistisches Archiv* (Bd. 14, 2020, https://link.springer.com/article/10.1007/s11943-020-00270-z) veröffentlicht und für das vorliegende Buch leicht überarbeitet.

W. Krämer (Hrsg.), *Statistik hautnah*, https://doi.org/10.1007/978-3-662-69596-8_13

Müller Nun, die DAGStat ist ein Verbund von deutschen Statistik-Gesellschaften und Statistik-Institutionen, zu meiner Zeit waren es 14, und das Ziel ist ein Austausch zwischen deutschen Statistikern aus allen Anwendungsgebieten, plus natürlich auch Öffentlichkeitsarbeit, um den Menschen das Bild der Statistik besser darzustellen. Gemeinsam ist man immer stärker, wenn es zu zeigen gilt, wozu Statistik gut ist.

Krämer Und das Fernziel, ähnlich wie die Royal Statistical Society oder die American Statistical Association ein Verein für alle zu werden?

Müller Das ist in Deutschland schwierig. Wir haben eben diese Zersplitterung in so viele Gesellschaften und die haben sich natürlich auch getrennt entwickelt. Ich glaube nicht, dass man diese Historie sozusagen zurückdrehen kann. Die Deutsche Statistische Gesellschaft versucht ja immer, als Verein aller Statistiker aufzutreten, aber die Biometrische Gesellschaft wird da auf keinen Fall mitspielen. Ob andere, weiß ich nicht. Auf jeden Fall gibt es die beiden großen Richtungen Biometrie und Ökonometrie. Daneben gibt es die mathematische Statistik in der Mathematik. Ich habe mich gefragt, warum das besonders in Deutschland so ist. Mir hat mal jemand gesagt, das würde daran liegen, dass die mathematische Statistik immer ein bisschen auf die anderen herabgeguckt hat. Ich weiß nicht, ob das stimmt.

Christine Müller mit Walter Krämer in dessen Dortmunder Büro

KRÄMER Doch, kann ich aus eigener Erfahrung bestätigen. Nicht alle, aber einige ....

MÜLLER Das hat wohl auch einmal zu einem Bruch geführt zwischen der DStatG und den Mathematikern ....

KRÄMER … der aber inzwischen geglättet ist, siehe mein Interview mit Volker Mammitzsch (Krämer 2018). Aber Sie selbst haben doch auch als mathematische Statistikerin angefangen? Wann sind Sie denn vom Saulus zum Paulus geworden und haben sich den Anwendungen zugewandt?

MÜLLER Anwendungen haben mich schon immer interessiert. Ich habe Mathematik nur deshalb studiert, weil ich hoffte, etwas mit Anwendungen zu machen. Reine Mathematik war für mich undenkbar. Am Anfang dachte ich an Numerik. Damit konnte ich etwas anfangen. Ich wollte auch erst Informatik studieren und habe dann gemerkt, dass ich mein Nebenfach Biologie nicht hätte nehmen können. In der Mathematik war das möglich. Dann hat aber Götz Kersting die elementare Wahrscheinlichkeitsrechnung in Berlin gelesen und da hieß es, das sei die Chance, einmal gute Stochastik zu hören. Das habe ich auch gemacht und im 3. Semester nicht Numerik belegt, sondern Stochastik. Eigentlich gegen meinen Plan. Und Götz Kersting mit seiner Stochastik hat mich fasziniert.

KRÄMER Dann war Ihre Statistik-Karriere also ein historischer Zufall?

MÜLLER Richtig. Weil ich mir eigentlich auch nicht vorstellen konnte, dass die Stochastik Anwendungen hat. Statistik war für mich nur Zahlen zusammenzählen, nicht wirklich interessant. In der Stochastik-Vorlesung haben wir dann einen Vorzeichentest gemacht und da dachte ich, das kann man doch im wahren Leben, z. B. in der Biologie, anwenden.

Christine Müller als Biologie-Preisträgerin beim Bundeswettbewerb Jugend forscht 1978 mit dem damaligen Bundesminister des Innern Gerhart Rudolf Baum

KRÄMER Gibt es noch andere akademische Lehrer und Lehrerinnen, die Sie im Laufe Ihrer Studienzeit beeindruckt haben?

MÜLLER Ja, die gibt es. Nachdem Götz Kersting weggegangen war, hat Werner Wierich weitergelesen, dem ich auch viel zu verdanken habe, das waren schöne Vorlesungen. Für meine Diplomarbeit bin ich zu Viktor Kurotschka gekommen und der hat mich in der Hinsicht geprägt, dass er wahnsinnig auf exakten Formulierungen bestanden hat. Und er hat mir den guten Tipp gegeben, mich für meine Doktorarbeit an Helmut Rieder zu halten, der sehr mathematisch die robuste Statistik behandelt hat, sodass man dann da Versuchsplanung machen konnte.

KRÄMER Und das würden Sie heute noch einmal genauso machen?

MÜLLER Ja, von Anfang an mit Fokus auf Statistik. Anfangs hatte mich sehr Genetik interessiert, weshalb ich Biologie als Nebenfach hatte. Das hat mir geholfen, als ich nach meiner Promotion in der Medizin tätig war. Da habe ich mir mit Joachim Röhmel eine Stelle geteilt und von dem habe ich gelernt, dass man bei den Medizinern aufpassen muss. Die machen wirklich 1000 Tests ....

KRÄMER ... bis das rauskommt, was rauskommen soll. Und dass Sie letztlich mal Professorin für Statistik werden, war das geplant oder auch historisch zufällig?

MÜLLER Das war zufällig. Ich hatte das nie vor. Durch meine Doktorarbeit hatte ich zwar Blut geleckt, hatte aber keine Stelle zum Habilitieren bekommen und ging, wie gesagt, in die Medizin. Dass es dann doch geklappt hat, habe ich den Berliner Grünen zu verdanken. Die hatten damals spezielle Habilitationsstellen für Frauen geschaffen. Das erste Angebot bekam ich in der Medizin. Da war ich gerade schwanger mit dem zweiten Kind, und man hat mir geraten, das zu verheimlichen, weil eine Frau mit Kindern nicht in der Medizin habilitieren könne ....

Auf der Satelliten-Tagung der Bernoulli-Society anlässlich der EMS im August 1988 in Ostberlin: Vierte Reihe, 5. von rechts: Christine Müller, dahinter Rainer Schwabe, 1. Reihe ganz rechts: Henning Läuter, 2. Reihe, 3. von rechts: Marie Huskova. Für diese Tagung hatte Christine Müller ein Visum für ein ungeborenes Kind (geboren 02.06.88) beantragt und wurde auch dadurch bei den Ost-Berliner Kollegen sehr bekannt

KRÄMER … und so sind sie wieder zu Viktor Kurotschka zurückgegangen. Sie haben gerade schon Ihre Söhne erwähnt. Wie schwer war es, als Frau mit zwei Kindern eine Hochschullehrerlaufbahn zu bewältigen?

Das habe ich nur meiner Mutter zu verdanken. Sie hat sich unheimlich für die Kinder eingesetzt, sie immer genommen. Das waren noch die Zeiten, als der Kindergarten früh endete und die Schulen keine Hortbetreuung hatten.

KRÄMER Sie waren an vielen Standorten: von Berlin nach Göttingen, dann Oldenburg und Kassel und schlussendlich Dortmund. Können Sie Unterschiede feststellen zwischen den einzelnen akademischen Standorten in der Art und Weise, wie man miteinander umgeht, wie man lehrt, wie man forscht, wie man Gelder einwirbt? Ist das überall dasselbe?

MÜLLER Na ja, also Göttingen ist natürlich mathematisch, die bilden sich was ein. Es gibt dort einen hohen Standard, man hat viele gute Studierende. Oldenburg ist dagegen ein kleines Provinznest, das dann auch zu kämpfen hatte mit Drittmitteleinwerbungen. Ich war mal dabei, als ein SFB zusammen mit den Biologen beantragt werden sollte. Das ist natürlich gescheitert. Und Kassel war meine erste Uni mit technischem Bereich. Vorher hatten die Unis alle keine Technikbereiche. Ich bin dann dadurch auch zur Technometrie gekommen.

Workshop in Wendisch-Riez bei Berlin 1994. Erste Reihe von links: Eva Riccomagno, Christine Müller, Michael Sahm, Heiko Großmann, Henry Wynn, dahinter von links: Viktor Kurotschka, Rainer Schwabe, Thomas Müller-Gronbach, Jörg Maurer, Ron. Eva Riccomagno, Rainer Schwabe, Thomas Müller-Gronbach sind mittlerweile auch Professoren, Heiko Großmann hat eine Dauerstelle an der Uni Magdeburg. Bis auf Eva Riccomagno, Ron und Henry Wynn ist es die damalige Gruppe von Viktor Kurotschka

KRÄMER Hier, also in der Technometrie und in der Biometrie gleichermaßen wichtig ist ja eines Ihrer Spezialgebiete, die Versuchsplanung. Die war ja wichtig zu Zeiten, als die Daten noch teuer waren und als Ronald Fisher in England die moderne Statistik erfand. Da gingen wohl neun Zehntel der Arbeit dafür drauf, dass man die Daten überhaupt erstmal bekam. Heute ist es umgekehrt. Die Daten werden einem nachgeworfen. Ist da Versuchsplanung noch zeitgemäß?

MÜLLER Und ob. Die Daten werden einem nachgeworfen, aber meistens sind sie nicht unabhängig. Die Ingenieure machen lange Zeitreihen, die über Ewigkeiten laufen, aber es ist ja immer eine Zeitreihe. Bis man Zeitreihen aus verschiedenen Versuchen bekommt, die dann wirklich unabhängig sind, dauert es sehr lange. Und das muss dann geplant werden.

KRÄMER Sie glauben also, dass in 50 Jahren bei uns in Dortmund noch Versuchsplanung eine Standardvorlesung ist.

MÜLLER Ich denke schon. Und dann stellt sich immer noch die Frage, wie wählt man aus den Daten etwas aus, wenn man viele Daten hat. Das ist dann eher ein Stichprobenproblem. Aber es gehört auch dort herein. Die Vorlesungen Stichprobentheorie und Versuchsplanung wollen die Studierenden immer abschaffen, aber ich denke, die sind ganz wichtig.

KRÄMER Wie positionieren wir uns denn da im Kontext der Data-Science-Revolution? Da wollen uns doch wieder andere die Butter vom Brot nehmen.

MÜLLER Wir müssen klar herausstellen, dass wir mehr machen. Wir betreiben ja nicht nur Datenbeschreibung, sondern wir bemühen uns auch um valide Vorhersagen. Dazu braucht man ein Modell, was im Prinzip falsch sein kann. Dann muss man Strategien zur Modellbildung entwickeln, man muss Unsicherheiten quantifizieren ….

KRÄMER Das können eben nur die Statistiker?

MÜLLER Genau. Weil Statistiker in Modellen denken und mit Fehlern.

KRÄMER Was würden Sie denn hier als Ihre eigenen wichtigsten Beiträge benennen?

MÜLLER Ich habe ja auf der Schnittstelle zwischen robuster Statistik und Versuchsplanung promoviert und habilitiert und dabei optimale Versuchspläne für robuste Verfahren entwickelt, zuerst über asymptotische Verfälschungen von M-Schätzer, was mein erster Annals-Artikel war (Kurotschka und Müller 1992). Es gibt aber eine andere Arbeit über Bruchpunkte von LTS-Schätzern, die ich eigentlich fast noch schöner finde, weil sie eingängiger ist (Müller 1995, 1997). Und es gibt auch einen Annals-Artikel über Bruchpunkte von M-Schätzern (Mizera und Müller 1999). Da haben wir durch Zufall ganz interessante Ergebnisse erhalten, nämlich dass auch bestimmte M-Schätzer den höchsten Bruchpunkt erreichen können. Das gilt aber nicht für den klassischen M-Schätzer, der auf der Verallgemeinerung des Medians basiert, sondern nur für andere M-Schätzer wie dem Cauchy-M-Schätzer, der auf der Cauchy-Verteilung basiert. Das war ein sehr überraschendes Ergebnis.

KRÄMER Und woran arbeiten Sie aktuell?

MÜLLER An verallgemeinerten Vorzeichentests, basierend auf Vorzeichentiefe. Ich untersuche seit einer Weile das Konzept Datentiefe und bei uns hat sich herausgestellt, dass oft spezielle Datentiefe-Konzepte zu einer Vorzeichentiefe führen (Kustosz et al. 2016).

KRÄMER Wie wichtig für diese Forschung sind denn die Drittmittel, die wir hier in Dortmund aufgrund unseres SFBs haben?

MÜLLER Sehr wichtig. Durch diesen SFB habe ich zwei tolle Mitarbeiter, Post-Docs aus der Mathematik, die allerdings keine Statistik vorher gemacht haben, sondern nur Stochastik. Der eine hilft mir gerade bei der Vorzeichentiefe, wo es Probleme mit der Asymptotik gab. Da hat er super geholfen zusammen mit einem Master-Studenten. Mal sehen, wie wir das publizieren.

KRÄMER Sie sind Sie ja auch seit acht Jahren Herausgeberin von Statistical Papers. Da gibt es auf dem Markt für Wissenschaftsjournale einen brutalen Wettbewerb, auch seit neuestem durch diese Raubjournale, die die Leute ausnehmen mit angeblichem wissenschaftlichem Renommee. Aber auch abseits davon wird doch der Markt für Wissenschaftsjournalen brutal von Angelsachsen dominiert. Speziell die Amerikaner bedienen, zitieren und fördern vor allem ihre eigenen Journale; was in Europa gedruckt wird, wird nicht zur Kenntnis genommen. Wie sehen Sie das?

MÜLLER Ich achte schon darauf, dass die Kollegen die Statistical Papers, da wo es angebracht ist, auch zitieren. Ich habe mir auch schon gedacht, man müsste eigentlich die drei deutschen Statistik-Zeitschriften von Springer mal zusammenfassen. Das darf man wohl nicht laut sagen ....

KRÄMER Gut, dann behalten wir das mal für uns. Was sind denn sonst so die kniffligsten Sachen als Herausgeberin? Das ist ja schon ein recht verantwortungsvoller Posten, den Sie damit haben. Wie hoch ist denn eigentlich die Ablehnungsquote zurzeit? Und wo kommen die Manuskripte vor allem her?

MÜLLER Die Ablehnungsquote oszilliert seit Jahren um die 80 %. Viele Arbeiten kommen aus Indien, dem Iran und anderen arabischen Staaten. China natürlich auch. Und knifflig wird es immer bei tatsächlichen oder vermeintlichen Plagiaten. Manchmal bekomme ich es eher zufällig mit, durch Gutachter, die dann sagen, das ist unter dem gleichen Titel da und da schon mal veröffentlicht worden. Erst kürzlich gab es den Fall: Gleicher Titel, fast gleicher Abstract, schon vor ca. zehn Jahren publiziert. Gleiche Autoren. Sie haben mir dann geschrieben, als ich abgelehnt habe, es wäre doch eine andere, neue Methode. Aber sie haben nicht herausgearbeitet, was der Unterschied zur alten Methode ist. Und auch das Alte nicht zitiert.

KRÄMER Letzte Frage: Wenn Sie keine Statistik machen, was machen Sie denn dann?

MÜLLER Ich habe einen Garten und gehe gerne mit meiner Familie wandern und schwimmen. Ich spiele manchmal Klavier. Und früher, bis ich ca. 28 Jahre alt war, habe ich mal gemalt, Aquarelle. Aber dafür fehlt mir heute die Zeit. Ich habe sogar mal ein Bild verkauft und Ausstellungen gemacht in Cafés und Banken. Aber nach der Geburt meines ersten Sohnes habe ich mich dann auf die Kinder und den Beruf konzentriert.

Ein echter Müller von 1987. Wird aber seit langem nicht mehr hergestellt

KRÄMER Wer weiß, vielleicht ist eine große Malerin an Ihnen verloren gegangen. Aber auch so haben Sie, glaube ich, keinen Grund, auf Ihre Laufbahn böse zu sein. Haben Sie vielen Dank für das Gespräch!

Literatur

Krämer W (2018) Interview mit Volker Mammitzsch. Wirtsch Sozialwiss Arch 12:179–188

Kurotschka V, Müller CH (1992) Optimum robust estimation of linear aspects in conditionally contaminated linear models. Ann Stat 20:331–350

Kustosz CP, Müller CH, Wendler M (2016) Simplified simplicial depth for regression and autoregressive growth processes. J Stat Plann Inference 173:125–146

Mizera I, Müller CH (1999) Breakdown points and variation exponents of robust M-estimators in linear models. Ann Stat 27:1164–1177

Müller CH (1997) Robust planning and analysis of experiments. Lecture notes in statistics 124. Springer, New York

Müller CH (1995) Breakdown points for designed experiments. J Stat Plann Inference 45:413–427

Nanny Wermuth

Sollen schwangere Frauen an deutschen Universitäten unterichten?

Nanny Wermuth (*1943) hat außer zur Statistik auch zu vielen anderen Themen etwas zu sagen. Nach ihrer Promotion an der Harvard Universität und der Habilitation in Mainz war sie Professorin für Statistik am Psychologischen Institut der Universität Mainz, danach zehn Jahre lang Professorin für Biostatistik am Mathematik-Department der Technischen Hochschule Chalmers in Göteborg. Zudem war sie mehrere Jahre wissenschaftliche Leiterin für Forschung und Entwicklung am Zentrum für Umfragen, Methoden und Analysen in Mannheim und arbeitete über ein Jahr mit einem Forschungspreis an der International Agency for Research on Cancer in Lyon. Seit 2012 ist sie assoziierte Professorin in der Medizinischen Psychologie und Medizinischen Soziologie der Universität Mainz.

Nanny Wermuths Arbeit wurde auf vielfache Weise anerkannt. Zum Beispiel war sie Präsidentin des Instituts für Mathematische Statistik (IMS), Vorsitzende der Life-Science-Kommission des International Statistical Institute (ISI) und Präsidentin der Internationalen Biometrischen Gesellschaft. Ferner wurde sie zum Mitglied der Deutschen Akademie der Wissenschaften, Leopoldina und zum Fellow der American Statistical Association sowie des ISI gewählt. Zusammen mit Sir David Cox erhielt sie einen Max-Planck-Forschungspreis. Mit dem Interviewer Walter Krämer traf sie sich in ihrem Büro an der Universität Mainz – einer ihrer früheren Doktoranden hat sie dort als Gast in seine Arbeitsgruppe integriert.

Krämer Frau Wermuth, Sie sind über die Volkswirtschaftslehre zur Statistik gekommen. Woher kommt Ihr Interesse an Statistik?

Dieser Beitrag wurde zuvor in *AStA Wirtschafts- und Sozialstatistisches Archiv* (Bd. 11, 2017, https://link.springer.com/article/10.1007/s11943-017-0211-y) veröffentlicht und für das vorliegende Buch leicht überarbeitet.

W. Krämer (Hrsg.), *Statistik hautnah*, https://doi.org/10.1007/978-3-662-69596-8_14

Wermuth Ich habe tatsächlich in Frankfurt begonnen, Volkswirtschaft zu studieren, aber das einzig Spannende für mich war dort die Statistik, unterrichtet von Adolf Blind nach dem Lehrbuch von Paul Flaskämper. Nach einem Jahr konnte ich nach München wechseln. Dort hatte ich das Glück, dass Eberhard Fels von der University of Pittsburgh nach München gekommen war: mit ihm wurde Statistik anschaulich und ein wichtiges Forschungsgebiet für mich.

Krämer Wäre also Fels nicht gekommen ....

Wermuth ... dann wäre ich wahrscheinlich nie in Akademia gelandet. Meinen Mann habe ich während des Studiums in München kennengelernt: ein weiterer Glücksfall. Er kommt aus dem Ruhrgebiet.

Krämer Ruhrgebiet – Sie waren ja auch eine Zeitlang in Dortmund. Wie war das denn damals an meiner eigenen Fakultät?

Wermuth Das war direkt nach meiner Promotion, als Mitarbeiterin von Siegfried Schach. Er und Friedhelm Eicker waren die Gründerväter dieser Fakultät. Es war eine angenehme Atmosphäre mit erfreulichen Mitarbeitern, zum Beispiel Hartmut Hecker, Wulf Rehder und Martin Schumacher. Ich war aber nur kurz in Dortmund. Mein Mann hatte eine Stelle beim Sachverständigenrat in Wiesbaden bekommen und wir sind umgezogen.

Krämer ... nach Mainz, das liegt ja nebenan.

Wermuth Da war ich zunächst einmal Mitarbeiterin am Institut für Medizinische Statistik. Normalerweise bekamen die meisten, die mit einer Promotion in Harvard nach Deutschland zurück kamen, direkt eine Professorenstelle, aber ich nicht ....

Krämer Damit sind wir bei einem wichtigen Thema: Haben Sie sich als Frau jemals bei Ihrem Fortkommen diskriminiert gefühlt?

Wermuth Ja, etwas schon. Zum Beispiel hat mir die medizinische Fakultät nach der Abgabe meiner Habilitationsschrift zunächst mitgeteilt, dass man sie erst dann an Gutachter weiterreichen wolle, wenn ich eine Facharzt-äquivalente Zeit von drei Jahren am Institut verbracht hätte. Das konnte ich aber abwenden.

Mein Abschlussreferat für die Habilitation wurde auf den geplanten Geburtstermin meines dritten Sohnes gelegt. Ich habe meinen Vortrag gehalten – da mein Sohn noch nicht geboren war – und bin dann während der Beratung hinausgeschickt worden. Schließlich kam einer meiner Gutachter, Wolfgang Bühler, ein hochintegrer Mann, der eigentlich nicht leicht aufzuregen war, mit hochrotem Kopf aus der Sitzung und sagte – ich kann nicht glauben, was ich gehört habe –: ‚Soll man tatsächlich einer hochschwangeren Frau das Recht geben, an einer deutschen Universität zu unterrichten?'

Krämer Ich glaub's auch nicht.

Wermuth Doch, das kam von einem Chemieprofessor der medizinischen Fakultät. Aber sonst habe ich mich eigentlich nicht diskriminiert gefühlt. Ich freue mich einfach über Vieles, kann mich gegen Leute, die mir dumm kommen, leicht wehren und vergesse schnell jene, die mir unangenehm sind.

Krämer Frau Wermuth, Sie sind ja ein Rollenvorbild: erfolgreiche Wissenschaftlerin, viele Ehrungen und trotzdem vier Söhne. Ich merke bei meinen Mitarbeiterinnen, dass sie oft am Ende des Studiums entweder etwas ganz anderes machen wollen oder sagen: ich will erst einmal Karriere machen und danach Kinder bekommen. Was empfehlen Sie den Studentinnen heute?

Wissenschaftlerin und Mutter: Nanny Wermuth mit ihrem ersten Sohn Jochen

Wermuth Erstmal einen Beruf zu wählen, der ihnen vermutlich wirklich viel Freude machen wird. Dann etwas auszunutzen, was ich selbst damals auch noch nicht wusste. Ich habe mich sozusagen bei der Arbeit von den Kindern erholt und bei den Kindern von der Arbeit. Es ist ein großer Vorteil, wenn man mit Begeisterung im Beruf ist, aber auch weiß, dass die Kinder warten und man dann völlig umschalten muss. Das hat mich davor bewahrt, mich in viele wissenschaftliche Sackgassen zu verrennen. Stattdessen habe ich früh gelernt, Prioritäten zu setzen, vor allem auch, öfter mal neue Aufgaben und Angebote abzulehnen.

Natürlich waren bestimmte Situationen nicht so einfach, zum Beispiel wenn meine Co-Autoren in der Welt umher reisten und Vorträge hielten, während ich zu Hause blieb, Windeln wechselte und mit den Kindern spielte.

Außerdem machten sowohl meine Eltern als auch die Eltern meines Mannes Druck. ‚Willst du wirklich weiter arbeiten? Du wirst die Kinder und deinen Mann vernachlässigen.' Dies war damals schwierig für mich, weil ich unsicher wurde. Von heute aus betrachtet war das aber Unfug.

Nanny Wermuth im Skiurlaub mit Mann Dieter und den Söhnen (von links) Ulli, Peter, Jochen und Martin

Krämer Wie ging es eigentlich direkt nach dem Studium weiter?

Wermuth Mein Mann und ich sind beide mit einem Fulbright-Stipendium in die USA gegangen, ich in den Mittleren Westen, er an die Ostküste, an die Tufts University. Nach einem halben Jahr habe ich mich in Harvard beworben und bin angenommen worden, mit Gutachten von Eberhard Fels und Hans Kellerer. Diese müssen sehr gut gewesen sein, sonst hätte das nicht geklappt.

Krämer Die Zeit in Harvard hat Sie offensichtlich sehr geprägt?

Wermuth Ja, ganz sicher! Ich hatte vorher nicht daran gedacht, an eine Universität zu gehen. In Harvard gab es aber viele Studentinnen, die schon Kinder hatten, und nette Professorinnen, die Kinder hatten. Ich selbst wollte auf jeden Fall Kinder und dachte dann: wenn das hier so gut geht, dann schaffe ich das auch.

Krämer Und sonstige bleibende Eindrücke aus Harvard?

Wermuth Zum Beispiel beeindruckte mich der Kontrast zu München. In München wurde doziert. Wir hatten zum Beispiel einen sehr netten BWL'er, der jeweils nach 20 min in seiner Vorlesung ‚Witze' einbaute. Meistens fand nur er sie witzig. Es gab keine Diskussionen.

Die Vorlesungen von Bernhard Pfister in Volkswirtschaftslehre waren wirklich gut, aber es gab keinen persönlichen Kontakt zu ihm oder seinen Mitarbeitern. In Harvard war das anders. Die Professoren erzählten, an was sie arbeiteten, wie entsetzt sie waren, wenn sie in eine Sackgasse geraten waren und wie begeistert, wenn sie wieder erfolgreich herauskamen.

Bill Cochran sah ich als das Herz des Departments of Statistics an. Er redete mit allen Studierenden und berichtete viel Positives von seinen Kollegen. Auch meinen

Doktorvater, Arthur Dempster sowie Fred Mosteller schätzte ich sehr. Die drei waren die Gründerväter dieses Departments. Dazu kamen hervorragende Assistenzprofessoren wie zum Beispiel Brad Efron, Carl Morris, Steven Portnoy, Paul Holland, Shulamith Gross und kluge Mitstudierende, die man heute nicht nur von der Alumni-Webseite des Departments kennt.

Krämer Da kann man ja nur neidisch werden. Und damit sind wir auch schon bei den Unterschieden zum hiesigen System. Die Professoren kümmern sich hier viel um ihre Studierenden, machen meist eine gute Betreuung, aber das ganze System als solches – wie man vorwärts kommt, wie man belohnt wird – wo liegen da die Unterschiede?

Wermuth Einmal ist es der finanzielle Aspekt. In der Zwischenzeit sind es 60.000 US-Dollar, die man in Harvard für ein Jahr Studium zahlen muss. Für mich war es damals wichtig, dass wir – zusätzlich zu Stipendien für die Studiengebühren – Teilzeitjobs als Assistenten bekommen konnten. Wir hatten dann außerdem das Glück, Hauseltern in einem Studentenwohnheim zu werden. So hatten wir während der Promotion Jahr für Jahr eine Wohnung und Essen.

Krämer Auch bei uns ist ein Studienplatz sehr teuer, nur bezahlt das der Steuerzahler. Ist das gerecht?

Wermuth Ja, das ist es. Bei vorwiegend berufsausbildenden Studiengängen wie zum Beispiel Zahnmedizin, Theologie oder klassischem Gesang bin ich mir nicht so sicher. Im Allgemeinen aber finde ich, dass Plätze für ein Studium und – noch wichtiger – in Kindergärten und Schulen von Wohlstandsgesellschaften, so weit wie möglich, ohne Gebühren bereitgestellt werden sollten.

Ein großes Plus an deutschen Universitäten ist, dass man nicht so intensiv unter Publikationsdruck gesetzt wird. Eine meiner hoch qualifizierten amerikanischen Kolleginnen hat zum Beispiel als Assistentin bis eine Woche vor dem Geburtstermin gearbeitet und war schon zwei Wochen nach der Geburt wieder zurück an der Universität, weil sie sich sorgte, sonst keine dauerhafte Anstellung zu bekommen. Es gibt meiner Meinung nach in USA zu wenig Gefühl dafür, dass junge Eltern etwas an zusätzlichem Schutz brauchen.

Krämer Also Sozialdarwinismus?

Wermuth Ich denke ja. Besonders wenn man wenig Geld hat und nicht mit Stipendien und Assistentenjobs weiterkommt, wird in USA die Zeit im und nach dem Studium oft nicht erfolgreich.

Krämer Und Schweden? Da waren Sie ja auch lange Jahre.

Wermuth Etwas Erstaunliches in Schweden war für mich, dass Assistenten nicht einem Professor zugeordnet sind, sondern ihre eigene Ausstattung bekommen. Das bedeutet unter anderem, dass sie leicht ihre Betreuer wechseln können, wenn sie nicht zufrieden sind.

Nanny Wermuth auf der ISI-Konferenz 1995 in Peking. (Von rechts: Zhi Geng, Steffen und Bodil Lauritzen, Joe Whittaker, Ehemann Dieter)

Krämer Frau Wermuth, Sie sind ja auch die erste Trägerin der DAGStat-Medaille für Ihre Verdienste um die Statistik in Deutschland. Worin sehen Sie selbst Ihre eigenen wichtigsten Beiträge?

Wermuth Ich bin eine unter den drei Ersten im Jahr 2013! Das hat mich natürlich sehr gefreut. Ich habe immer intensiv an internationalen wissenschaftlichen Diskussionen teilgenommen und sehe mich selbst als ‚Großmutter der graphischen Markov-Modelle'. Vor 40 Jahren habe ich damit begonnen, diese zu formulieren und ihre Eigenschaften zu untersuchen, siehe Wermuth (1976, 1980, 1983) und an ihnen arbeite ich noch heute (siehe Wermuth 2011, 2012, 2015; Marchetti und Wermuth 2016; Sadeghi und Wermuth 2016). Es dauert aber oft lange, bis sich so etwas Neues durchsetzt und gut weiterentwickelt. Man braucht einen langen Atem.

Aber beim nächsten Joint Statistical Meeting in Chicago zum Beispiel gibt es meinen ‚IMS-Medallion' Vortrag zu diesem Thema, dazu zwei eingeladene Sessionen mit acht Vortragenden. Alle acht wurden in den letzten zehn Jahren promoviert, sie kommen aus acht verschiedenen Ländern und arbeiten nun allesamt an grafischen Markov-Modellen.

Das ist schön für mich. Aber sowas geht in Wellen. Ich sehe manchmal etwas Neues in diesem Gebiet und denke: das habe doch nicht etwa ich mit angestoßen? Aber dann geht es wieder in Richtungen weiter, die ich gut finde.

Krämer Sie sind auch Mitglied der DStatG. Die vertritt in Deutschland nur einen Teil aller Statistiker. In den USA gibt es die American Statistical Association, da sind alle dabei, oder sehe ich das falsch?

Wermuth Ja, ich denke das sehen Sie falsch. Die Internationale Biometrische Gesellschaft ist zum Beispiel riesengroß, hat über 4000 Mitglieder; die IMS, die Gesellschaft für mathematische Statistiker, hat über 2000 Mitglieder. Beide haben ihren Hauptsitz in den USA, sind aber völlig unabhängig voneinander und von der American Statistical Association.

Nanny Wermuth mit Walter Krämer in ihrem Büro in Mainz, im April 2016

Krämer Da sehe ich übrigens ein Problem in Deutschland und ich habe das auch in meinem Interview mit Heinz Grohmann zum Thema gemacht: bei uns haben mathematische und andere Statistiker oft Berührungsängste.

Wermuth Dazu kann ich etwas sagen. Als ich in Mainz meine erste Professur bekam, habe ich versucht, Geld für ein Kolloquium zu bekommen. Es gab natürlich keines direkt, also bin ich zu allen Statistikern an der Universität gegangen und habe sie davon überzeugt, dass sie zu einem gemeinsames Kolloquium beitragen sollten. Das lief gut – mit zusätzlicher Förderung von der Universität – solange ich in Mainz war: ein halbes Jahr danach war es zu Ende.

In der Zwischenzeit gibt es wenigstens wieder ein Kolloquium der mathematischen Statistiker aus Mainz, Frankfurt und Darmstadt. Dass man aber Statistiker für Mediziner, Volkswirtschaftler, Soziologen, Erziehungswissenschaftler und Mathematiker unter einem Hut bringt, dass sie sich regelmäßig treffen und diskutieren, das funktioniert nur, wenn es jemand plant, der es mit Energie angeht und mit Ausdauer fortführt.

Krämer Dann möge Ihnen diese Energie noch lange erhalten bleiben. Und vielen Dank für dieses Gespräch.

Wermuth Auch Ihnen vielen Dank, dass Sie die AStA-Interviews ins Leben gerufen haben und nun auch zu mir gekommen sind.

Literatur

Marchetti GM, Wermuth N (2016) Palindromic Bernoulli distributions. Electr J Statist 10:2435–2460

Sadeghi K, Wermuth N (2016) Pairwise Markov properties for regression graphs. Stat 5:286–294

Wermuth N (1976) Analogies between multiplicative models for contingency tables and covariance selection. Biometrics 32:95–108

Wermuth N (1980) Linear recursive equations, covariance selection, and path analysis. J Am Stat Assoc 75:963–972

Wermuth N (2011) Probability distributions with summary graph structure. Bernoulli 17:845–879

Wermuth N (2012) Traceable regressions. Int Stat Rev 80:415–438

Wermuth N (2015) Graphical Markov Models, unifying results and their interpretation. Statistics Reference Online/Wiley Statsref, Mainz

Wermuth N, Lauritzen SL (1983) Graphical and recursive models for contingency tables. Biometrika 70:537–552

Göran Kauermann

Statistik ist Datenwissenschaft

Göran Kauermann (*17. Oktober 1965 in Hagen) ist Inhaber des Lehrstuhls für Statistik und ihre Anwendungen in den Wirtschafts- und Sozialwissenschaften an der Ludwig-Maximilians-Universität München und war lange Jahre geschäftsführender Direktor des dortigen Instituts für Statistik. Außerdem ist er Sprecher und Mitbegründer des seit 2016 vom Elitenetzwerk Bayern geförderten Masterstudiengangs Data Science. Von 2013 bis 2011 war er ordentlicher Professor für Statistik an der Universität Bielefeld, davor Lecturer und Senior Lecturer an der University of Glasgow.

Der Deutschen Statistischen Gesellschaft verbunden ist Göran Kauermann vor allem als langjähriger Herausgeber der Fachzeitschrift Allgemeines Statistisches Archiv; unter dem neuen Namen Advances in Statistical Analysis wurde diese zu einem anerkannten internationalen Forschungsjournal. Zudem vertrat er die DStatG in der von ihm im Jahr 2005 mitbegründeten Deutschen Arbeitsgemeinschaft Statistik; bis zum Jahr 2013 war er deren Gründungsvorsitzender. Mit dem Fragesteller Walter Krämer traf er sich auf der Statistischen Woche 2019 in Trier.

Krämer Herr Kauermann, Sie sind sicher einer der prominentesten deutschen Statistiker; wie kamen Sie eigentlich dazu?

Kauermann Ich wollte schon immer Statistiker werden. Schon in der Schule, in der 8.–9. Klasse, ist mir klar geworden: Statistik, das ist mein Ding. Nun hatte man damals Statistik noch nicht im Matheunterricht. Aber wenn zum Beispiel in einer Geografiearbeit irgendwelche Daten zu analysieren waren, wurde meine Arbeit immer von der Lehrerin vorgelesen. Offenbar habe ich die wildesten Zusammenhänge in den Zahlen entdeckt. Dann kam die Bundeswehr und mein Wechsel nach

Dieser Beitrag wurde bereits in *AStA Wirtschafts- und Sozialstatistisches Archiv* (Bd. 14, 2020, https://link.springer.com/article/10.1007/s11943-020-00276-7) veröffentlicht und für das vorliegende Buch leicht überarbeitet.

W. Krämer (Hrsg.), *Statistik hautnah*, https://doi.org/10.1007/978-3-662-69596-8_15

Berlin. Dort habe ich etwas möglichst Statistiknahes studiert, das war die Wirtschaftsmathematik, und dann wurde ich 1991 Mitarbeiter am Statistiklehrstuhl von Ulrich Kockelkorn an der TU Berlin. Dort habe ich 1994 über Grafische Modelle promoviert.

Göran Kauermann mit seinen Promotionseltern Nanni Wermuth und Ulrich Kockelkorn nach erfolgreicher Doktorprüfung 1994

Krämer Gab es dabei akademische Lehrer, die Sie in dieser Ausbildung besonders geprägt haben?

Kauermann Ganz sicher meiner Doktormutter Nanny Wermuth ....

Krämer ..., die auch schon mal meine Interviewpartnerin in dieser Serie gewesen ist.

Kauermann ... und die mir gezeigt und vorgelebt hat, dass es Spaß und Freude macht, sich mit Statistik auseinanderzusetzen; und dann zweifelsfrei die Münchener Schule mit Gerhard Tutz und Ludwig Fahrmeir, die mir das Modellieren und die damit verbundene angewandte Statistik beigebracht haben.

Göran Kauermann am 50. Geburtstag mit Gerhard Tutz

Krämer Ihr aktueller Dienstort München ist ja einer der ersten deutschen Standorte mit einem eigenen Studiengang Statistik; aber sie haben es nie geschafft, eine eigene Fakultät auf die Beine zu stellen. Wieso?

Kauermann Da sind wir wieder bei dem alten Disput zwischen Dortmund und München. In München war die Statistik zunächst geprägt von Kurt Weichselberger und der Österreichischen Schule, die sich eher an die Philosophie gehalten hat. Jetzt ist sie eingebunden in die Fakultät für Mathematik, Informatik und Statistik, und ich muss gestehen, dass ich es gerade zum aktuellen Zeitpunkt – Stichwort „Data Science" – eher als von Vorteil sehe, dass wir Statistiker mit den Mathematikern und Informatikern gemeinsam in einer Fakultät sind; das macht verschiedene gemeinsame Aktivitäten deutlich einfacher ....

Krämer ... wie den Elite-Masterstudiengang Data Science? Den haben Sie ja ins Leben gerufen. Wie ist denn das Adjektiv Elite dabei zu verstehen?

Kauermann Das ist ein Aushängeschild, das der Bayerische Staat für Studiengänge verleiht, die er finanziell stark unterstützt durch das Elitenetzwerk Bayern. Während der Dauer der Förderung darf sich dann ein Studiengang als Elitestudiengang bezeichnen.

Krämer Gibt es davon viele in Bayern?

Kauermann Über 30, in allen denkbaren Fachrichtungen.

Krämer … und wie viele Anfänger haben Sie da pro Jahr?

Kauermann Wir haben eine Soll-Jahrgangsstärke von 30 und hatten dieses Jahr weit über 600 Bewerbungen; von den bisher 30 Zusagen sind bis jetzt 25 gekommen. Das ist die vierte Kohorte und das ist durchaus eine Stärke, mit der man gut arbeiten kann. Exzellente Studierende, international und handverlesen, die genau in diesem Schnittfeld zwischen Informatik und Statistik ihre Bachelorausbildung haben.

Krämer Wie erklären Sie es sich, dass es in Deutschland nur in Dortmund und München große Statistikinstitute an einer Fakultät gibt und die anderen Universitäten so etwas nicht fertigkriegen?

Kauermann Das liegt glaube ich an der historischen Entwicklung, die die Statistik in Deutschland nach dem II. Weltkrieg genommen hat ….

Krämer … also an der Betonung der beiden Extreme: mathematische und amtliche-wirtschaftliche Statistik?

Kauermann Ja, die Extreme wurden betont und diese typisch angelsächsische angewandte Statistik mit ihrer Kombination aus Mathematik, Rechnen und Modellieren hat nur in Dortmund und München eine Chance gehabt. Ich glaube aber, die Landschaft heute sieht anders aus. Auch wenn meines Wissens weiter nur in Dortmund und München einschlägige Bachelorstudiengänge existieren, kann man inzwischen auf Masterniveau auch in Berlin, Bielefeld, Magdeburg, Göttingen, Ulm und an vielen anderen Standorten Statistik studieren.

Krämer Wo sehen Sie denn sonst die Vor- und Nachteile des deutschen verglichen mit dem angelsächsischen akademischen System? Sie haben ja drei Jahre in Glasgow gelehrt und kennen sich in beiden Welten aus?

Kauermann Um in der Statistik zu bleiben: Der Vorteil in Großbritannien ist zweifelsfrei natürlich, dass Großbritannien als eine Geburtsstätte der modernen Statistik gelten kann und dadurch eine ganz andere statistische Tradition besitzt. Das hat mich schon sehr beeindruckt und sicherlich auch geprägt. Was mich irritiert hat, war das sehr verschulte Universitätssystem, was man aus Deutschland in dieser Form nicht kennt, wo etwa jegliche Art von Änderungen vom Curriculum immer einen Planungshorizont von mindestens zwei Jahren impliziert. Diese Freiheit der Lehre, wie wir sie in Deutschland haben, gibt es in Großbritannien und vielleicht auch in den meisten angelsächsischen Ländern nicht.

Göran Kauermann mit Ursula Berger und Nial Friel 2017 am „Mekka" der Statistiker: der Gosset Plakette in der Guinness Brauerei in Dublin

Krämer Kommen wir nochmal zurück auf die Schnittstelle Statistik – Informatik und das Thema „Data Science". Ich habe den Eindruck, dass die Informatiker vorhaben, uns hier die Butter vom Brot zu nehmen?

Kauermann Das sehe ich anders. Ich kann im Gegenteil aus München bestätigen, dass es zahlreiche Informatik-Kollegen gibt, die die Statistiker mit an Bord holen und haben wollen. Da muss ich als Statistiker aber auch bereit sein zu sagen: „Wir schmeißen unser Wissen zusammen". Wer sich hinstellt und sagt: „Data Science ist nichts anderes als ein neuer Name für Statistik" wird damit wohl eher keine Kooperationen hervorrufen. Wer aber bereit ist, diese neue Chance, diese enormen Datenquellen, aber auch die neuen Methoden und computationalen Hürden anzugehen, der kann ganz hervorragend mit Informatikern zusammenarbeiten.

Was im Moment, glaube ich, ein bisschen durcheinander geschmissen wird, sind die Begrifflichkeiten. Dinge wie künstliche Intelligenz, Digitalisierung und Big Data sind in aller Munde und es wird viel Geld reingesteckt in diejenigen, die am lautesten schreien. Und das sind im Moment eher die Informatiker. Sie sind aber auch mehr. Aber das hat mit Data Science an sich nicht immer viel zu tun.

Krämer Haben Sie nicht vor kurzem auf dieser Schnittstelle sogar eine neue Gesellschaft mitgegründet?

Kauermann Ja, die „German Data Science Society". Die liegt genau in diesem Schnittfeld und versucht, Leute, die in Unternehmen und Industrie die Daten-Entwicklungsarbeit leisten, zusammenzubringen und zu vernetzen und gleichzeitig die Verbindung zur Ausbildung und zur Wissenschaft voranzutreiben. Im Moment arbeiten diese Experten noch relativ unverbunden nebeneinander, vor allem im Deutschland.

Krämer Also keine Konkurrenz zur DStatG?

Kauermann Nein, ich denke hier eher in Richtung Berufsstand oder Berufsvereinigung als in Richtung wissenschaftliche Gesellschaft.

Krämer Zum Thema Berufsvereinigung: In der DStatG denkt man über eine Art von Zertifkat für Statistiker nach, wie es etwa die Aktuare haben ….

Kauermann … so wie in Großbritannien den „Chartered Statistician"?

Krämer Genau sowas.

Kauermann Da stellt sich die Frage, ob es dazu auch einen Markt gibt. Etwas zu schaffen, wo keine Nachfrage besteht, das macht aus meiner Sicht wenig Sinn. Insofern wäre erst einmal zu eruieren, ob es eine Nachfrage in diese Richtung gibt.

Krämer Ich glaube schon. Nehmen wir etwa Mietspiegel, wo oft Leute dilettieren, die kaum wissen, wie man Mittelwerte ausrechnet. Sie kennen das ja, Sie machen den Mietspiegel München – einen der wenigen guten in Deutschland, wenn ich mir die Bemerkung mal erlauben darf – und wissen, was da alles schiefgehen kann.

Kauermann Da stimme ich mit Ihnen überein. Bei Mietspiegeln ist es tatsächlich so, dass eine gewisse Qualifikation der Ersteller nachgewiesen werden sollte, um eine derartige wichtige Aufgabe zu übernehmen. Ob das aber politisch umsetzbar ist, ist eine ganz andere Frage.

Krämer Was halten Sie denn von meinem Vorschlag, das Erstellen von Mietspiegeln der Amtsstatistik zu übertragen? Einerseits wäre Sie dann Ihren Job in München los ….

Kauermann …, der mir durchaus Spaß macht. Also insofern muss ich jetzt aufpassen, ob ich für mich persönlich argumentiere oder im Sinne der Allgemeinheit. Aus meiner Sicht spricht nichts dagegen, das Erstellen von Mietspiegeln der amtlichen Statistik zu übertragen, wenngleich man beachten muss, dass hier für jede Kommune ein erheblicher Arbeitsaufwand zu leisten wäre. Weiter ist zu hinterfragen, wie die Daten beschafft werden sollen. Das Statistische Bundesamt kann nicht als Meinungsforschungsinstitut agieren, insofern kann Ihr Vorschlag nur einhergehen mit einer Auskunftspflicht für Mieter oder Vermieter.

Krämer Das ist ja genau mein Argument. Wir hatten hier bei der Statischen Woche einen schönen Vortrag, dass zu viele Mieter einfach nicht antworten und dass so alle möglichen Verzerrungen in die Mietspiegel einfließen können.

Kauermann Die wären dann möglicherweise weg. Insofern kann man drüber nachdenken, es ist sicherlich ein interessanter Gedankengang.

Krämer Sie waren auch lange Herausgeber von AStA, einer der beiden Mitgliederzeitschriften unserer Gesellschaft. Wie sehen Sie die Stellung von Fachjournalen im internationalen Wissenschaftsbetrieb, die nicht im angelsächsischen Sprachraum angesiedelt sind? Haben die es nicht enorm schwer verglichen mit der angelsächsischen Konkurrenz?

Kauermann Ja und Nein. Ich kann jetzt nur für die Advances in Statistical Analysis (kurz AStA) sprechen und muss sagen, dass AStA sich schon unter meinen Herausgeber-Vorgängern erfolgreich von einem deutschsprachigen nationalen Journal zu einem englischsprachigen internationalen Journal entwickelt hat und wir inzwischen einen sehr großen Zuspruch haben. Aus meiner Sicht hat die deutschsprachige Statistik auch sonst im Moment kein Nationalitätsproblem im Sinne von, dass die Deutschen im Vergleich zu Internationalen schlechter gestellt sind. Im Gegenteil: Ich würde sagen, es gibt in Deutschland hervorragende Statistikerinnen und Statistiker von Weltreputation und genauso ist AStA ein gutes Journal auf dem internationalen Markt, das eben von der Deutschen Statistischen Gesellschaft betrieben wird.

Göran Kauermann im Gespräch mit Gordon Smyth (*links*) und Herwig Friedl (*Mitte*) 1998 in den steirischen Alpen

Krämer Ihr Wort in Gottes Ohr. Ich selbst glaube aber schon, dass sogar unsere eigenen deutschen Kollegen ihre eigenen Journale und Kollegen unter Wert behandeln. Etwa beim Zitieren. Mein Lieblingsbeispiel ist mein Dortmunder Kollege Friedhelm Eicker, Mitbegründer unserer Fakultät. Er hat einen Aufsatz publiziert (Eicker 1967), in dem er die moderne Theorie der Heteroskedastie – und kovarianzadjustierten Kovarianzmatrixschätzer in Linearen Regressionsmodellen entwickelt. Den hat White (1980) als Basis genommen und auch zitiert (aber nur einmal). Seitdem wurde White mehr als 4000-mal zitiert (das ist einer der meistzitierten Aufsätze der modernen Ökonometrie überhaupt), Eicker etwa 40-mal. Selbst meine Dortmunder Promovenden wissen oft nicht, wer Eicker war und was er gemacht hat. Wie erklären Sie sich das?

Kauermann Das waren andere Zeiten. Wie ich selbst durchaus auch sagte, hatte die Statistik in Deutschland in den 50ern, 60ern- bis Anfang der 80er-Jahre wirklich einen schlechten internationalen Stellenwert. Ich bin kein Historiker und kann nicht beurteilen, warum das der Fall war, aber ich würde mal sagen, seit Anfang der 90er-Jahre und gerade auch heutzutage ist das nicht mehr der Fall. Ich sehe im Moment nicht, dass wir in irgendeiner Form eine Verzerrung im Zitierwesen haben.

Krämer Sie selbst fühlen sich dann also auch international Ihren Leistungen entsprechend anerkannt? Auf welche davon sind sie denn besonders stolz?

Kauermann Das ist eines der Papiere, die ich mit dem Gerhard Tutz geschrieben habe, das im Journal of the Royal Statistical Society B publiziert worden ist (Kauermann und Tutz 2001). Da betrachten wir Tests von nichtparametrischen Modellen und hatten vorher lange Diskussionen mit verschiedenen Kollegen, etwa Wolfgang Härdle, die sich vergeblich bemüht haben, bis wir dann eine allgemeingültige Form gefunden haben. Eine zweite Arbeit ist etwas, was Raymond Carroll von der Texas A&M initiiert hat (Kauermann und Carroll 2001). Das war – Stichwort Eicker – genau diese Varianzschätzung bei Verletzung der Homoskedastizität und diese Arbeit hat mir sehr, sehr großen Spaß gemacht hat. Dort haben wir übrigens auch Eicker zitiert.

Krämer Sie sind ja auch der Spiritus Rector und Mitbegründer der DAGStat gewesen. Was war denn das Motiv dahinter?

Kauermann Als ich 2003 von Großbritannien beziehungsweise Schottland nach Bielefeld gewechselt bin, mit der Erfahrung des britischen Systems und die Stärke der Royal Statistical Society vor Augen, die eben das ganze Spektrum der Statistik abdeckt, hat mir genau dies in Deutschland gefehlt. Ich war zum damaligen Zeitpunkt Mitglied in fast allen führenden statistischen Gesellschaften, also Deutsche Statistische Gesellschaft, Biometrische Gesellschaft, Fachgruppe Stochastik und so weiter, aber dieser Zusammenschluss, die Interaktion zwischen diesen Gesellschaften, das fehlte mir. Zum Glück hatte ich zu dem Zeitpunkt sehr guten Kontakt zu den Vorständen der einzelnen Gesellschaften und hatte mit Karl Mosler und Joachim Röhmel zwei sehr offene Vorsitzende der Deutschen Statistischen als auch der Biometrischen Gesellschaft. Es gab ein Treffen bei Karl Mosler im Büro, das muss 2004 gewesen sein, wo ich vorgeschlagen habe, dass man einfach mal schaut, ob es sich lohnt, an einem Strang zu ziehen. Joachim Röhmel war damals noch in Bonn und aus diesen konspirativen Treffen wurde im Prinzip sofort eine Idee, die wir näher verfolgen wollten. Es gab ein zweites Treffen in Hannover, wo dann auch die Fachgruppe Stochastik und die Gesellschaft für Klassifikation mit dabei waren. Und so haben wir im Jahr 2005 die Deutsche Arbeitsgemeinschaft Statistik, kurz DAGStat gegründet.

Ja, das war aus meiner Sicht ein ganz wichtiger Meilenstein für die Statistik in Deutschland. Dann kam die erste DAGStat-Tagung 2007 in Bielefeld, und da ist mir besonders in Erinnerung geblieben, dass viele Kolleginnen und Kollegen auf mich als Organisator zugekommen sind und sich bedankt haben, dass ich sie wieder mit so vielen alten Studienkommilitoninnen und -kommilitonen zusammengeführt hatte. Der eine war in die wirtschaftswissenschaftliche Richtung gegangen, der andere in die biometrische, und erst jetzt hat man sich zum ersten Mal seit Jahren wieder getroffen. Inzwischen ist die DAGStat-Tagung gut etabliert. Das ist schon etwas, was auch das Bild der Statistik in Deutschland und das Selbstgefühl der Statistikerinnen und Statistiker in Deutschland zum Positiven verändert hat.

Krämer Das ist ein schönes Schlusswort. Vielen Dank für das Gespräch.

Literatur

Eicker F (1967) Limit theorems for regressions with unequal and dependent errors. Proceedings of the 5th Berkeley Symposion on Mathematical Statistics and Probability, Bd. 1. University of California Press, San Francisco, S 59–82

Kauermann G, Carroll RJ (2001) A note on the efficiency of sandwich covariance matrix estimation. J Am Stat Assoc 96:1387–1396

Kauermann G, Tutz G (2001) Testing generalized linear and semiparametric models against smooth alternatives. J Royal Stat Soc Ser B 63:147–166

White H (1980) A heteroscedasticity-consistent covariance matrix estimators and a direct test for heteroscedasticity. Econometerica 48:817–838

Teil III

Wirtschafts- und Sozialstatistik

Einleitung

In seinem Bericht über die Pest in London schildert Daniel Defoe, „wie sich vor der eigentlichen Ausbreitung des schwarzen Todes neben den berühmten Pestdoktoren ein Heer von Quacksalbern, Propheten, Sektierern und Statistikern als Vortruppe des infernalischen Aufstands in die Stadt ergießt“ (zitiert nach Ernst Jünger: Über den Schmerz).

Statistiker als Vortruppen eines infernalischen Aufstands. Heute setzt man zum Glück nur noch selten Statistiker mit Quacksalbern, Propheten und Sektierern gleich. Schon zu Defoes Zeiten haben dessen Landsleute John Graunt und William Petty mit ihren Geburts- und Todeslisten, Zollpapieren und Getreidepreisen der Gesellschaft Englands ein zahlenmäßiges Gesicht gegeben und so dem Datensammeln Respekt verschafft. Sie würden heute als Wirtschafts- und Sozialstatistiker geführt. Dieser Zweig der Statistik ist der „Statistik als Staatskunst“ noch am nächsten, als die sich diese Wissenschaft in Deutschland einst gesehen hat. Auch die Verbindungen zur Amtsstatistik sind hier besonders ausgeprägt. Wie leben die Menschen, was produzieren, was konsumieren sie, wie viele Nachkommen setzen Sie in die Welt, warum treten sie aus der Kirche aus? Hier kommt deutlicher als anderswo die Problematik von Stichproben, Umfragen und Hochrechnungen ins Spiel; nicht ohne Grund ist das von deutschen Statistikern organisierte und seit 40 Jahren so erfolgreich betriebene Sozioökonomische Panel (SOEP) eine der weltweit meistgenutzten und -zitierten Datenquellen zum menschlichen Alltagsleben überhaupt.

Spätestens dann mit der berühmten Florence Nightingale, der sozialsten aller Statistiker überhaupt, ist die Defoe'sche Skepsis sogar einer gewissen Bewunderung gewichen: „The true foundation of theology is to ascertain the character of God,“ schreibt die weltweit verehrte Krankenschwester. Sie hatte quasi nebenberuflich auch zu Todesursachen im Krimkrieg geforscht und in den englischen Lazaretten alle Daten zu den verwundeten Soldaten notiert, die ihr in die Hände kamen. Dabei ist ihr wohl der Wert von Zahlen zur Beschreibung der Wirklichkeit klar geworden: „It is by the aid of statistics that law in the social sphere an be ascertained and

W. Krämer (Hrsg.), *Statistik hautnah*, https://doi.org/10.1007/978-3-662-69596-8_16

codified, and certain aspects of the character of God thereby revealed. The study of statistics is therefore a religious service."

Soweit wollen wir in diesem Buch nicht gehen – Statistik als Gottesdienst. Aber in Deutschland war es dann tatsächlich ein Mann der Kirche, der preußische Pfarrer Johann Peter Süßmilch, der in seinem klassischen Werk über die göttliche Ordnung im Leben und Sterben zeigte, „daß in der Geburt, Vermehrung, Fortpflanzung, im Leben, Tode und in den Ursachen des Todes eine beständige, allgemeine, große, vollkommene und schöne Ordnung herrsche." So das Fazit seines jahrelangen Sammelns von Daten zu Heiraten, Geburten, Sterbefällen, Altersverteilung und Lebenserwartung (Süßmilch 1741). Süßmilch vergleicht auch verschiedene Länder und Regionen und berechnet eine der ersten globalen Bevölkerungsprognosen mit einer auf der „Tragfähigkeit" des Planeten beruhenden Obergrenze für die Weltbevölkerung von 7 Mrd. Menschen. Das war Mitte des 18. Jahrhunderts und von der Wahrheit nicht allzu weit entfernt.

Dieses Kapitel stellt sechs Nachfolger Süßmilchs näher vor. Den Anfang macht Gert Wagner vom Deutschen Institut für Wirtschaftsforschung DIW, der dort unter anderem auch für das Sozioökonomische Panel SOEP zuständig war. Seine Reminiszenzen der Gründerjahre dieses Jahrhundertprojektes werden sicher viele Leser interessieren. Unter anderem erscheint dabei bemerkenswert, wie sehr das SOEP ein Produkt des Zufalls, des Kreuzens verschiedener persönlicher Lebenswege war. Hätte nicht dessen geistiger Vater Hans-Jürgen Krupp von der Universität Frankfurt einige Zeit als Postdoc am neuen Institute for Research on Poverty in Madison, Wisconsin verbracht und dort die 1968 an der University of Michigan aufgesetzte „Panel Study of Income Dynamics" und vorher oder nachher den Mannheimer Soziologen Wolfgang Zapf kennengelernt, gäbe es das SOEP vermutlich heute nicht. Gemeinsam haben die beiden in den frühen 1970er-Jahren das legendäre SPES Projekt organisiert („Sozialpolitisches Entscheidungs- und Indikatorensystem", siehe auch die Interviews mit Almut Steger und Heinz Grohmann, gefördert von der DFG), das dann 1979 in den Sonderforschungsbereich 3 „Mikroanalytische Grundlagen der Gesellschaftspolitik" Frankfurt/Mannheim aufgegangen und aus dem auch das SOEP entstanden ist.

Neben seiner Zuständigkeit für das SOEP war Gert Wagner von 2002 bis 2008 Mitglied des vom Bundespräsidenten ernannten Wissenschaftsrates, der die Bundesregierung und die Bundesländer zu Fragen der Entwicklung der Hochschulen, der Wissenschaft und der Forschung sowie des Hochschulbaus berät, sowie Mitglied der Rürup-Kommission und von 2004 bis 2010 auch Vorsitzender der „Kammer für Soziale Ordnung" der Evangelischen Kirche in Deutschland, um nur einige seiner vielen extracurricularen Aktivitäten zu nennen.

Auch Ulrich Rendtel von der Freien Universität Berlin hat einen Teil seines Berufslebens mit dem SOEP verbracht. Ferner hat er die Deutsche Statistische Gesellschaft im Rat für Sozial- und Wirtschaftsdaten vertreten, ein im Jahr wurde 2004 vom Bundesministerium für Bildung und Forschung (BMBF) eingerichtetes Gremium mit der Aufgabe, für alle empirisch arbeitenden Wirtschafts- und Sozialwissenschaften den Datenzugang zu institutionalisieren und zu verbessern. Daraus sind auch die modernen Forschungsdatenzentren entstanden. Und auch hier waren Hochschullehrer aus dem Umfeld des oben angesprochenen Sonderforschungsbereichs 3 maßgeblich als Geburtshelfer beteiligt. Man hielt, völlig zu Recht, die deutschen Wirtschafts- und Sozialwissenschaften für theorielastig und zu wenig empirisch und wollte den Datenzugang erleichtern. Was auch in hervorragender Weise gelungen ist.

Auch bei der Etablierung der Wirtschafts- und Sozialstatistik in einschlägigen Studiengängen ist Ulrich Rendtel in vorderster Linie mit dabei: Zusammen mit Ralf Münnich wirbt er für den „European Master of Official Statistics“ (EMOS), um Studenten besser auf eine Laufbahn in der Amtsstatistik vorzubereiten. Vielen Stellenbewerbern in der Amtsstatistik in Deutschland und europaweit fehlen die statistischen Grundlagen dafür.

Dass man mit Statistik auch Geld verdienen kann, zeigt Gerhard Arminger aus Wuppertal; er hat seinen Forschungsschwerpunkt auf betriebswirtschaftliche Daten und Anwendungen gelegt, in denen man im Kielwasser der IT-Revolution in Datenmeeren ohne statistische Rettungsringe hoffnungslos ertrinkt. Und wie Gerhard Arminger zeigt, kann einen die Statistik hier nicht nur vor dem Ertrinken retten, sondern sogar helfen, aus Wasser Wein zu machen.

Womit wir auch schon beim Reizbegriff Big Data und bei Katharina Morik von der TU Dortmund wären, die als Informatikerin das Statistiker-Quintett dieses Kapitels auf das vorteilhafteste ergänzt. Anders als zu Zeiten von Sir Ronald Fisher ist ja heute nicht mehr der Mangel, sondern der Überfluss an Daten das kritische Problem, wie finde ich die Nadel im Heuhaufen, wie trenne ich die Spreu vom Weizen? Was ist Information und was ist Noice? Dass wir als Statistiker die helfende Hand der Informatik nicht ausschlagen dürfen, versteht sich fast von selbst.

Ein zentrales Arbeitsfeld der Wirtschafts- und Sozialstatistik, die Modellierung und Quantifizierung des Arbeitsmarkts, wird hier vertreten durch Bernd Fitzenberger. Er zeigt als Präsident des Instituts für Arbeitsmarkt- und Berufsforschung an vielen Beispiele, wie die Daten der Amtsstatistik als Input für wissenschaftliche Forschung dienen, und legt damit zugleich eine Brücke zum letzten Kapitel dieses Buches zum Thema Ökonometrie. Hier hat sich das Identifizieren von Kausalbeziehungen als die inzwischen wohl wichtigste Aufgabe herausgeschält, gewürdigt etwa mit dem Nobelpreis an Jim Heckmann im Jahr 2000 (zusammen mit Daniel McFadden, der eine weiteres modernes Spezialgebiet der Ökonometrie, die Analyse abhängiger kategorialer Daten, entscheidend weiterentwickelt hat). Und eines der heißesten Themen der modernen Ökonometrie ist das Identifizieren von Kausalbeziehungen bei Eingriffen in den Arbeitsmarkt.

Abgerundet wird die Riege der Wirtschafts- und Sozialdatenspezialisten dann von Katharina Schüller aus München, die als einzige der hier Interviewten ihr Geld als erfolgreiche selbstständige Unternehmerin verdient. Guter Rat in Sachen Statistik ist im deutschen Sozial- und Wirtschaftsleben alles andere als einfach aufzutreiben, hier hat Katharina Schüller eine Lücke entdeckt, in die hoffentlich bald noch viele andere gute Statistiker und Statistikerinnen hineinstoßen werden.

Literatur

Süßmilch JP (1741) Die göttliche Ordnung in den Veränderungen des menschlichen Geschlechts: aus der Geburt, dem Tode und der Fortpflanzung desselben erwiesen. Verlag Daniel August Gohls, Berlin

Gert Wagner

Am Puls der Zeit: So kam das Sozioökonomische Panel in die Welt

Gert Georg Wagner (* 5. Januar 1953 in Kelsterbach am Main) hat in Frankfurt Volkswirtschaftslehre und Soziologie studiert, mit einem Semester Pause im Jahr 1974 wegen Mitarbeit beim Organisationskomitee der Fußballweltmeisterschaft; Fußball war eine seiner Leidenschaften, wobei sein Herz merkwürdigerweise am 1. FC Köln hing.

Im Jahr 1984 Promotion zum Dr. rer. oec. an der Technischen Universität Berlin (TU) mit einer Arbeit zum Versicherungsprinzip in der Rentenversicherung; dort 1992 auch Habilitation. Von 1992 bis 1997 war Gert Wagner Professor für Sozialpolitik und öffentliche Wirtschaft an der Ruhr-Universität Bochum, danach bis 2002 Professor für Volkswirtschaftslehre an der Europa-Universität Viadrina in Frankfurt (Oder) und von 2002 bis 2018 VWL-Professor an der TU Berlin. Im akademischen Jahr 2008/2009 lehrte er als Fellow am Max-Weber-Kolleg in Erfurt. Hinzu kamen Gastprofessuren an der Cornell University und der American University in Washington, D.C. Seit dem Jahr 2008 war Gert Wagner auch Max-Planck-Fellow am Max-Planck-Institut für Bildungsforschung (MPIB) in Berlin.

Der Lebenslauf von Gert Wagner weist eine für Hochschullehrer ungewöhnliche Häufung von extracurrikularen Aktivitäten auf. So war er von Februar 2002 bis Januar 2008 Mitglied des vom Bundespräsidenten ernannten Wissenschaftsrates, der die Bundesregierung und die Bundesländer zu Fragen der Entwicklung der Hochschulen, der Wissenschaft und der Forschung sowie des Hochschulbaus berät, sowie Mitglied der für Bundeskanzler Gerhard Schröder tätigen „Rürup-Kommission" und von 2004 bis 2010 auch Vorsitzender der „Kammer für Soziale Ordnung" der Evangelischen Kirche in Deutschland, um nur einige solcher Aktivitäten zu nennen.

Dieser Beitrag wurde zuvor in *AStA Wirtschafts- und Sozialstatistisches Archiv* (Bd. 16, 2022, https://link.springer.com/article/10.1007/s11943-022-00306-6) veröffentlicht und für das vorliegende Buch leicht überarbeitet.

W. Krämer (Hrsg.), *Statistik hautnah*, https://doi.org/10.1007/978-3-662-69596-8_17

Den Lesern des Wirtschafts- und sozialstatistischen Archivs am bekanntesten ist er wohl durch seine Rolle bei der Entstehung und Pflege des international bekannten sozio-oekonomischen Panels (SOEP), das heute für Tausende von empirisch arbeitenden Sozialforschern weltweit eine zentrale Forschungsressource ist. Mit dem Interviewer Walter Krämer traf Wagner sich am Rande eines Jugend-Zukunftskongresses in Berlin. Im Janaur 2024 ist Gert Wagner plötzlich und unerwartet im Alter von 71 Jahren verstorben.

Krämer Herr Wagner, wie fühlt man sich als Mitbegründer einer der größten Leistungen der deutschen Statistik überhaupt? Ich meine natürlich das Sozio-oekonomische Panel (SOEP). Aus meiner Sicht ist das neben der Indexformel von Laspeyres unser wichtigster Beitrag zur empirischen Statistik in der Welt.

Wagner Also, ob der Superlativ berechtigt ist, weiß ich nicht. Das SOEP ist aber sicherlich eine herausragende statistische Datenbasis. Und das vor allem deswegen, weil das SOEP nicht aus der Idee: „Wir wollen die Statistik verbessern" entstand, sondern es war ein forschungsgetriebenes Projekt von Hans-Jürgen Krupp.

Krämer Damals Professor in Frankfurt am Main. Also er war der Spiritus Rector?

Wagner Ja. Daneben hat auch Wolfgang Zapf als Soziologe von Anfang an mitgemacht, der hatte aber nicht wirklich die Panel-Idee. Die hatte nur Krupp. Er sagte als Verteilungsforscher: die Einkommensverteilung nur im Querschnitt zu betrachten reicht nicht. Man muss sie im Längsschnitt betrachten, weil sich nur so die Lebenssituation vom Menschen korrekt in ihrer Dynamik erfassen lässt. Das hatte er Anfang der 60er-Jahre als Postdoc, wie man heute sagen würde, am neuen Institute for Research on Poverty in Madison, Wisconsin gelernt. Danach wurde 1968 an der University of Michigan die „Panel Study of Income Dynamics (PSID)" aufgesetzt. Und bei uns hat das zum DFG-Sonderforschungsbereich 3 „Mikroanalytische Grundlagen der Gesellschaftspolitik" geführt.

Gert G. Wagner (rechts) im Gespräch mit Walter Krämer: im Hotel Mercury Moabit in Berlin im Oktober 2021

Krämer In der Tat ein legendäres Projekt. Auch eine Idee von Krupp?

Wagner Es war wohl die Idee von Krupp und Zapf gemeinsam. Die hatten schon das von der DFG finanzierte große SPES-Projekt („Sozialpolitisches Entscheidungs- und IndikatorenSystem"). Da war die Idee von Zapf, der die Wirklichkeit mit sozialen Indikatoren beschreiben wollte, im Grunde nur deskriptiv. Krupp schlug vor, die Dynamik dieser Indikatoren auch zu simulieren, um zu sehen, wie man sie durch Politik verändern und dadurch Entscheidungen vorbereiten kann.

Wirtschafts-Nobelpreisträger Jan Tinbergen (Mitte) zum Besuch beim Frankfurt-Mannheimer SPES-Projekt. Links Gert Wagner, rechts Gernold Frank, der am Lehrstuhl von Heinz Grohmann tätig war

Krämer Da kam dann auch mein erster Interviewpartner Heinz Grohmann ins Spiel?

Wagner Ja. Er hat das aber mit Gruppensimulationen gemacht, also mit der Fortschreibung von Durchschnittsmerkmalen bestimmter sozio-ökonomischer Bevölkerungsgruppen. Der Mikroansatz ging von Krupp aus – und seinen Schülern Heinz P. Galler, mein erster Projektleiter, und Christoph Helberger, meinem Doktorvater. Krupp war auch die treibende Kraft für diesen Sonderforschungsbereich. Das wurde dann ein bisschen schwierig, weil er Präsident der Uni Frankfurt wurde. So wie er erzählt, weil ihm die alternativen Kandidaten nicht gefielen und er dann selbst kandidiert hat. Und dann wurde er 1979 Präsident des DIW in Berlin.

FACHBEREICH 2
WIRTSCHAFTSWISSENSCHAFTEN

Johann Wolfgang Goethe-Universität
Frankfurt am Main

SEMINARSCHEIN

(Gültig für die Zulassung zur Diplomprüfung gemäß § 15 Abs. (2) b der Prüfungsordnungen des Fachbereichs Wirtschaftswissenschaften)

Herr/ Gert Wagner

hat an dem von mir im SS/WS 19 75 abgehaltenen

Seminar in Statistik

mit gutem Erfolg teilgenommen.

Folgende Leistungen werden bestätigt:	Noten:
1. 1 Referat	2 -
2. 1 Klausur	2 +
3.	
Gesamtnote:	2

JOHANN WOLFGANG GOETHE-UNIVERSITÄT FRANKFURT Statistisches Seminar

Frankfurt am Main, den 20. August 1975

(Prof. Dr. H. Grohmann)
Unterschrift des Hochschullehrers

Ein Kreis schließt sich: Der erste Interviewpartner in dieser Reihe vergibt eine Schein in Statistik an den einundzwanzigsten

Krämer So kam also das SOEP zum DIW.

Wagner Ja, durch reinen Zufall. Das DIW konnte mit dem SOEP damals überhaupt nichts anfangen und auch noch 20 Jahre später immer noch nicht viel. Das DIW war damals nahezu komplett makroökonomisch ausgerichtet und dazu auch noch keynesianisch, also in Opposition zum neoklassischen Mainstream. Das war ja ein sehr spezieller, wie soll ich sagen, Blick auf die Welt – kein idealer Ort für innovative Grundlagenforschung. Und zum DIW kam das SOEP auch nur, weil die Unis in den 80er-Jahren mit Zeitverträgen und Mitarbeitern, die sich auf Dauerstellen einklagen, schlechte Erfahrungen gemacht hatten. Deshalb wollte weder die Uni Frankfurt noch die Uni Mannheim jemandem einen Zeitvertrag über mehr als fünf Jahre geben. Auf der anderen Seite war klar: Wenn das SOEP funktionieren würde, muss es länger als fünf Jahre laufen, und man kann nicht alle fünf Jahre das Personal austauschen. Also sagte Krupp: „Dann mach ich es halt am DIW" (Krupp 2008, S. 20).

Dort hat das SOEP aber im DIW sozusagen ein Einzelleben geführt – und das hat sich als Glücksfall erwiesen. Dass das SOEP sich so entwickeln konnte, wie es sich dann auch entwickelt hat, nämlich zu einer Infrastruktureinrichtung für die weltweite Wissenschaft, lag ohne Zweifel auch daran, dass das DIW nicht reingeredet hat. Diese Unabhängigkeit zu bewahren ist für das SOEP essenziell. Wichtig war und ist außerdem ein weiteres Erbe von Hans-Jürgen Krupp: Das SOEP wird von

Wissenschaftlern gemacht, die auch selbst publizieren. Nach dem Prinzip von Krupp: Nur wenn ich selbst Wissenschaft mache, weiß ich überhaupt, was erhoben werden soll und wie die Daten aufzubereiten sind.

Krämer Und da kommen doch sicher immer wieder auch neue Themen, zu denen Daten erhoben werden, dazu?

Wagner Ja. Wir haben einen hochrangig besetzten Beirat, der die weltweite SOEP-Community repräsentiert und der das SOEP steuert. So war es möglich, dass psychologische Fragen in das SOEP kamen, die inzwischen zu ausgesprochenen Spitzenpublikationen führen. Auch Fragen zur Gesundheit werden ausgebaut.

Krämer Durch das SOEP jedenfalls kamen Sie selbst dann nach Berlin?

Wagner Nein, das tat Ute Hanefeld; sie ging 1982 von Frankfurt zum DIW, um für Hans-Jürgen Krupp das Management des SOEP zu machen – was sie auch erfolgreich tat (Krupp 2008, S. 19). Ohne ihre Hartnäckigkeit gäbe es das SOEP heute nicht. Als Krupp dann 1988 Senator in Hamburg wurde, ging sie zum Statistischen Bundesamt.

Krämer Und dann Sie. Der nächste Zufall?

Wagner Kein Zufall. Ich war Geschäftsführer des Sonderforschungsbereichs gewesen und habe mich nicht beworben, sondern wurde gefragt. Viele hatten den Eindruck, ich kann gut organisieren und komme aber auch in der Wissenschaft ganz gut zurecht. Bevor ich Mitte 1989 Projektleiter des SOEP wurde, war ich – völlig unabhängig von dieser späteren Aufgabe – erst ein Jahr Gast am MPI für Bildungsforschung in Berlin, wo ich jetzt als Max-Planck-Fellow mein Büro habe, und bin dann für ein Jahr zum WZB zu Frieder Naschold gewechselt.

Krämer Ein linker Politikwissenschaftler?

Wagner Ja, war spannend. Wir haben ein Projekt zur Alterserwerbstätigkeit gemacht. Dafür habe ich auch zum einzigen Mal in meinem Leben eine Betriebsumfrage organisiert. Und nach einem Jahr habe ich dann mit dem SOEP meine berufliche Lebensaufgabe gefunden – was ich damals natürlich noch nicht wusste.

Krämer In einer heißen Zeit.

Wagner Ja. Noch im Oktober 1989 hat doch niemand daran gedacht, dass im November die Mauer vollständig fällt. Unser größtes Problem war im Sommer 1989, also unmittelbar nach meinem Wechsel zum SOEP, wie man Aus- und Übersiedler in die SOEP-Stichprobe reinholt. Als dann die Mauer gefallen war, haben, nach meiner Erinnerung, Jürgen Schupp – der 2011 mein Nachfolger als Verantwortlicher für das SOEP wurde – und ich sehr früh die Idee gehabt, das SOEP auf die DDR zu erweitern. Zum Glück gab es über Wolfgang Zapf, damals nicht mehr Professor in Mannheim, sondern Präsident des WZBs in Berlin, gute Kontakte zu DDR-Soziologen und zur Akademie der Wissenschaften der DDR. Mit einigen Kollegen, Horst Berger an der Spitze, Wilhelm Hinrichs und vor allem Eckhard Priller, die später alle im WZB tätig waren, hat Jürgen Schupp den Fragebogen der ersten Welle im Juni 1990 gemacht, also noch zu „echten" DDR-Bedingungen. Wir hatten niemals eine so hohe Teilnahmebereitschaft wie in dieser ersten Welle in der DDR. Die Leute waren froh, dass sie jemand fragt, und sie hatten die Hoffnung, dass sich auch dadurch etwas ändert. Die Lebenszufriedenheit war damals aber sehr sehr niedrig. Sie war schon im Juni 1990 niedriger als im Westen und im Frühjahr 1991 extrem tief. Was aber damals schon besser war, war die Zufriedenheit mit der Kinderbetreuung.

Krämer Die war ja auch besser.

Wagner Ja, genau. Und die Wohnzufriedenheit war wiederum sehr niedrig. Die Situation war ja auch deutlich schlechter als im Westen. Das ist der einzige Bereich, für den die Zufriedenheit der Menschen sich inzwischen fast komplett angeglichen hat. Die Zufriedenheit mit der Kinderbetreuung ist nach wie vor im Osten etwas höher.

Krämer Und wo genau kommt dabei mein Interviewpartner Uli Rendtel ins Spiel?

Wagner Uli Rendtel war damals für die Hochrechnung des SOEPs verantwortlich (zusammenfassend Rendtel 1995). Was die Stichprobenqualität der Aus- und Übersiedlerstichprobe betrifft, war er skeptisch. Sie wurde 1994/95 realisiert und beruht zum Teil auf einem Schneeballsystem; damit war er nicht sehr glücklich (Schulz et al. 1993; Rendtel et al. 1997). Aber es war damals nicht anders möglich, genügend Aus- und Übersiedler in eine Stichprobe zu bekommen.

Krämer … und hat trotzdem in etwa fünfzig Publikationen weltweit einen Niederschlag gefunden. Auf Basis der SOEP-Daten dürfte es insgesamt über 10.000 Publikationen geben. Welche sehen Sie denn als Ihren eigenen wichtigsten Beitrag dabei?

Wagner Das kann man unschwer bei Google Scholar sehen. Das ist eine Arbeit mit Armin Falk und jungen Kollegen von ihm, Jürgen Schupp ist auch dabei, zur Messung der Risikoneigung mit einem einzigen Item (Dohmen et al. 2011). Die Psychologen betrieben dazu lange Zeit einen Riesenaufwand mit ganzen Batterien von Tests. Wir fragten ganz einfach: Wie risikobereit sind Sie, auf einer Skala von 0: überhaupt nicht, bis 10: sehr. Das ist erstaunlich prädiktiv für wirklich viele Lebensbereiche und wir haben bei Google Scholar im Moment über 4000 Zitationen. Die Frage wird inzwischen auf der ganzen Welt kopiert.

Ralph Hertwig vom MPI für Bildungsforschung, der Nachfolger von Gerd Gigerenzer, hat inzwischen gezeigt, dass die einfache SOEP-Risikofrage auch prädiktiver ist als die Experimente, die Psychologen machen (Mata et al. 2018). Ein beliebtes Experiment ist beispielsweise: Man muss einen Luftballon aufblasen, der irgendwann platzt. Je dicker er ist, desto mehr bekommt man.

Krämer Wenn er platzt, kriegt man nichts.

Wagner Genau, ein dicker Ballon ist also riskant. Es gibt eine Unzahl von weiteren experimentellen Designs, wie man Risikoneigung misst. In vielen Bereichen ist keines prädiktiver als die einfache SOEP-Frage. Das liegt wahrscheinlich daran, dass die experimentellen Ansätze sehr spezifische Situationen abbilden und nicht so verallgemeinerbar sind wie die simple Antwort auf die SOEP-Frage. Inzwischen haben Ralph Hertwig und ich auch in der SOEP-Innovationsstichprobe (SOEP-IS) und in der Berliner Altersstudie II (BASE-II) die Teilnehmenden gefragt, was sie sich bei der Antwort gedacht haben (Arslan et al. 2020). Da stellte sich raus, es ist im Grunde so was wie „revealed preferences", aber die laufen nur im Kopf ab. Die Leute überlegen, wie sie sich in der Vergangenheit real verhalten haben, welche Präferenzen sie also offenbart haben.

Krämer Männer sind risikofreudiger.

Wagner Ja. Wo die Unterschiede eigentlich herkommen, weiß man nicht. Zum Teil, der ist aber winzig, aus ganz bestimmten Genabschnitten, da waren wir auch an einer Studie beteiligt. Nicht mit den SOEP-Daten, sondern mit der Berliner Altersstudie, wo die SOEP-Risikofrage gestellt wurde und auch über Blutabnahme das Genom sequenziert wurde. Diese Daten werden dann in internationale Studien eingebracht, wo zehn, zwölf, auch mal zwanzig verschiedene Datensätze gepooled werden. Da kommt raus, dass man genetisch, d. h. anhand einzelner Stellen des Genoms (selbst wenn man ganze Cluster betrachtet), im Moment noch nicht mal ein Prozent der Varianz der Risikoneigung erklären kann (Karlsson Linnér et al. 2019).

Krämer Also doch Umwelt?

Wagner Kann man so nicht sagen. Bei diesen Studien wird ja geschaut, inwieweit einzelne Stellen im Genom Einfluss haben. Aber obwohl seit einigen Jahren nicht mehr nur einzelne Stellen im Genom angeschaut werden, sondern ganze Cluster des Genoms, kommt noch nicht einmal ein Prozent erklärte Varianz für die Risikoneigung zusammen. Bei der Bildung sind es immerhin etwa zehn Prozent. Das heißt dann natürlich nicht, dass man individuell nicht stark von seinem Genom geprägt ist. Man kriegt aber von seinen Eltern ein sehr spezifisches Cluster an Genen mit, das nahezu einmalig und statistisch schwer zu fassen ist.

Krämer Jetzt mal zum DIW. Es ist ja das größte deutsche Wirtschaftsforschungsinstitut. Sie sind da seit 1989 und waren auch ein paar Jahre Chef des Ganzen. Wie fügt sich das Institut denn ein in das Konzert der übrigen größeren Wirtschaftsforschungsinstitute? Gibt es da Konkurrenz oder ist man eher komplementär?

Wagner Es gab schon immer Konkurrenz. Und die wird seit den letzten 25 Jahren noch systematisch geschürt. Nach der Wiedervereinigung wurden alle Akademie-

Institute der DDR vom Wissenschaftsrat evaluiert. Als die alle evaluiert waren, wurde dann – zu Recht – gesagt: Das müssen wir jetzt auch in Westdeutschland machen.

Krämer Der Fairness halber.

Wagner Nicht nur der Fairness halber, es ging und geht ja auch um Qualität und deren Steigerung. Zuerst waren die Blaue-Liste-Institute dran, zu denen gehörten auch die damals fünf führenden Wirtschaftsforschungsinstitute, die hatten keine zentrale Organisation wie Max-Planck- oder Helmholtz-Institute. Das Ergebnis war verheerend, das Hamburger Welt-Wirtschafts-Archiv wurde angezählt und nach der nächsten Evaluation dann geschlossen. Das ifo Institut in München wurde abgestuft zu einer Serviceeinrichtung. Was das SOEP übrigens mit Stolz ist, denn es ist Teil der Nationalen Forschungs-Daten-Infrastruktur (NFDI). Es war damals aber als eine Herabstufung von ifo gedacht. Das Institut für Weltwirtschaft in Kiel, das damals von allen Instituten am stärksten akademisch orientiert war, kam gut weg und das DIW kam mit einem blauen Auge davon. Unter anderem, weil das SOEP positiv mitgezählt wurde. Damals war der Vorwurf, der auch mit Ausnahme von Kiel gestimmt hat, die Institute hätten sich vom akademischen Mainstream extrem weit entfernt.

Krämer Also ich sehe das ein wenig anders und positiver für die Institute. Die sollen ja keine Aufsätze für den American Economic Review schreiben, sondern die Wirtschaft Deutschlands beschreiben und erklären.

Gert Wagner beim Praktizieren seiner Fußball-Leidenschaft. Die Frankfurter gegen die Mannheimer Abteilung des Sfb 3. Von links nach rechts: Günther Schmauß (später beim CEPS in Luxemburg), N.N., GGW, Robert Helm (ging in die freie Wirtschaft) und Götz Scholz. (später Kanzler der Universität Mainz)

Wagner Ja, aber genau deshalb muss die wissenschaftliche Qualität stimmen. Wenn ein reiner Theoretiker, der Grundlagenforschung macht, Blödsinn veröffentlicht, schadet das ja nicht unmittelbar etwas in der wirklichen Welt. Wenn aber Wirtschaftsforschungsinstitute schlechte Ergebnisse produzieren, also nicht valide Empirie, und die Politik richtet sich danach, dann wird richtig Schaden angerichtet. Deswegen unterstütze ich die Vorstellung oder die Erwartung des Wissenschaftsrats und inzwischen auch der Forschungspolitik, dass gerade angewandte Institute auf der Höhe der Zeit forschen müssen, denn sie beeinflussen die Lebenswirklichkeit recht unmittelbar. Insofern sollte die wissenschaftliche Qualität angewandter Forschung möglichst exzellent sein (vgl. auch Sager und Wagner 2019; Wissenschaftsrat 2021).

Krämer Was sind denn neben dem SOEP die aus Ihrer Sicht wichtigsten DIW-Produkte?

Wagner In der Wirtschaftspolitik sind das die Konjunkturprognosen, die allerdings in allen Instituten im Grunde nur noch eine marginale Rolle spielen. Denn das ist ein Beispiel für die Anwendung von bekannten Methoden, da ist wissenschaftlicher Fortschritt nach meinem Eindruck überschaubar. Da kenne ich mich aber nicht wirklich aus; ich sollte da keine Bewertungen abgeben. Bei den jetzigen Schwerpunkten des DIW ist neben der Energie- und Klimaforschung sowie Industrieökonomik die Bildungs- und Familienökonomie akademisch sehr erfolgreich und auch politisch sehr einflussreich. Die langjährige Leiterin C. Katharina Spieß ist jetzt seit Oktober 2021 Direktorin des Bundesinstituts für Bevölkerungsforschung. Aber auch in der Abteilung Staat wird zu diesen Themen wirklich eindrucksvoll geforscht.

Krämer Und nicht zu vergessen die extrem wichtige Abteilung Gender Studies.

Wagner Das ist keine Abteilung, sondern eine Gruppe, die – zu Recht! – als Querschnittsbereich auf das ganze Institut ausstrahlt.

Gert Wagner im „Langen Eugen" in Bonn im Kreis von Kollegen und Kolleginnen der Enquete Kommission „Demographischer Wandel" des Deutschen Bundestags. Die bekanntesten Namen in dieser Enquete Kommission waren die Gerontologien Ursula Lehr (einige Jahre auch Bundesministerin, Zweite von rechts) und Bert Rürup (Achter von rechts). Weitere Hochschullehrer in der Enquete waren der Volkswirt Eckhard Knappe (Trier, Vierter von rechts), der Gerontologe Gerhard Naegele (Dortmund, Neunter von rechts) und der Jurist Bernd von Maydell. (München, Elfter von rechts)

Krämer Da gibt es in der Tat sowohl Forschungsbedarf als auch Defizite. Ich hatte einen anderen Hintergedanken bei der Frage gehabt. Ob Ihre Gender Studies sich niederschlagen in Sprachvorschriften, wie man mit anderen zu kommunizieren hat?

Wagner Im wirklichen Leben im DIW spielen Sprachregelungen nur in den Wochenberichten eine Rolle. Die werden seit jeher sorgfältig redigiert und es wird auf Konsistenz der Sprache geachtet. Bis in die 90er-Jahre hinein wurde z. B. nicht „Prozent" geschrieben, sondern „von Hundert". Wie genau gegendert wird, müsste ich jetzt selbst nachgucken; dafür gibt es ja Spezialist:innen.

Krämer Um bei dem Thema Sprache zu bleiben: Das DIW residiert ja in der Mohrenstraße. Wie lange noch?

Wagner Nicht mehr lange. Sie meinen ja nicht die Örtlichkeit, sondern den Straßennamen. Wenn sich heutzutage Leute von einem Straßennamen diskriminiert fühlen, dann sollte man ihn ändern – habe ich mit Kollegen auch öffentlich gesagt (Richter et al. 2017). Wie das historisch zustande gekommen ist, ist für mich zweitrangig. Die Räumlichkeiten des DIW sind übrigens nicht gerade toll und völlig unkommunikativ, ein Umzug wäre – trotz der guten Lage in Berlin Mitte – angebracht.

Krämer Noch ein weiterer Punkt zum DIW. Ich habe kürzlich ein paar Seitenhiebe gegen die Abteilung ausgeteilt, die sich mit der DDR-Statistik befasste (Krämer und Leciejewski 2021). Da ist man lange recht blauäugig den Meldungen unserer ostdeutschen Freunde auf den Leim gegangen. Wie sieht das denn der Ex-Chef des DIWs?

Wagner Also das sehe ich nicht als Ex-Vorstandsvorsitzender, sondern im Rückblick als junger Wissenschaftler, der 1989 ins DIW gekommen ist. Wenn ich mich recht entsinne, hieß damals die für die DDR zuständige Abteilung „Östliche Industrieländer". Als ich zum DIW kam, war diese Abteilung aufgrund der Weltlage kurz vor dem Mauerfall in der Öffentlichkeit sehr präsent. Und ich habe mich gewundert, wie isoliert die Abteilung im DIW gewesen ist. Ob sie blauäugig war oder sogar aus Ostberlin gesteuert wurde, wie ja auch spekuliert wurde, weiß ich nicht. Ich habe die Kolleginnen und Kollegen als redlich empfunden. Die Chefin der Abteilung, Doris Cornelsen, war eine antikommunistische Sozialdemokratin und wirklich unverdächtig, dass sie Kommunistenfreundin war. Fakt ist aber, sie haben die Lage in der DDR komplett falsch eingeschätzt und waren von ihrer Einschätzung auch überzeugt. Erst Jahre später ist mir aufgegangen, was das eigentliche Problem der Abteilung war: sie war extrem spezialisiert und hat sich nahezu komplett von der akademischen Forschung außerhalb ihrer Spezialisierung isoliert. Nischen-Spezialisierung war und ist ein Problem in der Wissenschaft, wenn sie dazu führt, dass Konkurrenz fehlt.

Lassen Sie mich das mit einer Geschichte zum Umtauschkurs der Ostmark in D-Mark und zur Produktivität der DDR-Volkswirtschaft illustrieren (Wagner 2015, S. 2–5). Die DDR-Produktivität wurde von den DDR-Forschenden des DIW auf ungefähr 50 % der des Westens geschätzt. Damit wurde ein Umtauschkurs von 1 zu 1 der Mark der DDR zur D-Mark gerechtfertigt, denn die Nominallöhne in der DDR waren ja ungefähr nur halb so hoch wie in Westdeutschland. Dann hatte aber eine Außenseiterin im DIW, Renate Filip-Köhn, Kontakte zur Akademie der Wissenschaften in Ostberlin zum nachmaligen Konjunkturchef des Instituts in Halle, Udo Ludwig. Der hatte in der Akademie der Wissenschaften Zugang zu Unterlagen über den Außenhandel der DDR. Da konnte man sehen, was die DDR in harter Währung erlöst und welchen Aufwand sie treibt, um diese Exportgüter zu produzieren. Filip-Köhn und Ludwig (1990) kamen zum Ergebnis von vielleicht 20 bis 25 % Produktivität der DDR-Wirtschaft im Vergleich zur westdeutschen. Da Frau Filip-Köhn innerhalb des DIWs aber eine Außenseiterrolle hatte, hat ihr keiner geglaubt. Es gab aber immerhin einen Wochenbericht, wo dann diese Rechnung in einer Fußnote auftaucht.

Krämer Immerhin ist es dokumentiert. Herr Wagner, Sie haben einige Ehrungen und Preise erhalten im Laufe Ihres Lebens, so das Bundesverdienstkreuz, aber auch eine Negativ-Auszeichnung, den „Big Brother Award". Was hat es denn damit auf sich?

Wagner Da ging es um die Volkszählung 2010/11. Ich habe den Preis als Vorsitzender des wissenschaftlichen Beirats für die damalige Volkszählung bekommen, weil damals die Big Brother Award-Szene und wohl auch einige amtliche Datenschützer der Meinung waren, dass die Volkszählung Datenschutz verletze. Was ich für völligen Unsinn hielt und halte. Ich bin deswegen zur Preisverleihung gefahren und habe eine Rede gehalten. Das gab es noch nie, dass ein negativ Ausgezeichneter sich stellte! Da waren natürlich etliche im „Festpublikum“ sauer, dass ich da auftreten konnte; die gereizte Stimmung im Publikum kann man auf YouTube im Netz auch noch erleben: https://www.youtube.com/watch?v=8OkM55QcqWM, ab Minute Sieben die Laudatio, ab Minute 21:20 meine „Preisrede“. Ich habe begründet, warum die Vorstellung, dass der Datenschutz durch den Zensus verletzt würde, Unsinn ist. Nach meiner Erinnerung habe ich zumindest ein Drittel des Publikums auch überzeugt.

Krämer Und was halten Sie selbst von der Volkszählung?

Wagner Ich bin der Meinung, die konventionelle Volkszählung schadet zwar niemandem, nutzt aber auch nicht wirklich viel. Die Ergebnisse kommen viel zu spät, es sind reine Querschnitte und es gibt so gut wie keine aktuellen Beispiele für wissenschaftliche Erkenntnis oder gar Einfluss auf politische Entscheidungen. Außer für die Hochrechnung von kleineren Stichproben braucht man nach meiner Überzeugung die Volkszählung nicht. Ich hatte damals den Vorsitz der Kommission auch nur übernommen, um helfen zu können, die Volkszählung zu modernisieren. Das hat dann auch geklappt. Die Volkszählung soll ja ab 2030 komplett registergestützt gemacht werden, was ich für absolut richtig halte. Dann kann man auch monatlich den Bevölkerungsrahmen ausrechnen und kann dann besser hochrechnen. Die Vorstellung von alten Statistikern, auch insbesondere von alten Sozialwissenschaftlern, dass man, weil ein Zensus eine Vollerhebung ist, besonders aussagekräftige Ergebnisse bekommt, halte ich für komplett überholt.

Krämer Wenn das jetzt Ihr Lehrer – Gott hab ihn selig – Heinz Grohmann hören könnte, was würde der wohl dazu sagen?

Wagner Dem würde meine Radikalität sicher nicht gefallen, obwohl er sich, glaube ich, im hohen Alter auch von der Vorstellung verabschiedet hat, die Volkszählung einfach als Totalerhebung zu machen. Das muss nicht sein. Es ist ja ohnehin keine wirkliche Totalerhebung, ein bis zwei Prozent der Bevölkerung haben da immer gefehlt bzw. ihre Daten wurden „imputiert“, also geschätzt. In den USA werden sogar circa zehn Prozent der Bevölkerung nicht befragt, aus unterschiedlichen Gründen. Die Nicht-Befragten sind aber, wenn man so will, die interessantesten Gruppen. Man muss auf jeden Fall nicht den Riesen-Aufwand einer primären Totalerhebung betreiben, um am Ende doch vergleichsweise wenig aussagekräftige Zahlen zu produzieren.

Krämer Das sind starke Worte. Da wird einiges an Kommentaren kommen.

Wagner Wirklich? Es geht doch in diese Richtung. Nicht nur, weil es weniger Geld kostet. Als man in den 70er- und 80er-Jahren die konventionelle Volkszählung wollte, gab es viele heutige große Stichproben überhaupt noch nicht. Die Bedeutung einer Befragungs-Volkszählung wird heutzutage richtig eingeschätzt und nicht mehr überschätzt.

Krämer Das ist doch mal ein aussagekräftiges Schlusswort. Herr Wagner, ich danke Ihnen für das Gespräch.

Literatur

Arslan R et al (2020) How people know their risk preference. Sci Rep 10:15365. https://doi.org/10.1038/s41598-020-72077-5

Dohmen T et al (2011) Individual risk attitudes: measurement, determinants and behavioral consequences. J Eur Econ Assoc 3(9):522–550

Filip-Köhn R, Ludwig U (1990) Dimensionen eines Ausgleichs des Wirtschaftsgefälles zur DDR. Diskussionspapier, Bd. Nr. 3. DIW, Berlin

Karlsson Linnér R et al (2019) Genome-wide association analyses of risk tolerance and risky behaviors in over one million individuals identify hundreds of loci and reveal shared genetic influences. Nat Genet 51:245–257

Krämer W, Leciejewski K (2021) Statistik im Sozialismus. AStA Wirtsch Sozialstat Arch 15(2):73–91

Krupp HJ (2008) Die Anfänge: Zur Entstehungsgeschichte des SOEP. Vierteljahrshefte Wirtschaftsforsch 77(3):15–26

Mata R et al (2018) Risk preference: a view from psychology. J Econ Perspect 32(2):155–172

Rendtel U et al (1997) Die Gewichtung der Zuwandererstichprobe des Sozio-oekonomischen Panels (SOEP). Vierteljahrsh Wirtschaftsforsch 66(2):271–285

Rentdel U (1995) Lebenslagen im Wandel – Panelausfälle und Panelrepräsentativität. Campus, Frankfurt/New York

Richter C et al (2017) Das Schild Mohrenstraße gehört ins Archiv. In: Wagner GG (Hrsg) Kommentare: Eine Auswahl 1971–2017. DIW, Berlin, S 16–18 (Berliner Zeitung Nr. 73, S. 11, wiederabgedruckt)

Sager K, Wagner GG (2019) Wissenschaft unter Druck: Vertrauensverlust oder Zeichen gewachsener gesellschaftlicher Relevanz? In: Hinsch W, Eggers D (Hrsg) Öffentliche Vernunft? Die Wissenschaft in der Demokratie. De Gruyter, Berlin/Boston, S 21–34

Schulz E et al (1993) Das Zuwanderer Problem in Wiederholungsbefragungen am Beispiel des Sozio-ökonomischen Panels (SOEP). Diskussionspapier, Bd. Nr. 71. DIW, Berlin

Wagner GG (2015) Drei Fußnoten der Wirtschaftswissenschaften zur deutschen Einheit – und eine Fußnote zur wissenschaftlichen Politikberatung. Diskussionspapier, Bd. Nr. 1511. DIW, Berlin

Wissenschaftsrat (2021) Wissenschaftskommunikation: Positionspapier. Drs., Bd. 9367–21. Wissenschaftsrat, Kiel

Ulrich Rendtel

Unser Vertreter im Rat für Sozial- und Wirtschaftsdaten

Ulrich Rendtel (* 1950 in Fürstenberg/Havel), hat an der FU Berlin Mathematik und Physik studiert und im Jahr 1985 mit der Arbeit „Generalized CUSUM schemes and their application in acceptance sampling" promoviert, gefolgt von der Habilitation 1994 über „The Analysis of Panel Data under Panel Attrition. Theory and Empirical Findings for the Socio Economic Panel (SOEP)". Von 1995 bis 2003 war er Professor für Statistik an der Goethe-Universität in Frankfurt/M., im Jahr 2003 wechselte er an die FU Berlin. Für die Deutsche Statistische Gesellschaft war er aktiv als Mitherausgeber der beiden Vereinszeitschriften und als Leiter des Ausbildungsausschusses. Er gilt als einer der führenden Experten unseres Landes in Fragen von Datenerhebung und Datenqualität und vertritt in Wort und Tat eine enge Partnerschaft zwischen theoretischer und amtlicher Statistik.

Krämer Herr Rendtel, wir sitzen hier bei der alle drei Jahre stattfindenden Tagung der Deutschen Arbeitsgemeinschaft Statistik (DAGStat). Man beachte „Arbeitsgemeinschaft". Besser als nichts, aber was sagen Sie dazu, dass wir in Deutschland gefühlte Dutzende von wissenschaftlichen Gesellschaften haben, die sich alle der Statistik widmen, und keine eine große wie andernorts?

Dieser Beitrag wurde bereits in *AStA Wirtschafts- und Sozialstatistisches Archiv* (Bd. 13, 2019, https://link.springer.com/article/10.1007/s11943-019-00246-8) veröffentlicht und für das vorliegende Buch leicht überarbeitet.

W. Krämer (Hrsg.), *Statistik hautnah*, https://doi.org/10.1007/978-3-662-69596-8_18

Ulrich Rendtel (*rechts*) und Walter Krämer auf der DAGStat 2019

Rendtel Die Royal Statistical Society hat natürlich mehr Einfluss, da sind fast alle englischen Statistiker vertreten. Aber verglichen mit früher halte ich es schon für einen bedeutenden Fortschritt, dass wir Statistiker uns angesichts der Historie der beteiligten Vereine wenigsten alle drei Jahre treffen. Die Einzelgesellschaften haben ein großes Trägheitsmoment und ich vermute, dass sich daran so schnell auch nichts ändern wird.

Krämer Aber die Nachteile! Denken Sie an sich selbst. Sie haben vor Jahren einmal – von der Deutschen Statistischen Gesellschaft (DStatG) nominiert – für den Rat für Wirtschafts- und Sozialdaten kandidiert. Gewählt wurden Soziologen, Politologen, Geografen, alle Vertreter von Wissenschaften mit weniger aufgesplitterten Fachgesellschaften. Und die eigentlich zuständigen Statistiker hatten das Nachsehen ….

Rendtel … weil auch andere Wissenschaften ihre Daten und damit diesen Rat entdeckt haben. Wir von der DStatG haben in gewisser Weise darauf reagiert, indem wir uns jetzt mit verwandten Gesellschaften abstimmen und gemeinsame Kandidaten vorschlagen. Und das hat bei der letzten Wahl ja auch geklappt.

Krämer Können Sie noch ein bisschen zu diesem Rat sagen, was der so macht und welche Einflussmöglichkeiten er hat?

Rendtel Der Rat ist entstanden aus einer Initiative von Hochschullehrern aus den Wirtschaftswissenschaften, speziell aus dem Umfeld des Sonderforschungsbereichs „Mikroanalytische Grundlagen der Gesellschaftspolitik" in Frankfurt/Mannheim/Berlin. Man hielt die Wirtschaftswissenschaften für zu wenig empirisch und zu theorielastig und wollte den Datenzugang verbessern. Das wurde dann vom

Bundesministerium für Bildung und Forschung aufgegriffen und die haben dann ein allgemeines Gremium gegründet mit der Aufgabe, für alle empirisch arbeitenden Wirtschafts- und Sozialwissenschaften den Datenzugang zu institutionalisieren und zu verbessern. Daraus sind dann auch die Forschungsdatenzentren entstanden.

Krämer Welche Kompetenzen hat denn dieser Rat überhaupt? Was kann er bewirken?

Rendtel Der Rat fördert und initiiert ganz konkrete Arbeitsgruppen im Zusammenhang mit Datenzugang und Datennutzung. Ich habe selber mal eine AG über Future Data Access betreut. Es ging um alternative Datenzugänge: also keine Reise zum Forschungsdatenzentrum oder das Anfordern eines Scientific Use Files für den eigenen Rechner, sondern Datenfernrechnen. Der Datenbesitzer gibt also nicht seine Daten heraus, sondern ermöglicht Analysen über Fernrechnen ....

Krämer ... das auch von den Kolleginnen und Kollegen angenommen wird? Keine Berührungsängste?

Rendtel Überhaupt nicht. Es muss nur angeboten werden. Das ist zum Beispiel im Bereich der Rentenversicherung sehr schön gelungen. Mit den Daten der Rentenversicherung auf einem Server in Würzburg funktioniert das technisch 1A.

Krämer Sie sind ja auch in anderer Hinsicht ein großer Freund und Anhänger moderner Technologien. Etwa Online-Umfragen. Ich habe da ganz andere Dinge gehört, etwa, die wären nicht repräsentativ. Was sagen Sie denn zu diesem Vorwurf?

Rendtel Also, wenn ich ein kleines bisschen ausholen darf: Ich bin der Meinung, dass die Statistik und der Fortschritt der Statistik im Wesentlichen von den Daten getrieben wird. Ausgenommen vielleicht die schnellen Rechner, mit denen man bootstrappen konnte. Hier wurde der Fortschritt von der wachsenden Kapazität der Rechner getragen. Aber im Wesentlichen basiert der methodische Fortschritt in der Statistik auf neuen Datentypen, die preiswert verfügbar werden, Mobilfunkdaten zum Beispiel. Umfragedaten sowieso. Umfragen werden immer leichter durchführbar und warum nicht auch über das Internet, wie die Firma Civey das macht. Civey ist ein erfolgreiches Start-up, was das Geschäft mit Online Umfragen angeht. Jetzt sind sie unter Beschuss geraten, weil Focus-Online es gewagt hat, die Ergebnisse einer Civey-Umfrage als repräsentativ zu bezeichnen. Das ging bis vor den Deutschen Presserat. Civey hatte mich gebeten, ob ich eventuell ein Gutachten zur Zuverlässigkeit von Online-Umfragen schreiben könnte.

Der Punkt ist: Die Daten sind da und damit wird auch weiter gearbeitet werden. Die Motivation bei manchen Angriffen auf neue Datenerhebungen ist häufig ökonomische Konkurrenz. Die Gegenseite der etablierten Befragungsinstitute geht von einem festgeschmiedeten Repräsentativitätsbegriff aus, der so gar nicht existiert. Dabei sitzen sie selbst im Glashaus. Traditionelle Telefonumfragen etwa haben einen Nonresponse von 90 %. In den USA werden Online-Umfragedaten schon längere Zeit genutzt, mit modellbasierten Ansätzen zur Auswertung, die jetzt Einzug in die Lehrbücher finden. Natürlich basieren diese Ansätze auf gewissen Annahmen bezüglich des Modells. Diese Annahmen sind aber interessanterweise sehr ähnlich zu den Annahmen, die man machen muss, um den Telefoninterviews Repräsentativität zu bescheinigen. In diesem Sinn müssen die Online-Umfrager ähnliche Fragen beantworten wie die Telefon-Umfrager. Daran muss weiter gearbeitet werden.

Krämer Bleiben wir mal bei neuen Medien. Ich habe im Netz gesehen, Sie haben mal einen Wettbewerb gewonnen, da durften die Kollegen so eine Art Science Slam veranstalten. Was war da los?

Rendtel Das war eigentlich ein Poetry Slam und die Professoren waren auch gar nicht gefragt, selber etwas abzuliefern. Es ging vor allem um die die Tätigkeit als DJ vor einem studentischen Publikum. Das Motto war „Die lange Nacht der Professoren – Mein Prof ist ein DJ". Es ist tatsächlich so, dass frühere Präsidenten der FU und alle, die eine große Anhängerschaft unter ihren Studierenden haben, gebeten wurden, so eine Nacht zu auszurichten. Es gibt auch Bilder dazu.

Ulrich Rendtel als Entertainer.

Krämer Und haben Sie über Statistik geredet in dieser Nacht?

Rendtel Das war technisch kaum möglich. Ich hatte etwas vorbereitet, aber in dieser Disko-Atmosphäre war kein Platz dafür.

Krämer Nochmal zur DStatG. Da haben Sie ja mal den Ausschuss für Ausbildungsfragen geleitet. In meinem Weltbild ist in der Statistikausbildung die letzten Jahrzehnte einiges schief gelaufen. Wie sehen Sie das?

Rendtel Wir machen heute hier am Fachbereich in Berlin einiges anders als früher. Da steckt viel Ehrgeiz dahinter. Die Studierenden sagen, nur das, was in der Klausur vorkommt, ist wichtig. Und das heißt dann eben, dass man die Klausur so gestalten muss, dass die für uns wichtigen Dinge geprüft werden können.

Krämer Also nicht nur irgendwelche Test-Statistiken nachbeten …

Rendtel Genau. Statistik unterrichten bedeutet für mich, den Studierenden beizubringen, mit Daten umzugehen, sie auswerten zu können, und zwar auf einem Rechner. Das gehört dazu. Das heißt dann aber auch, dass ich ein Massenpublikum von 400 Leuten in so eine Rechner-Klausur setze. Das ist natürlich ein logistisches Problem, aber das praktizieren wir seit mindestens zehn Jahren. Zunächst haben die Studierenden ihre eigenen Laptops zur Klausur benutzt. Die Ergebnisse wurden dann per LAN oder per USB-Stick abgegeben. Später hat die Freie Universität – und wir haben das mit angestoßen – ein mit 150 Rechnern ausgestattetes E-Examination-Center eröffnet. Bei zwei Durchläufen haben wir eine Kapazität von 300 Personen, plus unsere PC-Pools mit 70 Plätzen, die insgesamt 140 Prüfungen ermöglichen. Damit kann man 440 Studierende pro Klausurtermin prüfen.

Laptop-Statistikklausur an der FU Berlin

Krämer Sie haben also nachgewiesenermaßen keinerlei Berührungsängste mit moderner Computertechnologie, aber auch, und das ist eher selten, auch keine gegenüber der deutschen Amtsstatistik. Da sind Sie einer der wenigen Kollegen, die man an einer Hand abzählen kann, die mal das Statistische Bundesamt von innen gesehen haben. Und Sie haben auch dafür gesorgt, dass es an Ihrer Fakultät noch eine Vorlesung über Wirtschaftsstatistik gab ....

Rendtel Ja, die Veranstaltung basierte auf Vorarbeiten von Sybille Schmerbach an der Humboldt-Uni. Diese Lehrveranstaltung ist dann von Ulrike Rockmann, der ehemaligen Präsidentin des Amts für Statistik Berlin/Brandenburg, für das EMOS-Programm erweitert worden. Mein Verdienst war es lediglich, das Berliner Masterprogramm Statistik für EMOS zu zertifizieren. EMOS steht für den European Master in Official Statistics. Eine Voraussetzung für die Zertifizierung ist ein Lehrangebot im Umfang von 50 ECTS im weiteren Umfeld der Amtlichen Statistik. Natürlich gehört eine Veranstaltung über die unterschiedlichen Aufgabenbereiche eines Statistischen Amts mit dazu.

Krämer Aber das nimmt ja immer mehr ab. Wie kommentieren Sie denn diese Entwicklung, dass die Leute nicht mehr wissen, was das Sozialprodukt ist und wie der Preisindex berechnet wird.

Rendtel Wir halten so gut es geht dagegen. Trotzdem muss man immer wieder dafür werben. Wir arbeiten hier im Berliner Masterprogramm Statistik, einem allgemeinen Statistik-Studium mit 6 Vertiefungsbereichen, in Konkurrenz mit allen möglichen anderen Statistik-Sparten, z. B. mit Data Science und Künstlicher Intelligenz (KI).

Krämer Das führt ja gleich wieder zur nächsten Frage. Lassen wir uns nicht wieder von anderen Wissenschaften das Wasser abgraben? Jetzt kommen die Informatiker und behaupten, das ist alles ihr Terrain und wir sollen uns mal schön ruhig verhalten und die Klappe halten.

Rendtel Die Gefahr besteht. Nehmen Sie den auch hier auf der Konferenz in zwei Sitzungen diskutierten Begriff der „Statistical Literacy". Prompt kommt die Konkurrenz und sagt dazu „Data Literacy" und reklamiert das Feld für sich. Da müssen wir schon aufpassen, um auch eine Schnitte vom Kuchen abzukriegen. Leider sind wir dabei – das muss man selbstkritisch sagen – nicht immer sehr erfolgreich gewesen. Wenn ich etwa sehe, dass die Informatik der TU Berlin allein im KI-Bereich 20 Professuren unterhält und die gesamte FU in Statistik nur vier Professuren, dann sieht man, wie die Kräfteverhältnisse sind. Ohne unser Berliner Masterprogramm in Statistik, das wir mit FU, HU und TU sowie der Charité durchführen, gäbe es möglicherweise noch weniger Statistiker in Berlin. Aber dieses gemeinsame Masterprogramm hilft uns, wirklich gute Leute zu rekrutieren und für die Statistik zu interessieren. Man muss seine Ressourcen bündeln, um im Wettbewerb um die klugen Köpfe seine Position zu halten.

Krämer Eine Standardfrage in jedem Interview: Auf welche Ihrer eigenen wissenschaftlichen Leistungen sind Sie besonders stolz?

Rendtel Dazu möchte ich etwas ausholen. Nach meiner Promotion in technischer Statistik bin ich fachlich umgestiegen zur Umfrageforschung. Ich habe am DIW acht Jahre lang im Sozio-Oekonomischen Panel (SOEP), also außerhalb der Universität, gearbeitet und geforscht. Was für ein Projekt! Ich war in der Startphase 1986 dabei. Heute geht das SOEP in sein 38. Befragungsjahr. Die methodische Frage ist, ob und ggf. wie man aus diesem allmählich abbröckelnden Befragungsbestand doch noch etwas Sinnvolles herausbekommt. Damit habe ich mich viel beschäftigt, dafür war ich innerhalb des Projektes zuständig (Behr et al. 2005; Basic und Rendtel 2007; Pyy-Martikainen und Rendtel 2008). Darüber habe ich mich auch habilitiert und diesem Survey-Thema und der Non-Response-Problematik bin ich auch weiterhin treu geblieben.

Im Rahmen eines Forschungsprojekts im 5. EU-Rahmenprogramm über einen Vergleich von Europäischen Panel Surveys habe ich auch mit einem finnischen Kollegen von StatFin zusammengearbeitet. Die Analysemöglichkeiten, die man dort hat und in Deutschland nicht, haben mich doch sehr verblüfft. StatFin hat Zugang zu Registerinformationen und man weiß eine ganze Menge über Non-Responder, ohne schriftliche Einwilligungserklärung! Dort gibt es für die amtliche Statistik einen „Informal Consent", der es gestattet, die Registermerkmale für eine Nonresponse-Analyse auch ohne schriftliche Einwilligung zu benutzen. Natürlich gibt es auch in Finnland hohe Nonresponse-Raten bei freiwilligen Surveys und bei unserem Vergleichs-Panel gab es zu Anfang einen ordentlichen Non-Response-Bias. Aber wenn man diesen Bias über die Jahre weiterverfolgt, ist es tatsächlich so, dass dieser von selber ohne irgendeine Korrektur durch Gewichtung abnimmt. So etwas kriegt man nur mit, wenn man wie in Finnland Zugang zu Daten von Non-Respondenten hat. Ich habe dann nach einem Modell zur Erklärung dieses Effekts gesucht und bin bei einem Markov-Modell gelandet. Wenn das gleiche Übergangsgesetz für Respondenten und Non-Respondenten gilt, so lässt sich zeigen, dass Verteilung auf dem Zustandsraum konvergiert, egal ob man von der Verteilung aller ausgewählten Personen oder nur der Respondenten ausgeht (Rendtel 2013; Alho et al. 2017). Es muss sich dabei nicht um eine stationäre Verteilung handeln, die sich bei zeithomogenen Übergängen einstellt. Die Voraussetzung für ein derartiges Ausschleichen – ich habe es „Fade-away" getauft – ist in vielen Fällen extrem plausibel. Warum sollte das ökonomische Risiko der Übergänge zwischen Arbeitslosigkeit und Nicht-Arbeitslosigkeit davon abhängen, dass ich eine halbe Stunde ein Interview gegeben habe. Die Idee mit dem „Fade-Away"-Effekt ist wirklich ein origineller Gedankengang, der für die Survey-Forschung noch viel bedeuten könnte. Die methodischen Arbeiten habe ich mit einem finnischen Demografen, Juha Alho von der Universität Helsinki, entwickelt. Das Projekt ist noch nicht ganz fertig, aber da bin ich wirklich stolz drauf.

Worauf ich auch noch stolz bin, ist die statistische Beratungseinheit fu:stat an unserem Fachbereich. Die ist dadurch entstanden, dass Leute aus anderen Fachbereichen zu mir kamen und um statistische Hilfe baten. Ich habe dann vor zehn

Jahren das Konzept des StatLab an der LMU von Helmut Küchenhoff gesehen und dieses Konzept übernommen. Die Beratungseinheit dient auch als Übungsgelände für den Master-Studiengang in Statistik. Ohne einen ständigen Zufluss an kompetenten Vertretern aus diesem Studiengang könnten wir die Beratung gar nicht stemmen. Umgekehrt lernen die angehenden Statistiker aber auch, was statistische Beratung bedeutet. Denn für die meisten Statistiker ist Beratung später das Kerngeschäft. Es gibt also bei uns ein Praxisseminar „Statistische Beratung" im Lehrplan des Masters Statistik.

Ulrich Rendtel mit Projektpartner Risto Lethonen (Universität Helsinki) auf einer BANOCOSS-Konferenz (Baltic Nordic Conferenz on Survey Statistics) in Valmiera (Lettland)

Krämer Letzte Frage: Wenn Sie mal keine Statistik machen, was passiert denn dann im Haushalt Rendtel?

Rendtel Der Haushalt Rendtel besitzt 100 km nördlich von Berlin an der Grenze zu Mecklenburg-Vorpommern ein schönes Gartenhäuschen direkt am See und da ist er dann auch sehr, sehr gerne. Das ist eigentlich der Wohnort meiner Ur-Großeltern, meiner Großeltern und meiner Eltern. Ich komme schon lange dorthin, um in der unmittelbaren Natur zu leben. Ab und zu gehe ich in den Wald zum Pilze suchen. Oder ich jogge um den See und gehe dann gerne mal in die Sauna. Nachts schaue ich mir den Sternenhimmel an, der dort noch relativ gut zu sehen ist.

Aber mit Statistik aufzuhören, kann ich mir nicht vorstellen. Ich habe mir die anstehende Pensionierung mal auf English als „Permanent Sabbatical" übersetzt. Da bin ich wahrscheinlich nicht der einzige, der noch gerne weitermacht und nicht loslassen kann. Das wird sich dann irgendwie einpendeln. Ich muss mal gucken.

Krämer Dann wünsche ich Ihnen dabei eine glückliche Hand und bedanke mich für das Gespräch.

Kein Freund des Dienstweges. Fundort in der Uckermark

Literatur

Alho J, Müller G, Pflieger V, Rendtel U (2017) The fade away of an initial bias in longitudinal surveys. Discussion Paper Economics 2017/25 FB Wirtschaftswissenschaft FUB. http://edocs.fu-berlin.de/docs/receive/FUDOCS_document_000000027770 . Zugegriffen am 12.04.2019

Basic E, Rendtel U (2007) Assessing the bias due to non-coverage of residential movers in the German Microcensus Panel: an evaluation using data from the Socio-Economic Panel. AStA Adv Stat Anal 91:311–334

Behr A, Bellgardt E, Rendtel U (2005) Extent and determinants of panel attrition in the European community household panel. Eur Sociol Rev 21:489–512

Pyy-Martikainen M, Rendtel U (2008) Assessing the impact of initial nonresponse and attrition in the analysis of unemployment duration with panel surveys. AStA Adv Stat Anal 92:297–318

Rendtel U (2013) The fade-away effect of initial nonresponse in panel surveys: Empirical results for EU-SILC. Eurostat Method Work Pap. https://doi.org/10.2785/21863

Gerhard Arminger

Statistik als Gründermotor

Gerhard Arminger (*Salzburg 1949) hat in Linz und Wien Soziologie studiert. Promotion zum Thema „Loglineare Modelle zur Analyse nominal skalierter Variabler". Von 1978 bis zu seiner Emeritierung 2014 war Gerhard Arminger ordentlicher Professor für Wirtschaftsstatistik an der Universität Wuppertal; verschiedene auswärtige Rufe, etwa an die University of California in Los Angeles (UCLA), die University of Arizona in Tucson, die University of Indiana in Bloomington, die Universität Wien und die London School of Economics (LSE) hat er abgelehnt. Heute lebt er in Kreuzlingen in der Schweiz.

Allein schon diese beeindruckende Liste von Angeboten aus internationalen Spitzenplätzen zeugt von dem wissenschaftlichen Ansehen, das sich Gerhard Arminger in kurzer Zeit weltweit erworben hat. Neben seinen viel beachteten Arbeiten zur Faktorenanalyse, zu latenten Variablen, log-linearen Modellen und zur Analyse von Paneldaten ist dabei auch sein Erfolg bei der Übertragung statistischer Verfahren in die betriebswirtschaftliche Praxis bemerkenswert. Das von ihm im Jahr 1996 mitbegründete Unternehmen „SAF Simulation, Analysis and Forecasting" wurde schnell zum Marktführer bei Softwarelösungen im Bereich der automatischen Bestellung im filialisierten Einzelhandel (z. B. dm, Metro). Im Jahr 2006 folgte der Gang der SAF mit damals 100 Mitarbeitern an die Frankfurter Börse, im Jahr 2009 verkaufte Gerhard Arminger seine Anteile um einen nur den Beteiligten bekannten Betrag an die Firma SAP. Seit seiner Emeritierung beteiligt er sich an Neugründungen in den Bereichen Ökologie und Sensortechnologie. Mit dem Interviewer Walter Krämer traf er sich an seiner alten Wirkungsstätte Wuppertal.

Dieser Beitrag wurde bereits in *AStA Wirtschafts- und Sozialstatistisches Archiv* (Bd. 16, 2022, https://link.springer.com/article/10.1007/s11943-022-00313-7) veröffentlicht und für das vorliegende Buch leicht überarbeitet.

W. Krämer (Hrsg.), *Statistik hautnah*, https://doi.org/10.1007/978-3-662-69596-8_19

Krämer Herr Arminger, wie kommt einer der in vielfacher Hinsicht erfolgreichsten deutschen Statistiker zur Statistik?

Arminger Wie die Jungfrau zum Kind. Als Absolvent eines humanistischen Gymnasiums habe ich Soziologie studiert, unter anderem, damit ich auf keinen Fall etwas mit Mathematik zu tun habe. Meine größte Überraschung war, dass es an der Universität Wien plötzlich hieß: Für Soziologie braucht man Mathematik und Statistik. Ich war am Anfang entsetzt, aber Professor Bruckmann hielt so hervorragende Vorlesungen, dass ich ein Interesse für Statistik entwickelt habe, insbesondere für die Anwendung in der empirischen Sozialforschung.

Gerhard Arminger 2009

Krämer Gibt es weitere akademische Vorbilder?

Arminger Neben Gerhard Bruckmann war es Friedrich Sixtl an der Johannes-Kepler-Universität Linz, der meine Ausbildung zum Statistiker fortgeführt und mein Interesse auf die Psychometrie mit ihren latenten Variablenmodellen gelenkt hat. Später war es dann John Nelder mit seiner Verbindung von Anwendungen, Theorie und Informatik, dessen Interesse für nicht-quantitative abhängige Variablen mich sehr geprägt hat. Wichtig war vor allem auch Kurt Holm von der Soziologie in Linz, der für die empirische Sozialforschung statistische Methoden angewendet und entwickelt hat.

Krämer Aus den genannten Bereichen kommen ja auch die meisten Ihrer eigenen wissenschaftlichen Arbeiten. Auf welche sind Sie denn besonders stolz?

Arminger Das sind die Arbeiten, in denen neue Modelle zur Verknüpfung von Faktorenanalyse mit multivariater Regressionsanalyse entworfen werden (Arminger und Sobel 1990; Arminger und Muthen 1998; Arminger et al. 1999) sowie Modelle zur Analyse nicht-quantitativer abhängiger Variablen für Paneldaten (Sobel und Arminger 1992) sowie ein Handbuch zur Modellierung in den Sozial- und Verhaltenswissenschaften (Arminger et al. 1995). Die Analyse von Panel-Daten hat ja durch das Sozio-oekonomische Panel ab 1984 einen enormen Aufschwung genommen ....

Krämer ... siehe mein Interview mit Gerd Wagner.

Arminger Die Bedeutung des SOEP kann man gar nicht hoch genug einschätzen. Ich fühlte mich sehr geehrt, dieses Großprojekt als Gutachter über viele Jahre zu begleiten. Als das sozio-oekonomische Panel begann, waren die statistischen Analysemethoden noch unterentwickelt. Erst mit dem PSID in USA und dem SOEP in Deutschland begann die eigentliche Beschäftigung mit Paneldaten, weil diese Daten neue Analysemethoden und auch natürlich sehr stark die Berücksichtigung von fehlenden Daten erzwungen haben.

Krämer Sie haben eingangs erwähnt, die Zusammenarbeit mit John Nelder und anderen Kollegen aus dem angelsächsischen Ausland hätte Ihnen viel gebracht. Dort ist die Statistik ein eigenes Fach. Bei uns kommen die Statistiker entweder aus der Anwendung oder aus der Mathematik und treffen sich dann irgendwo in der Mitte, wo sie mehr oder weniger gut kohabitieren. Sehen Sie das auch als großes Manko der deutschen Statistik?

Arminger Ja, Ich sehe das tatsächlich als Problem. Wir brauchen eine auch institutionell verankerte Integration von Anwendung und Theorie und vor allem brauchen wir eine sehr starke Integration mit der Informatik. Wir haben einfach das Problem, dass wir nicht wie angelsächsische Universitäten Schwerpunkte bilden können. Es wäre sinnvoller, statt eines Statistikers pro wirtschaftswissenschaftlicher Fakultät Zentren zu bilden, in denen mehrere Statistiker zusammenarbeiten, so wie in Dortmund. Da gibt es ja sogar eine eigene statistische Fakultät. Das ist nicht überall erforderlich, aber wir brauchen dringend mehr Zentren, wo es Schwerpunkte gibt, wo sich Methodiker, die volkswirtschaftlichen Statistiker, aber vor allem auch die Statistiker, die sich mit technischen und betriebswirtschaftlichen Anwendungsfragen beschäftigen, zusammenfinden. Die Medizin macht das ohnehin getrennt über die Biometrie.

Gerhard Arminger (rechts) mit Walter Krämer in einem Straßencafé in Wuppertal

Krämer Damit sind wir schon bei nächsten Frage, wo Sie aktuell das größte Anwendungspotenzial für Statistik sehen?

Arminger Das sehe ich ganz eindeutig in der Betriebswirtschaft und der Technik. Die betriebswirtschaftlichen und technischen Daten, die heute überall in den Firmen erzeugt werden (prozessgenerierte Daten), sind das Zigfache der volkswirtschaftlichen Daten, die uns zur Verfügung stehen. Ich erinnere nur daran, dass zum Beispiel im Einzelhandel in einer Kette mit vielleicht 1000 Filialen und 20.000 Produkten ununterbrochen 20 Mio. kurze Zeitreihen von Abverkäufen entstehen, die im Moment kaum ausgewertet werden.

Krämer Und wenn, dann von Informatikern.

Arminger So ist es. Nicht von Statistikern.

Krämer Ich habe ja schon oft die These vertreten, dass uns die Informatiker die Butter vom Brot nehmen.

Arminger Die nehmen uns die Butter vom Brot, weil wir uns die Butter vom Brot nehmen lassen. Informatiker sind häufig nicht für die Lösung statistischer Fragen ausgebildet, was ist die richtige Grundgesamtheit, was sind Ausreißer, welche Voraussetzungen sind erforderlich, um eine sinnvolle Prognose zu machen. Wenn die Daten informatiktechnisch einwandfrei sind, dann fangen viele Informatiker an zu rechnen, ohne zu prüfen, ob es nicht dadurch, dass die statistischen Fragen noch nicht geklärt sind, zu Unsinn kommt.

Krämer Sie hatten ja auch mehrere Möglichkeiten ins Ausland zu wechseln, sind aber in Deutschland geblieben. Wieso?

Arminger Als die Rufe kamen, hatte ich schon einige Zeit in den Vereinigten Staaten an den Universitäten, die mich berufen wollten, verbracht und habe damals schon die ersten Eindrücke überbordender Political Correctness (PC) erlebt. In Kalifornien war damals schon völlig klar, dass man die Räume immer offenlassen musste, dass man sich hinter seinem Schreibtisch verschanzen musste. Oder dass man gesagt bekam, man solle keine schlechten Noten vergeben. Wenn Sie die Begriffe und Ideologien um PC und woke vorzüglich erklärt sehen wollen, empfehle ich Pluckrose und Lindsay (2020). Die enthüllen PC sehr überzeugend als autoritäre, illiberale und demokratiegefährdende Ideologie. Sehr lesenswert! Außerdem bin ich ein überzeugter Europäer und genieße sehr den großen europäischen Kulturkreis ….

Krämer … mit welchen Vorlieben im Speziellen?

Arminger Meine Vorlieben sind Geschichte, Literatur und Musik, insbesondere die Oper, deren Pflege im deutschsprachigen Raum weltweit einmalig ist. Es ist mir auch ein großes Vergnügen, in den geschichtsträchtigen Räumen der Alpen und Voralpen zu wandern und nicht nur die Natur, sondern auch die Kirchen, Klöster, Burgen und Schlösser zu bewundern und viel Interessantes über ihre Geschichte zu erfahren.

Klassische Musik zur Abschiedsvorlesung von Gerhard Arminger, Anfang Juli 2014. (Foto: Maren Wagner, Bergische Universität Wuppertal)

Gerhard Arminger bei seinem Hobby Bergwandern

Krämer Also Kultur schlägt Geld?

Arminger Das ist mir zu eindimensional. Besonders wichtig war mir damals natürlich auch, dass die Bergische Universität ein sehr gutes Gegenangebot mit zusätzlichen Stellen und Freiräumen in der Lehre gemacht hat. Zu einem späteren Zeitpunkt, als der Ruf an die LSE kam, hatte ich auch schon begonnen, mir Gedanken zu meiner Firma SAF zu machen und dazu eine längere Auszeit genommen mit der Gewissheit, dass ich wieder an die Uni zurückgehen konnte. Diese Möglichkeiten, die mir die Bergische Universität damals eröffnet hat, haben mich bewogen, in Wuppertal zu bleiben. Wenn Universitäten und Landesregierungen so flexibel sind, dass solche Dinge möglich werden, dann kann auch die Verbindung zwischen Wissenschaft und Anwendung in der Industrie besser gelingen.

Krämer Wann fing denn diese Verbindung bei Ihnen an?

Arminger Die ersten Kontakte hatte ich schon in Linz und dann bei der Fabrik von Johnson&Johnson in Wuppertal. 1993 erhielt ich dann durch einen meiner ersten Doktoranden, Dr. Franz Köpper, die Möglichkeit, bei dm Drogeriemarkt ein Prognosesystem für die Bestellungen des filialisierten Einzelhandels auf Produktebene in der Filiale zu entwickeln. Die Reaktionen waren sehr interessant. Die Statistiker haben gesagt, man kann Zeitreihenanalyse nicht automatisieren, die Informatiker haben gesagt, das geht nicht am PC (hier kurz für Personal Computer). Da wussten wir, wir sind auf dem richtigen Weg. Essenziell war natürlich unser Partner auf Unternehmensseite, der leider verstorbene Gründer von dm, Götz Werner, der das Projekt sehr gefördert hat. Damit war ein Pilotprojekt geschaffen, das sich andere Firmen anschauen konnten und so kamen die nächsten Kunden, Metro usw. …

Krämer Und aktuell? Ich kann mir schlecht vorstellen, dass Sie ein Rentnerdasein pflegen?

Arminger Nach meiner Emeritierung habe ich die Möglichkeit gehabt, mich an diversen Start-Ups zu beteiligen. Einer davon beschäftigt sich mit der Entwicklung von Sensoren in medizinischen und bestimmten technischen Bereichen und ein anderer mit der betriebswirtschaftlichen Optimierung von Speicherkraftwerken. Auch hier gilt wieder: Die Sensortechnik liefert uns in einem Ausmaß Daten, das man sich nicht vorstellen kann. Jede medizinische oder technische Anwendung – oft in Apps –, die ausgewertet werden kann, erzeugt riesige Datenmengen, die im Moment in Datenfriedhöfen versickern, aber an sich auf Auswertung warten, um bessere Produkte, bessere Steuerung, bessere medizinische Versorgung, bessere Infrastruktur usw. zu ermöglichen. Ich kann jeden Statistiker, der ein Faible für Anwendung hat, nur ermutigen, dass er sich ein Anwendungsgebiet sucht und schaut, welche Daten es gibt. Die Firmen sind sehr offen für diesbezügliche Projekte, aber man muss sie natürlich ansprechen oder auch die Firmen sprechen einen an und dann sollte man nicht Nein sagen, auch wenn am Anfang die Zusammenarbeit mühsam ist.

Krämer Das klingt alles sehr ermutigend, auch für junge Leute, die überlegen, was sie studieren sollen. Statistik ist ein Zukunftsfach, da sind wir uns einig. Nochmal zurück zu etwas eher Entmutigendem. Sie hatten ja gesagt, dass Ihnen der Gang nach Kalifornien schwer gemacht wurde durch die Political Correctness, die dort damals schon um sich gegriffen hatte. Heute ist das ja in Deutschland mindestens genauso schlimm. Oder wie sehen Sie das?

Arminger Auf jeden Fall. Fast noch schlimmer ist der Mangel an Zivilcourage vieler Kolleginnen und Kollegen, die sich zwar privat gegen die verschiedenen Formen der Political Correctness (PC) aussprechen, aber sich einfach nicht gegen eine von oben oder von selbst ernannten Missionaren der PC erzwungene Politik wehren. Es kann sicher kein Professor gezwungen werden, zu gendern, ein Binnen-I oder ein den Sprach- und Schreibfluss störendes Sternchen zu verwenden. Professor kommt von „professere" „sich bekennen" und nicht von „profitere" und daher verstehe ich nicht, warum die Kollegen einfach nicht mitmachen. Es wird sehr viel gesprochen über kritische Erziehung und Zivilcourage, etc. aber wenn es dann drauf ankommt, traut man sich nicht einmal, das Binnen-I oder das Gender-Sternchen nicht zu verwenden.

Krämer Sie hatten mir auch einmal von ganz anderen politischen Abenteuern erzählt, kurz vor der Wende.

Arminger Ja, das war im Herbst 1989, da war ich Gast in Budapest. Ein schönes Beispiel für die Relativität des Zeitgeistes. Die Wirtschaftsstudenten dort demonstrierten für die Abschaffung des Namens Karl-Marx-Universität für ihre Lehranstalt. Zeitgleich forderten unsere Studenten in Wuppertal die Einführung des Namens Friedrich-Engels-Universität ….

Krämer Erfolglos, wie man weiß. Damals hatten die Unileitungen noch Rückgrat und Zivilcourage. Wenn man sich diese Feiglinge heute ansieht ….

Arminger Ein hervorragendes Beispiel für diese Feigheit hat gerade die Berliner Humboldt-Universität geliefert, die den Vortrag einer Biologin über Zweigeschlechtlichkeit aufgrund eines Boykottaufrufs eines „Arbeitskreises kritischer Jurist(Stern) innen" gestrichen und damit die Freiheit von Forschung und Lehre außer Kraft gesetzt hat (Klute 2022).

Krämer Zum Schluss, wenn Sie jetzt noch einmal anfangen könnten zu studieren, würden Sie dann alles noch einmal so machen?

Arminger Nicht in jeder Hinsicht. Ich würde heute aufgrund der Interessen, die ich in der Zwischenzeit entwickelt habe, als Anwendung nicht Soziologie, sondern Molekularbiologie studieren und in die Richtung Bio-Informatik und Statistik gehen. Für mich ist die Kombination von Molekularbiologie, Statistik, Informatik und künstlicher Intelligenz das Interessanteste, was man im Moment machen kann. Ich erinnere nur an Craig Venter, der die Sequenzierung der DNA mit clusteranalytischen Methoden um 100-Mal schneller gemacht hat, als bis dorthin üblich war. Das ist Statistik, wie sie mir vorschwebt – mitten im Leben, anwendungsbezogen, kosten- und erkenntnisrelevant, eine Riesenhilfe für Technik, Wirtschaft und Wissenschaft gleichermaßen.

Krämer Schön, das ist doch mal eine deutliche und konkrete Empfehlung für alle! Haben Sie vielen Dank für das Gespräch!

Literatur

Arminger G, Muthen B (1998) A Bayesian approach to nonlinear latent variable models using the Gibbs sampler and the metropolis-hastings algorithm. Psychometrika 63(3):271–300

Arminger G, Sobel M (1990) Pseudo maximum likelihood estimation of mean- and covariance structures with missing data. JASA 85:195–203

Arminger G, Clogg C, Sobel M (Hrsg) (1995) Handbook of statistical modelling for the social and behavioral sciences. Plenum, New York

Arminger G, Stein P, Wittenberg J (1999) Mixtures of conditional mean- and covariance structure models. Psychometrika 64(4):475–494

Klute H (2022) Die große Lehre, Süddeutsche Zeitung Nr. 152, Dienstag, 05.07.2022

Pluckrose H, Lindsay J (2020) Cynical theories. How activist scholarship made everything about race, gender and identiy – and why this harms everyone. Pitchstone, Durham

Sobel M, Arminger G (1992) Modelling household fertility decisions: A nonlinear simultaneous probit model. JASA 87:38–47

Katharina Morik

Menschliche und künstliche Intelligenz

Katharina Morik ist Informatikerin, ehemalige Inhaberin des Lehrstuhls für Künstliche Intelligenz an der Fakultät für Informatik der TU Dortmund und einer der führenden deutschen Fachvertreter in diesem aktuell so heißen Fach. Studiert und promoviert hat sie an der Universität Hamburg (zum Thema „Validierung von Überzeugungssystemen der Künstlichen Intelligenz vor dem Hintergrund linguistischer Theorien über implizite Äußerungen"),. gefolgt von einer Post-Doc-Phase im Projekt „HAMburg Application-oriented Natural-language System" (HAM-ANS) und der Habilitation an der TU Berlin.

Zur Statistik kam Katharina Morik nach Ihrem Ruf nach Dortmund 1991 über den DFG-Sonderforschungsbereich 475 „Komplexitätsreduktion in multivariaten Datenstrukturen", wo sie gemeinsam mit Statistiker- und Ökonomenkollegen ein Projekt zur Konjunkturdiagnose leitete und dabei Methoden des maschinellen Lernens nutzte. In ihrem eigenen Sonderforschungsbereich 876 „Informationsgewinnung durch Datenanalyse unter Ressourcenbeschränkung" integrierte sie auch Statistik-orientierte Projekte. Als Pionierin des maschinellen Lernens mit viel nationaler und internationaler Anerkennung veranstaltete sie mit Yves Kodratoff die „First European Summer School on Machine Learning" 1988, und 1989 leitete sie das Programm der „European Conference on Machine Learning", für dessen Entwicklung zu einer A-Konferenz sie sich seitdem engagiert. Gemeinsam mit Xindong Wu gründete sie zudem die „IEEE International Conference on Data Mining", dessen Steering Committee sie von 2002 bis 2007 angehörte. 2004 leitete sie das Programm der Konferenz zusammen mit Rajeev Rastogi. Bei diesen beiden Tagungen und der „Knowledge Discovery in Data" nahm sie unterschiedliche Rollen wahr, darunter Vice Chair, Awards Chair, Demo Chair sowie Panel Chair. Mit dem Interviewer Walter Krämer traf sie sich am Rande einer Klassensitzung der Nordrhein-Westfälischen Akademie der Wissenschaften und der Künste in Düsseldorf, der sie seit 2016 angehört.

W. Krämer (Hrsg.), *Statistik hautnah*, https://doi.org/10.1007/978-3-662-69596-8_20

Krämer Liebe Frau Morik, Sie sind mein erster Interviewpartner mit wissenschaftlichem Hintergrund jenseits der Statistik. Aber gerade deshalb ist ein Blick von außerhalb für uns Statistiker so wichtig. Wie ist denn Ihre Verbindung zur Statistik entstanden?

Morik Eher zufällig. Bei einer „International Joint Conferences on Artificial Intelligence“ war ich Berichterstatterin für eine Session, in der sich maschinelles Lernen und Statistik sehr gestritten haben. Die Argumente habe ich offenbar so versöhnlich zusammengefasst, dass ich hinterher in der Statistik beliebt war. Die Algorithmik und die effiziente Implementierung sind die wesentlichen Beiträge im maschinellen Lernen, und es gibt auch eine Theorie dazu, während die Theorie der Datenanalyse der Beitrag der Statistik ist. Wir tun daher gut daran, eng zusammenzuarbeiten.

Unterwegs zwischen zwei Welten: Katharina Morik

Krämer Sie selbst sind ja dafür das beste Beispiel. In unserem Statistik-SFB 475 in Dortmund („Komplexitätsreduktion in multivariaten Datenstrukturen“) waren Sie in zwei Projekten als Leiterin beteiligt. Um was ging es denn dabei?

Morik Dieser Statistik-SFB war wirklich ein Highlight der wissenschaftlichen Arbeit für viele Fächer, auch für die Anwendungen. Ich war an einem Wirtschaftsprojekt zur Konjunkturdiagnose und an einem Grundlagenprojekt mit Claus Weihs beteiligt. Bei Letzterem ging es um das eben erwähnte Verhältnis von Statistik und maschinellem Lernen. Es war gar nicht so einfach, eine einheitliche Terminologie und Notation zu finden. Aber wir haben sie gefunden, und die hat sich auch inzwischen durchgesetzt: Das maschinelle Lernen hat sich in seiner Wortwahl im Wesentlichen der Statistik angepasst.

Krämer Das hört man als Statistiker natürlich gern.

Morik Ja, das hat sich durchgesetzt. Gleichzeitig bleibt die Algorithmik ganz wesentlich, denn die Formeln der Statistik müssen unter verschiedenen Bedingungen wie etwa Realzeit, Speicherbeschränkung oder Energieeffizienz umgesetzt werden. Die Theorie, wie man solche Algorithmen effizient erstellt, stammt aus dem maschinellen Lernen.

Krämer Da können also umgekehrt auch die Statistiker einiges lernen?

Morik Genau, wir können alle voneinander lernen. Ich habe ja später auch einen eigenen SFB „Informationsgewinnung durch Datenanalyse unter Ressourcenbeschränkung" gegründet. Den Begriff „Big Data" gab es da noch nicht, sonst wäre das im Titel vorgekommen. Es ging darum, dass wir in Realzeit sehr schnell sehr große Datenmengen verarbeiten möchten, und auch da haben wir mit der Statistik sehr gut zusammengearbeitet. Wir hatten zwei Projektleiter, Katja Ickstadt und Jörg Rahnenführer, aus der Dortmunder Statistik- Fakultät. Diese Gemeinsamkeit von Statistik und maschinellem Lernen ist auch für die Zukunft notwendig.

Katharina Morik mit Projektleitern und Mitarbeitern ihres Dortmunder Sonderforschungsbereiches 869 „Informationsgewinnung durch Datenanalyse unter Ressourcenbeschränkung" (2009–2021)

Krämer Das ist ja auch Ihr eigenes Hauptarbeitsgebiet. Welche Ihrer dazugehörigen Arbeiten finden Sie denn besonders wichtig?

Morik Als ich das große SFB-Projekt zur Ressourcenschonung vor 14 Jahren angefangen habe, war mir klar, dass wir auch Energie sparen, dass wir unsere Algorithmik nicht nur nach Korrektheit, sondern auch nach dem Verbrauch von Elektrizität zuschneiden müssen. Das war damals für viele geradezu lächerlich. Aber heute sehen wir, dass das schon der richtige Riecher war (Morik und Marwedel 2022; Morik und Rhode 2022; Morik et al. 2022). Wir haben es zum Beispiel geschafft, probabilistische grafische Modelle so zu erstellen, dass wir nur Integer-Zahlen verwenden, auch in allen Berechnungen, also nicht nachträglich darüberstülpen, das muss man sich mal vorstellen (Buschjager et al. 2018; Piatkoswki et al. 2016). Probabilistische Statistik und nur in Integer-Zahlen! Mein damaliger Doktorand, Nico Piatkowski, ein brillanter Kopf, hat sogar bewiesen, dass dabei eine gewisse Schranke der Unsicherheit nicht überschritten wird (Piatkowski et al. 2016).

Krämer Ihre wissenschaftlichen Anfänger hatten ja auch viel mit Linguistik zu tun. Ich kann mich erinnern, dass ich selbst als Student fasziniert war vom sogenannten „Zipfschen Gesetz“: das häufigste Wort in einem größeren Text kommt doppelt so häufig vor wie das zweithäufigste, dreimal so häufig wie das dritthäufigste usw. Gibt es hier neuere Erkenntnisse?

Morik Das Zipfsche Gesetz war tatsächlich der Ausgangspunkt für die sehr erfolgreiche Textkategorisierung mit der Stützvektormethode (SVM), die mein damaliger Doktorand Thorsten Joachims im Statistik-SFB 475 entwickelt hat (Joachims 1998). Konkret geht es darum, dass dieses Vorwissen die Effizienz der maschinellen Textkategorisierung beträchtlich verbessert.

Krämer Wie kommen Sie als Frau denn mit der Informatik-Fachkultur zurecht? Als Sie angefangen haben zu studieren, war das ja noch ein reines Männerfach?

Morik Das ist es immer noch. Es hat zwischendurch mal einen Aufwärtstrend gegeben, der aber wieder zurückgegangen ist. Ich kann aber auch gut mit Männern zusammenarbeiten.

Krämer Haben Sie denn das Gefühl, dass Sie als Frau in Ihrer Karriere zuweilen gehandicapt waren?

Morik Natürlich, dauernd. Das war damals so und ist heute nicht anders.

Katharina Morik empfängt aus der Hand des Präsidenten ihre Ernennungsurkunde zum Ordentlichen Mitglied der Nordrhein-Westfälischen Akademie der Wissenschaften und der Künste

Krämer Können Sie das an ein paar Beispielen festmachen?

Morik Ich habe drei klassische Benachteiligungen erlebt, die, glaube ich, alle Frauen erleben. Das ist nicht immer böser Wille. Als Studentin wollten meine männlichen Kollegen für mich immer die Übungsaufgaben lösen und sich bei mir beliebt machen. Ich wollte es aber selbst machen, denn nur dann lerne ich etwas. Auch später als Professorin habe ich oft gesehen, wie die männlichen Studenten den Frauen etwas beizubringen versuchten und die Frauen dankend abgelehnt haben. Das ist nicht bösartig. Ich glaube, dass es bei manchen Benachteiligungen so zugeht – lieb gemeint, aber trotzdem verkehrt.

Dann erlebe ich oft, dass, wenn Frauen sprechen, der Gesprächsleiter ihnen direkt ins Wort fällt. Ich habe mal die Redezeiten in Zoom-Konferenzen mitgestoppt und feststellen müssen: es passiert systematisch. Bei Frauen gelten viel kürzere Redezeiten als (zu) lang als bei Männern.

Krämer Das muss ich als männlicher Statistiker dann wohl akzeptieren: traurig, aber wahr.

Morik Wie gesagt, kein böser Wille. Den habe ich fast nie erlebt, und auch Männer haben mal einen unangenehmen Kollegen. Aber das ist in der Wissenschaft recht selten. Wissenschaft halte ich für ein relativ sicheres Terrain.

Krämer Und Benachteiligung Nr. 3?

Morik Das sind die Seilschaften bei der Vergabe von Leitungspositionen. Besetzungen werden oft in Männerrunden diskutiert. Da fällt vielen der Name einer Kollegin oft einfach nicht ein. Außerdem wird einem jungen Mann weit mehr zugetraut als einer jungen Frau. Vorschusslorbeeren bekommen Frauen selten.

Krämer Sie haben gerade etwas Schönes gesagt: Die männlichen Studenten. Das heißt Studenten sind – da sind wir uns wohl einig-alle Personen, die studieren. Alle Geschlechter sind damit gemeint. Wie stehen Sie als Frau zu der aktuellen Bestrebung, die deutsche Sprache durch Genderzeichen aller Art sozusagen zwangsweise zu sexualisieren?

Morik Das sehe ich viel differenzierter. Die Amerikanische Psychologische Gesellschaft hat schon in den 80er-Jahren gesagt, dass es ganz wichtig ist, dass jeder Text Frauen und Männer gleichermaßen anspricht und sie haben dazu einen Führer herausgegeben, wie man das sprachlich am besten macht.

Krämer Den kenne ich auch. Dass man „he" und „she" abwechselt, ist zwar eine schöne Sache, …….

Morik … und auch verschiedene Vornamen benutzt. Und in der KI war es sogar so, dass ein Papier, dem das nicht gelingt, zur Überarbeitung zurückgeschickt wurde. Das finde ich gut. Als ich den ersten Artikel gelesen habe, in dem eine Informatikerin genannt wurde –das werde ich nie vergessen- bin ich tatsächlich aus der Bibliothek herausgerannt in eine kleine Ecke und konnte mich erstmal überhaupt nicht mehr beruhigen vor lauter Glück. Eine Informatikerin! Und da habe ich gedacht, ja, dieses Glücksgefühl möchte ich öfter erleben. Es war ein deutscher Text. Da habe ich gedacht, „es gibt uns", und deswegen empfehle ich, dass man immer mal Informatikerinnen und Mathematikerinnen auch mit ihrer weiblichen Endung benennt.

Krämer Klar, wenn man Menschen anredet, tue ich das auch. Aber wenn man *über* Menschen redet, kommt man in Schwierigkeiten. „Die deutschen Informatikerinnen gehören zu den besten der Welt". Das heißt, die Männer sind nicht so gut? Wenn ich sage, „Die deutschen Informatiker gehören zu den besten der Welt", sind alle 59 Geschlechter gemeint.

Morik Das sehe ich anders. Ich habe von diesem Erlebnis gelernt: Ich fühle mich eben nicht gemeint, ich fühle mich ausgeschlossen. Deswegen war ich so begeistert von der Informatikerin und ziehe es vor, dass man sich die Zeit nimmt und sagt „die deutschen Mathematikerinnen und Mathematiker sind hervorragend qualifiziert." So viel Zeit muss sein. Deshalb nehme ich mir die Zeit, um zum Beispiel die Studentinnen und Studenten anzusprechen.

Krämer Ich werde mal darüber nachdenken. Sie sind sowohl Mitglied der Nordrhein-westfälischen Akademie der Wissenschaften und der Künste als auch der Deutschen Akademie für Technikwissenschaften. Welche Rolle sehen Sie für dergleichen Akademien im deutschen Wissenschaftsbetrieb? Was haben die neben den Forschungsinstituten wie Max-Planck, Fraunhofer und anderen zu tun?

W. Krämer und K. Morik in der Bibliothek der NRW Akademie der Wissenschaften in Düsseldorf

Morik Die Rollen sind sehr unterschiedlich. Es ist natürlich gut, dass es fokussierte Kompetenzzentren wie Max Planck und Fraunhofer gibt. In den Akademien aber haben wir die Möglichkeit, ohne uns um ein Budget innerhalb der Universität streiten zu müssen, über allgemeinere Fragen der wissenschaftlichen Arbeit zu sprechen, und das interdisziplinär. Eine Universität hat Gremien, aber die sind immer überschattet von Geldentscheidungen. Letztlich geht es um Macht. Das ist bei den Akademien anders. Dass es hier nicht um Geld geht, finde ich sehr wichtig. Es geht einfach um den Informationsgewinn. Wir hören einander zu, und in dieser wunderbaren Klasse für Ingenieur – und Wirtschaftswissenschaften, der wir beide angehören, erfahre ich Gedanken, die ich sonst nie hören würde und wir können in Ruhe miteinander reden, weil wir hier in diesem herrlichen Freiraum sind, der uns von der Akademie geboten wird. Das halte ich für sehr wichtig. Auch, dass wir ruhiger vorgehen. Was in den sozialen Medien immer über Wissenschaft diskutiert wird, ist so hektisch, ohne die Möglichkeit einen Gedanken auszudifferenzieren. Es muss gleich verschlagwortet werden. Das wird uns nicht weiterbringen.

Krämer Eine sehr schöne Einschätzung, die von den Kollegen sicher gerne gelesen wird. Frau Morik, haben Sie ganz herzlichen Dank für das Gespräch.

Literatur

Buschjager S, Chen K-H, Chen J-J, Morik K (2018) Realization of random forest for real-time evaluation through tree framing. Procs. IEEE International Conference on Data Mining (ICDM), Singapur, S 19–28

Joachims T (1998) Text categorization with support vector machines: learning with many relevant features. Procs. ECML 1998. Lecture notes in computer science, bd 1398. Springer, Berlin/Heidelberg. https://doi.org/10.1007/BFb0026683

Morik K, Marwedel P (Hrsg) (2022) Machine learning under resource constraints – fundamentals. Berlin, De Gruyter

Morik K, Rhode W (Hrsg) (2022) Machine learning under resource constraints – discovery in physics. Berlin, De Gruyter

Morik K, Wietfeld C, Rahnenführer J (Hrsg) (2022) Machine learning under resource constraints – applications. Berlin, De Gruyter

Piatkowski N, Lee S, Morik K (2016) Integer undirected graphical models for resource-constrained systems. Neurocomputing 173(1):9–23

Bernd Fitzenberger

Die Statistik des Arbeitsmarkts

Bernd Fitzenberger (* 14. Mai 1963 in Friedberg) hat in Konstanz Volkswirtschaftslehre und Mathematik (Diplom in VWL 1987, Vordiplom in Mathematik 1989) und an der Universität Stanford Statistik (Master 1992) studiert, 1993 in Stanford in Ökonometrie promoviert und sich 1998 in Konstanz mit einer Schrift in der empirischen Arbeitsmarktforschung habilitiert. Im gleichen Jahr wurde er als Professor für Volkswirtschaftslehre, insbesondere Sozialpolitik an die TU Dresden berufen. Ein Jahr später wechselte er auf einen Lehrstuhl Volkswirtschaftslehre, insbesondere Ökonometrie an der Universität Mannheim, von dort im Jahre 2004 auf einen Lehrstuhl für Volkswirtschaftslehre, insbesondere Labor Economics an der Goethe-Universität Frankfurt, im Jahr 2007 auf einen Lehrstuhl für Statistik und Ökonometrie an der Universität Freiburg und im April 2015 auf einen Lehrstuhl für Ökonometrie an der Humboldt-Universität zu Berlin. Ihr vorläufiges Ende fand diese beeindruckende Laufbahn mit der Übernahme des Direktorenpostens des Instituts für Arbeitsmarkt- und Berufsforschung im September 2019, verbunden mit einer Professur für Quantitative Arbeitsökonomik an der Universität Erlangen Nürnberg.

Bernd Fitzenberger ist Research Fellow am Forschungsinstitut zur Zukunft der Arbeit (IZA) in Bonn, am CESifo in München und am Research Center for Education and the Labour Market in Maastricht, sowie International Research Affiliate am Institute for Fiscal Studies in London. Des Weiteren ist er Co-Editor der internationalen Zeitschrift Labour Economics, Associate Editor der internationalen Zeitschrift Empirical Economics und Mitglied im Herausgebergremium des Journals for Labour Market Research. Er koordinierte verantwortlich das von 2014 bis 2022 laufende DFG-Forschungsschwerpunktprogramm „The German Labor Market in a Globalized World: Challenges through Trade, Technology and Demographics“ (SPP 1764) und ist Mitglied der Leopoldina (Sektion Ökonomik und Empirische Sozialwissenschaften). Im

Dieser Beitrag wurde bereits in *AStA Wirtschafts- und Sozialstatistisches Archiv* (Bd. 16, 2022, https://link.springer.com/article/10.1007/s11943-022-00302-w) veröffentlicht und für das vorliegende Buch leicht überarbeitet.

W. Krämer (Hrsg.), *Statistik hautnah*, https://doi.org/10.1007/978-3-662-69596-8_21

Jahr 2020 erhielt er den Deutschen Wirtschaftspreis der Joachim Herz Stiftung für das beste Forschungswerk eines etablierten Wissenschaftlers zur Ökonomik der Arbeit.

Bernd Fitzenbergers Hauptforschungsgebiete sind Einkommens- und Lohnungleichheit, Beschäftigungsentwicklung, Evaluation von Maßnahmen der Arbeitsmarkt- und Bildungspolitik, berufliche Bildung und Übergang von Schule zu Beruf, Beschäftigung von Müttern, Gewerkschaften (Tarifbindung, Organisationsgrad, Lohnstrukturen und Beschäftigung), Evaluationsmethoden und Methoden der Quantilsregression. Die Mitglieder der Deutschen Statistischen Gesellschaft kennen ihn auch als Vertreter der Statistik und Ökonometrie im Fachkollegium Wirtschaftswissenschaften der Deutschen Forschungsgemeinschaft.

Krämer Herr Fitzenberger, Sie haben Ihren Doktortitel in den USA erworben und dazu auch noch an einem der berühmtesten Plätze überhaupt. Was können wir diesbezüglich von den Amerikanern lernen?

Fitzenberger Einiges. In Stanford – ein fantastischer Ort, der mich sehr geprägt hat – konnte ich Geistesgrößen wie Karl Popper oder Spitzen meiner Fächer VWL, Ökonometrie und Statistik persönlich erleben, wie Ken Arrow, James Tobin, Jim Heckman, Clive Granger, Takeshi Amemiya, T.W. Anderson oder Bradley Efron, auch angehende weibliche Stars wie Penny Goldberg, Hilary Hoynes oder Susan Athey, oder Menschen der Zeitgeschichte wie Michail Gorbatschow und Helmut Schmidt. Eine solche intellektuelle Konzentration und Offenheit erlebbar zu machen, da machen uns die amerikanischen Spitzenuniversitäten einiges vor.

Bernd Fitzenberger 2021 im IAB

Krämer Und betreffend die Ausbildung?

Fitzenberger Auch eine Menge. Als Diplom-Volkswirt mit einem Vordiplom in Mathematik war ich sehr gut für eine Promotion vorbereitet, habe aber trotzdem im PhD-Programm in Stanford noch extrem viel gelernt. Diese Programme bereiten in einem weit umfassenderen Maß auf eine forschungsorientierte Promotion vor, als das damals in Deutschland der Fall gewesen ist. Mit den neuen Doktorandenprogrammen in der VWL haben wir inzwischen zwar wichtige Schritte in diese Richtung getan, sind aber nach meiner Einschätzung noch weit entfernt von der breiten Exzellenz der Ausbildung, wie ich sie selbst in Stanford erlebt habe.

Beeindruckt war ich auch von der Unkompliziertheit und Selbstverständlichkeit, mit der ich als Nichtamerikaner in einem internationalen Jahrgang mit einem Ausländeranteil von ca. 50 % in das Doktorandenprogramm aufgenommen und von der Universität ab dem zweiten Jahr ohne Vorfestlegung auf einen Betreuer finanziert wurde. Als ich nach Stanford ging, wollte ich Zeitreihenökonometriker und empirisch arbeitender Makroökonom mit dem Fokus auf Arbeitsmärkte werden. Promoviert habe ich bei einem mikroökonometrisch versierten Arbeitsökonomen zu einem methodischen Thema an der Schnittstelle zwischen Zeitreihenökonometrie und Mikroökonometrie. Diese methodischen Kenntnisse habe ich als empirischer Arbeitsmarktforscher später vielfach angewandt (siehe etwa Fitzenberger 1999; Fitzenberger et al. 2001 oder Fitzenberger et al. 2004) – aber prägend war vor allem die Erfahrung, dass die Mikroökonometrie in Verbindung mit tollen Mikrodaten der Schlüssel zum Erkenntnisgewinn in der empirischen Arbeitsmarktforschung war – und immer noch ist. So selbstverständlich dies für das Fach auch in Deutschland heute ist, so revolutionär war das für mich damals in den USA.

Krämer Und der Anfang Ihres Wegs dahin? War das Ziel Statistik geplant oder zufällig?

Fitzenbverger Durchaus geplant, mit einigen glücklichen Zufällen. Im Mathe-Leistungskurs in der Schule hat mir im zweiten Halbjahr der 13. Klasse, als das Abitur schon gelaufen war, der Statistikschwerpunkt am meisten Spaß gemacht. Und danach spielte Statistik in meinem Studium in Konstanz eine große Rolle – schließlich studierte ich in der damaligen Fakultät für Wirtschaftswissenschaften und Statistik. Da war ich auch schon früh als Tutor in die Statistikausbildung im Grundstudium eingebunden, dadurch habe ich extrem viel gelernt. Und durch Gerd Ronning erhielt ich erste Einblicke in die Mikroökonometrie – und in eine Vorabversion seines späteren Lehrbuchs zu diesem Thema (Ronning 1991). Und im vierten Jahr meines VWL-Studiums habe ich begonnen, Mathematik bis zum Vordiplom zu studieren, um u. a. die Methoden in Statistik und Ökonometrie wirklich zu verstehen. Das hat mir in Stanford sehr geholfen.

Bernd Fitzenberger (*rechts*) mit dem schweizerischen Ökonomen Antonio Manzini (*links*) bei der Abschlussfeier zur Verleihung des Master of Science in Statistics im Juni 1992 an der Stanford University

Krämer Wo Sie dann eine eher methodische Dissertation geschrieben haben?

Fitzenberger Ja, deren Kern wurde dann später im Journal of Econometrics publiziert (Fitzenberger 1998). Ausschlaggebend dafür war Takeshi Amemiya; er hat mir geraten, auch Kurse im PhD-Programm in Statistik zu belegen und über diesen Weg einen Master in Statistics unter Anrechnung meiner im VWL-Programm absolvierten Ökonometriekurse zu machen. Dieser Rat war goldrichtig – und so hatte ich mit meiner Promotion auch gleich einen MSc in Statistics. Das ist ein solides Fundament, auf dem ich mich über meine Karriere methodisch immer wieder weiterentwickeln konnte, obwohl ich nach der Promotion eine angewandte Ausrichtung als empirischer Arbeitsmarktforscher eingeschlagen habe ….

Krämer … die Sie dann nach Nürnberg an die Spitze des Instituts für Arbeitsmarkt- und Berufsforschung geführt hat. Wie ordnet sich denn das IAB in den Chor der deutschen Sozial- und Wirtschaftsforschungsinstitute ein?

Fitzenberger Das IAB betreibt Arbeitsmarkt-, Berufs- und Sozialpolitikforschung im Rahmen eines im Sozialgesetzbuch II und III festgeschriebenen Auftrags. Es ist eine Dienststelle der Bundesagentur für Arbeit (BA) und berät die BA und das Bundesministerium für Arbeit und Soziales im Rahmen seines gesetzlichen Auftrags. Soweit ist es einem Ressortforschungsinstitut vergleichbar. Gleichzeitig sind das IAB und seine Forscherinnen und Forscher aber wissenschaftlich unabhängig und neben der Forschung auch in Datenproduktion und evidenzbasierter Politikberatung tätig. Neben eigenständigen Datenerhebungen kann das IAB als ein Alleinstellungsmerkmal durch seinen Zugang zu den Prozessdaten der BA einzigartige Datenbestände für die Forschung erschließen. Diese sind dann über das Forschungsdatenzentrum der BA im IAB (www.fdz.iab.de) für die externe Wissenschaft in datenschutzkonformer Weise zugänglich. Als weiteres Alleinstellungsmerkmal hat das IAB durch die Einbindung in die BA auch die Möglichkeit, Feldexperimente im Bereich der Arbeitsmarktpolitik durchzuführen.

Wegen seiner thematischen Festlegung und seines gesetzlichen Beratungsauftrags ist das IAB mit den Leibniz-Instituten in den Wirtschafts- und Sozialwissenschaften nicht vergleichbar. Aber seine wissenschaftliche Freiheit, seine exzellenten Forschungserfolge, wie zuletzt durch die Begutachtung durch den Wissenschaftsrat 2019 bestätigt, die Tatsache, dass das IAB ein englischsprachiges, interdisziplinäres Doktorandenprogramm (GradAB) zusammen mit der WiSo-Fakultät an der Friedrich-Alexander Universität Erlangen-Nürnberg betreibt, seine intensiven Forschungskooperationen und seine Drittmittelerfolge weisen das IAB als exzellente wissenschaftliche Forschungseinrichtung aus.

Bernd Fitzenberger (*Mitte*) beim internationalen Workshop „Vacancies, Hiring and Matching“ am 1./2. Oktober 2019 anlässlich des 30-jährigen Bestehens der IAB-Stellenerhebung. *Links* Josef Zweimüller, *rechts* Nicole Gürtzgen

Bernd Fitzenberger (*rechts*) beim internationalen BIBB-IAB-ZEW-Workshop „Tasks III: Changing tasks – Consequences for inequality“ am 26.–28. Mai 2014 in der Zentrale der Bundesagentur für Arbeit. *Links* Joachim Möller

Krämer Haben Sie als Chef dieser Organisation, der wohl jedes Jahr Dutzende von Akademikern einstellt, den Eindruck, dass die Statistikausbildung in Deutschland gut funktioniert?

Fitzenberger Teils-teils. Einerseits hat es in den letzten Jahrzehnten in der statistischen Methodenausbildung in der Soziologie und in der Volkswirtschaftslehre große Fortschritte gegeben. Unser Nachwuchs bringt dementsprechend einen tollen Werkzeugkasten und Erfahrungsschatz in der Anwendung moderner statistischer Methoden mit. Bei Studierenden der Wirtschaftswissenschaften fehlen jedoch mehr als früher profunde Kenntnisse in der Wirtschaftsstatistik und der amtlichen Statistik. In meiner Zeit als Habilitand haben mir mein Lehrer Wolfgang Franz und mein Mentor Reinhard Hujer, beide in der Forschung und Politikberatung sehr aktiv und erfolgreich, die Wichtigkeit von Kenntnissen in Wirtschaftsstatistik überzeugend deutlich gemacht. Diese Kenntnisse sind im IAB – und auch in der BA, die Teil der amtlichen Statistik ist – ganz zentral.

Die Statistik an den Hochschulen steht jedoch vor einem Dilemma – sie ist verstreut über viele Disziplinen. Gleichzeitig ist es jedoch für die Entwicklung und Verbreitung neuerer Methoden wichtig, dass das Fach in seiner ganzen Breite zusammenkommt und zusammenwirkt, um über den Tellerrand der jeweiligen Anwendungsdisziplin hinauszusehen. Hier kommt den Statistikstudiengängen – bspw. in Dortmund, München oder auch in Berlin, wo ich mehrere Jahre die Koordination des Masters in Statistik innehatte – und der Fakultät/der Fachgruppe in Statistik in Dortmund und München eine sehr wichtige Rolle zu.

Krämer Das wird meine Kollegen und Kolleginnen in Dortmund freuen. Was sollte man denn Ihrer Auffassung nach da anders machen?

Fitzenberger Für das skizzierte Dilemma gibt es keine einfachen Lösungen. Einerseits ist es wichtig, dass sich die Statistik als eigenständiges Fach definiert und die Möglichkeiten nutzt, Fachgruppen oder Fakultäten mit eigenen Studiengängen zu bilden. In Zeiten von Data Science und der Erschließung neuer Daten können hierfür Gelegenheitsfenster entstehen. Andererseits ist die enge Kooperation mit den Anwendungswissenschaften extrem wichtig – und statistische Grundkompetenzen sind in vielen Studiengängen eine berufsqualifizierende Schlüsselkompetenz. Hier darf sich die Statistik nicht zurückziehen, das sage ich gerade aus der Perspektive meiner Tätigkeit am IAB.

In den Anwendungsdisziplinen gibt es große Unterschiede in der Ausrichtung der im weitesten Sinn der Statistik zuzurechnenden Professuren. In der Volkwirtschaftslehre etwa ist es gängige Praxis, dass die Professuren einen Beitrag zur Methodenentwicklung leisten, sodass sich Anwendungsdisziplin und Methodenentwicklung befruchten. Das ist jedoch nicht überall der Standard. Wenn methodische statistische Grundlagenforschung nicht innerhalb einer Anwendungsdisziplin stattfindet, dann fehlt eine entscheidende Triebfeder, um den statistischen Instrumentenkasten, der für die jeweilige Disziplin wichtig ist, weiterzuentwickeln.

Krämer Und die Datenakquise …

Fitzenberger … darf natürlich ebenfalls nicht vernachlässigt werden. Eine große Stärke in der Methodenausbildung im Bereich der quantitativen Sozialwissenschaften sehe ich darin, dass die Studierenden wesentlich intensiver als in den Wirtschaftswissenschaften Kenntnisse zu den Themen Datenentstehung und Datenerhebung, Stichprobenplanung und Survey-Statistik erwerben. Vergleichbare Kenntnisse zu diesen Themen – oder praktisches Wissen zu den Grundlagen der Wirtschafts- und Sozialstatistik (früher ein Standardthema in der Ausbildung zur empirischen Wirtschaftsforschung, siehe das Lehrbuch von Hujer und Cremer 1978) – vermisse ich gelegentlich bei Studierenden aus den Wirtschaftswissenschaften, die ansonsten eine ausgezeichnete Ausbildung in theoretischer und/oder angewandter Ökonometrie haben. Aber als Ökonom weiß man, dass man nicht alles haben kann.

Krämer Von der Ausbildung in das wahre Leben. Ich habe mehrfach die These vertreten (siehe etwa Grohmann-Vorlesung, Krämer 2016), dass unsere Wirtschaft jährlich netto mehrere 100.000 Arbeitskräfte aus dem Ausland braucht. Was sagen Sie als Experte dazu?

Fitzenberger Rein quantitativ stimme ich der These im Wesentlichen zu. Ohne Zuwanderung können wir den Arbeitskräftebedarf unserer Wirtschaft nicht voll decken – und ohne Zuwanderung ergäben sich auch dramatische Folgen für unser System der sozialen Sicherung. Bei einer schrumpfenden Wirtschaft infolge von zunehmender Arbeitskräfteknappheit würden die Steuereinnahmen zurückgehen und die Beitragszahlungen fehlen, die wir insbesondere für die Rentenversicherung benötigen. Die Problematik ist schon in den Jahren 2020 und 2021 deutlich sichtbar geworden. Im beiden Jahren sank alterungsbedingt die Zahl der Personen, die dem Arbeitsmarkt insgesamt zur Verfügung stehen, jährlich um 300.000 bis 350.000 Personen. Die Erwerbsbeteiligung im Inland, bspw. über die weiter zunehmende Erwerbstätigkeit von Frauen, wuchs nach Rückgängen am Anfang der Covid-19-Pandemie im Jahr 2021 um gut 100.000 Personen – und damit langsamer als im letzten Jahrzehnt. Und die Immigration nach Deutschland ist in der Corona-Krise deutlich zurückgegangen, sodass dem Arbeitsmarkt in Deutschland zwei Jahre in Folge weniger Arbeitskräfte zur Verfügung standen. Schon im zweiten Halbjahr 2021 waren in einigen Bereichen wieder Arbeitskräfteengpässe zu erkennen.

Der Demografie-Effekt dürfte im nächsten Jahrzehnt in jedem Jahr in der gleichen Größenordnung liegen. In der Summe müssten daher 300.000 bis 400.000 Personen pro Jahr mehr zuwandern als unser Land verlassen, um die Zahl der dem Arbeitsmarkt zur Verfügung stehenden Personen konstant zu halten. In Folge der Covid-19-Pandemie ist die Zuwanderung allerdings kurzfristig zurückgegangen und die Zuwanderungspotenziale aus anderen EU-Ländern sind geringer als vor einigen Jahren, da auch dort vergleichbare demografische Effekte wirken.

Sind wir auf dem richtigen Weg? Die Politik hat richtigerweise mit dem Berufsanerkennungsgesetz und dem Fachkräfteeinwanderungsgesetz die Hürden für die Einwanderung von vor allem benötigten Fachkräften gesenkt und unterstützende Maßnahmen auf den Weg gebracht. Das IAB wird evaluieren, ob das Fachkräfteeinwanderungsgesetz die intendierten Effekte nach Ende der Corona-Krise zeigen wird.

Krämer Sie waren lange Jahre ein wichtiger Gutachter für die Deutsche Forschungsgemeinschaft. Wie beurteilen Sie den Stellenwert dieser Organisation im deutschen Wissenschaftsgefüge?

Fitzenberger Der ist sehr hoch einzuschätzen. Ich wurde zweimal in das Fachkollegium Wirtschaftswissenschaften für das Gebiet Statistik und Ökonometrie gewählt, hatte also die Ehre, insgesamt acht Jahre in diesem Gremium mitzuarbeiten, darunter zwei Jahre als stellvertretender Vorsitzender und zwei Jahre als Vorsitzender. Für meine zweite Amtszeit war ich sowohl vom Verein für Socialpolitik wie auch von der Deutschen Statistischen Gesellschaft (DStatG) als Kandidat vorgeschlagen worden. Hierüber habe ich mich besonders gefreut – und danke der DStatG für das mir entgegengebrachte Vertrauen. Besonders spannend und gleichzeitig herausfordernd war es dabei für mich, angemessen die Fachspezifika und Fachkulturen in einem Gremium zu berücksichtigen, in dem BWL, VWL, Wirtschafts- und Sozialgeschichte und eben Statistik und Ökonometrie zusammen vertreten sind. Die Vertraulichkeit der Beratungen verbietet mir, auf Einzelheiten einzugehen, aber die unterschiedlichen Fachkulturen führten zu teilweise leicht unterschiedlichen Kriterien für die Förderentscheidungen und zu leicht unterschiedlichen Einschätzungen der Sinnhaftigkeit einzelner Förderinstrumente. Für das Gremium ist es daher wichtig, ein gemeinsames Verständnis für angemessene und faire Förderentscheidungen zu entwickeln, die den Anträgen in ihrer Heterogenität und den eingeholten Gutachten gerecht werden und die die Wirtschaftswissenschaften insgesamt voranbringen. Die angemessenen Maßstäbe für Anträge an der Schnittstelle verschiedener Fächer – sei es an der Schnittstelle Statistik und Mathematik oder an der Schnittstelle zwischen Wirtschaftsgeschichte und Geschichtswissenschaft – stellten hierbei eine Herausforderung dar, die das Fachkollegium nach meiner Einschätzung in meinen zwei Amtsperioden gut gemeistert hat. Dabei haben wir uns gelegentlich und nach ausführlicher Diskussion auch schon mal über den Mainstream in VWL und BWL hinweggesetzt.

Krämer Irgendwelche Empfehlungen für Ihre Nachfolger?

Fitzenberger Anders als bei den von der EU vergebenen ERC grants ist bei der DFG auch die Förderung von Nachwuchswissenschaftlerinnen und -wissenschaftlern ganz am Anfang ihrer Karriere ein wichtiges Ziel. Die Bedeutung und Konzeption dieser Nachwuchsförderprogramme ist aber dem Nachwuchs in Deutschland noch nicht hinreichend bekannt. Deshalb finde ich es gut und wichtig, dass die DFG auf den Tagungen der Fachgesellschaften hierüber informiert – hieran habe ich mich immer gerne beteiligt – und der Nachwuchs die Beratungsleistung der DFG vor der Antragstellung nutzt. Das könnte man noch weiter intensivieren.

Krämer Von der DFG zur Forschung und zu den deutschen Universitäten allgemein. In meinem Interview mit Gerd Hansen haben sowohl ich als auch der Interviewte das geistige Klima an deutschen Universitäten heutzutage kritisiert. Wie sehen Sie das denn?

Fitzenberger Mit dem Begriff „geistiges Klima" tue ich mir schwer. Speziell bei dem Begriff „Geist" im Zusammenhang mit Universitäten erinnere ich mich an ein für mich unvergessliches Radio-Interview mit Walter Jens. Walter Jens galt bekanntermaßen als streitbarer Geist und scharfzüngiger Denker, dessen Ansichten ich nicht immer teilte, aber den ich sehr schätzte. Auf die Frage hin, wie es passieren konnte, dass er im kleinen Tübingen lehre und dort geblieben sei, antwortete Walter Jens u. a., dass ihn gleich als er nach Tübingen gekommen sei, der „Geischt" [schwäbisch für Geist] dort angesprochen habe. Ich habe das so verstanden, dass er das „geistige Klima", sprich die Form und die Inhalte des akademischen Austausches, die Kommunikation in Universität und Stadtgesellschaft und auch die Streitkultur im Tübingen der 1950er-Jahre geschätzt hat.

Lebt der von Walter Jens geschätzte Geist in Form rhetorisch geschliffener aber akademisch gehaltvoller und respektvoller Kommunikation und Diskussion, die hart in der Sache ist, an den deutschen Universitäten heute fort? Ich halte dies für ein schönes Ideal, eine schöne Utopie, und schätze sehr, wenn ich dieses Ideal in Realität erlebe – wofür es an deutschen Universitäten immer wieder schöne Beispiele gibt. Aber es wäre ein zu hoher, elitärer Anspruch, um die Realität an deutschen Universitäten daran zu messen, denn die Universitäten sind natürlich Teil der Gesellschaft, deren Verhaltensmuster sich nicht unbedingt an humanistischen Bildungsidealen orientiert. Die Universitäten spiegeln somit auch negative Entwicklungen in der Gesellschaft wider. Im großen Ganzen garantieren sie in der öffentlichen Diskussion und in Auseinandersetzung über unterschiedliche Meinungen ein hohes Maß an Freiheit und kritischem Diskurs, auch wenn dies nicht völlig dem skizzierten Ideal entspricht. Ich schätze die Offenheit und das Engagement, mit denen beispielsweise Studierende der Wirtschaftswissenschaften alternative Sichtweisen in unser Lehrprogramm einbringen oder mit der sie sich für politische Forderungen einsetzen, selbst wenn ich diese nicht teile. Dies ist an deutschen Universitäten gut möglich, ohne dass der oder die Betreffende Nachteile befürchten muss.

Schockierend dagegen – und meinem Idealbild des geistigen Klimas an einer Universität widersprechend – ist beleidigende oder respektlose Kommunikation, wie sie teilweise in anonymer Form in sozialen Medien oder in Kommentarspalten im Internet vorkommt. Dazu zähle ich anonyme, beleidigende Kritik an Lehrenden, wie ich sie leider viel zu oft auf Bewertungsplattformen, Onlineforen oder in anonymen Lehrevaluationen für meine Person oder Kolleginnen und Kollegen gelesen habe. Auch sexistische Äußerungen über weibliche Lehrende sind hier zu beklagen. Keine Frage: Berechtigte Kritik und kritische Diskussionen müssen sein – ich bin offen dafür und bewundere Studierende und die Vertreterinnen und Vertreter anderer Statusgruppen an der Universität, wenn sie offen Missstände ansprechen, ihre Einschätzungen einbringen und sich an Entscheidungsfindungsprozessen beteiligen. Aber beleidigende und entwürdigende Kommunikation in Anonymität ist immer unangemessen und einer Universität unwürdig – und ich vermisse einen höheren Schutz der Adressaten dieser Kommunikation an den Universitäten, aber auch in der Gesellschaft insgesamt.

Krämer Da sind wir ja schon zwei. Gibt es etwas, das Sie dem neuen Vorsitzenden der DStatG mit auf den Weg geben könnten?

Fitzenberger Ich möchte meine Antwort als zwei Einschätzungen verstanden wissen, die ich zur Diskussion stelle. Erstens, der aktuelle Hype im Bereich Data Science, Maschinellem Lernen, Künstliche Intelligenz in Verbindung mit der Verfügbarkeit von neuen Datentypen ist eine große Chance, das Fach Statistik zu stärken. Bei Anwendungen dieser Methoden in den Wirtschaftswissenschaften ist eine dezidiert statistische und ökonometrische Perspektive sinnvoll und wichtig. Zugespitzt formuliert heißt das: Die Frage der angemessenen statistischen Inferenz, Messfehlerprobleme oder Selektionseffekte, um nur drei Beispiele zu nennen, verschwinden mit den neuen Methoden nicht von selbst.

Zweitens, die DStatG stellt sich vielen wichtigen Aufgaben – das ist großartig, birgt aber besondere Herausforderungen. Lassen Sie mich zwei davon nennen. Amtliche Statistik und Wissenschaft/Lehre an den Universitäten kontinuierlich zusammenzubringen ist sehr wichtig, gerade weil der Stellenwert der Vermittlung von Kenntnissen in der Wirtschafts- und Sozialstatistik an den Universitäten höher sein sollte und weil die amtliche Statistik von dem Austausch mit der Hochschulforschung profitiert. Eine Herausforderung entsteht daraus, dass die amtliche Statistik größtenteils, wenn auch nicht ausschließlich (Beispiel: Eurostat), national aufgestellt ist, während die Methodenforschung als Grundlagenforschung durch und durch international ist.

Und Statistik ist in vielen Anwendungsdisziplinen vertreten, von denen die DStatG nur einige repräsentiert. Die Herausforderung besteht darin, den Austausch im Fach Statistik über die Anwendungsdisziplinen hinweg zu ermöglichen und zu organisieren. Für beide Herausforderungen hat die DStatG funktionierende Lösungen gefunden, die jedoch regelmäßig einer Überprüfung und Anpassung an sich verändernde Rahmenbedingungen bedürfen.

Krämer Das ist ein schönes Schlusswort. Ich danke Ihnen für das Gespräch.

Literatur

Fitzenberger B (1998) The moving blocks bootstrap and robust inference in linear least squares and quantile regressions. J Econom 82(2):235–287

Fitzenberger B (1999) Wages and employment across skill groups: an analysis for west Germany. Physica, Heidelberg

Fitzenberger B, Hujer R, MaCurdy TE, Schnabel R (2001) Testing for uniform wage trends in west Germany: a cohort analysis using quantile regressions for censored data. Empir Econ 26(1):41–86

Fitzenberger B, Schnabel R, Wunderlich G (2004) The gender gap in labor market participation and employment: a cohort analysis for west Germany. J Popul Econ 17(1):83–116

Hujer R, Cremer R (1978) Methoden der empirischen Wirtschaftsforschung: Verfahren zur Diagnose und Prognose makroökonomischer Prozesse. Vahlen, München

Krämer W (2016) Die demografische Zeitbombe: Ursachen und Folgen der Kinderlosigkeit (Heinz-Grohmann-Vorlesung). Wirtsch Sozialstat Arch 10:305–323

Ronning G (1991) Mikroökonometrie. Springer, Berlin/Heidelberg

Katharina Schüller

Als Powerfrau Beraterin von Gunter Sachs

In dieser Interviewreihe vertritt Katharina Schüller das bisher vernachlässigte Thema „Statistische Beratung". Und als einziger Interviewpartner hat sie auch das Fach Statistik offiziell studiert (nach einem Studium der Psychologie in Dresden von 1997 bis 2005 an der Ludwig-Maximilians-Universität München). Noch während des Studiums gründete sie 2003 die Beratungsfirma STAT-UP, die sie bis heute leitet. Inzwischen beschäftigt die Firma 25 Mitarbeiter und unterhält Filialen in Madrid und Linz.

Den Mitgliedern der DStatG ist Katharina Schüller bekannt als Leiterin des Arbeitskreises „Kompetenzentwicklung: Data Literacy und Statistik". Seit dem Jahr 2020 gehört sie auch dem Vorstand der Gesellschaft an. Und gemeinsam mit Gerd Gigerenzer, Thomas Bauer und Walter Krämer betreibt sie die Aktion „Unstatistik des Monats", die regelmäßig statistische Fehlleistungen der Medien aufgreift und als eine Art Kontrollmechanismus des Publikums fungiert. Das daraus entstandene Buch *Grüne fahren SUV und Joggen macht unsterblich* (Bauer 2022) wurde auf der Frankfurter Buchmesse 2023 in der Sparte Business Impact als bestes Sachbuch des Jahres ausgezeichnet. Bei diesem Anlass entstand auch dieses Interview.

Krämer Frau Schüller, Sie sind mein einziger Interviewpartner, der das Fach Statistik offiziell studiert hat. Wie kamen Sie dazu?

Schüller Das war zunächst gar nicht selbstverständlich. Im Matheleistungskurs konnte ich mit Statistik und Stochastik nicht viel anfangen. Das hat sich mir einfach nicht erschlossen, warum man ausrechnen soll, wie sich Autos auf Parkplätze verteilen oder Kinder beim Kindergeburtstag. Dann habe ich aber Psychologie studiert und gemerkt: Ich muss Statistik können. Und ich hatte Ehrgeiz und habe mich richtig reingekniet. Und auf einmal war es, als wäre ein Schalter umgelegt, ich habe verstanden, wie das funktioniert. Und dann hat mich die Statistik so fasziniert, dass ich mein Studienfach gewechselt habe.

W. Krämer (Hrsg.), *Statistik hautnah*, https://doi.org/10.1007/978-3-662-69596-8_22

Katharina Schüller erhält für ihre erfolgreiche Unternehmertätigkeit den Wirtschaftspreis LaMonachia 2021 von der Landeshauptstadt München

Krämer Gibt es unter den damaligen Professoren welche, die Sie besonders beeindruckt haben?

Schüller Ja. Besonders zwei sind mir in Erinnerung geblieben. Der eine war Leo Knüsel, bei dem hatte ich Statistik 1. Ich fand es großartig, dass wir von Anfang an am Computer gearbeitet haben und nicht nur theoretisch mit Büchern. Dafür setze ich mich auch selber ein, siehe Mittag und Schüller (2023). Der zweite war Helmut. Küchenhoff. Bei ihm hatte ich ein Consulting Praktikum. Es hat mich sehr fasziniert, was man mit Statistik alles machen kann und wie wichtig diese Kompetenzen in unterschiedlichsten Anwendungsbereichen sind ….

Krämer Dann kam also schon sehr früh die Idee einer eigenen Beratungsgesellschaft auf?

Schüller Ja. Dieser Consulting-Kurs war ein wichtiger Impuls. Ich habe mir dann ein amerikanisches Lehrbuch gekauft und gelesen, wie riesig in den USA dieses Angebot an statistischer Beratung ist. In Deutschland damals nahe Null. Ich war so hingerissen von den Möglichkeiten, ich wollte wie die amerikanischen Kollegen diese Vielseitigkeit von Statistik in meinem Arbeitsleben mitbekommen und habe mich mit einem Studienfreund darüber unterhalten. Der meinte erst, er weiß nicht recht, er müsste sich jetzt eigentlich bewerben. Aber ich habe gesagt: Ach komm, wir gründen ein Unternehmen, probieren wir es mal. Und so haben wir uns einfach selbstständig gemacht.

Krämer Und ab da ging es dann nur bergauf?

Schüller Ja, das Unternehmen läuft sehr gut. Ich staune immer wieder aufs Neue, wie groß der Erfolg ist.

Krämer Was sind denn die häufigsten Probleme, die an Sie als Beraterin herangetragen werden?

Schüller Die Probleme sind ganz unterschiedlicher Art und entstehen auf der gesamten Wertschöpfungskette, wie man mit Daten zu besseren Entscheidungen kommt. Es fängt an mit Fragestellungen, was kann ich in meinem Unternehmen oder in meiner Organisation mit Daten und Statistiken anfangen, welche Daten brauche ich, wie muss ich diese Daten aufbereiten, analysieren. visualisieren, kommunizieren, interpretieren und wie treffe ich am Ende daraus auch Entscheidungen. Dabei gibt es, wenn ich es auf einen Nenner bringen möchte, im Wesentlichen zwei Ursachen für Probleme. Einmal wissen diejenigen, die in Organisationen Daten bereitstellen, nicht, was am Ende damit passieren soll, und zweitens wissen diejenigen, die diese Daten nutzen, nicht, wo die Daten herkommen und weswegen diese Daten dann auch Limitationen haben. Das sind die beiden Kernprobleme, auf die ich immer wieder stoße.

Krämer Zu ihren interessantesten Beratungsfällen gehört zweifellos auch die Causa Gunter Sachs. Was hat es denn damit auf sich?

Schüller Ja, eines Tages hat der Privatsekretär von Gunter Sachs bei mir angerufen, Herr Sachs würde mich gerne kennenlernen ….

Krämer Davon haben wohl mehrere Millionen Frauen in Deutschland jahrelang geträumt ….

Schüller … wegen eines Problems beim Fußball. Da fallen immer weniger Tore, weil die Torwarte besser ausgebildet und größer sind. Wir müssten die Tore vergrößern. Und daraufhin kam die Frage: Ja, um wieviel denn und dann war die Frage an mich, könnte man das ausrechnen und ich habe gesagt, ja kann man. Ich wusste zwar nicht wie, aber ich habe natürlich ja gesagt. Aber dann hat Gunter Sachs das Thema fallengelassen und mich zu seinem Hobby Astrologie um Hilfe gebeten. Er hatte damals gerade einen Bestseller veröffentlicht, „Die Akte Astrologie" (Sachs 1997). Da hat er untersuchen lassen, ob Sternzeichen gewisse Zusammenhänge zeigen mit anderen Ereignissen in unserem Leben …

Krämer Saisoneffekte gibt es überall.

Schüller … und auch welche gefunden. Wohl auch, weil die meisten Menschen ihr Sternzeichen kennen und dass das eine sich selbst erfüllende Prophezeiung sein könnte. Jedenfalls hat er mit einem Nobelpreisträger Verbindung aufgenommen, Kary Mullis, Chemienobelpreis 1993 für die Entdeckung der Polymerase-Kettenreaktion ….

Krämer Basis der berühmten PCR Coronatests ….

Schüller … oder Vaterschaftstests, also Dinge, die man im täglichen Leben immer wieder mal so braucht. Mullis war ein Topwissenschaftler, aber auch bekannt für seinen Glauben an übernatürliche Phänomene. Und er hat gesagt, ihr müsst euch viel mehr anschauen von den Daten, die gesamte Konstellation aller Planeten und das auch zu verschiedenen Ereignissen und so. Das war ziemlich komplex und so haben wir über viele Jahre hinweg dazu Methodiken und eigene Computerprogramme entwickelt, Daten und Code von der NASA runtergeladen und vom Statistischen Bundesamt der Schweiz millionenschwere Datensätze bekommen. Daraus ist nach Jahren noch mal ein Buch entstanden (Sachs 2014).

Katharina Schüller mit dem Buch von Gunter Sachs auf der Frankfurter Buchmesse 2015

Krämer Im Kielwasser dieses Kontaktes haben Sie ja auch mit mir zusammen auf Basis dieses einmaligen Datensatz von Todesfällen in der Schweiz einen schönen Aufsatz produziert (Krämer und Schüller 2019). Ich glaube, das Ergebnis ist auch für die Leser dieses Interviews von Interesse?

Schüller Das Hauptergebnis steckt schon im Titel: „Warum Novemberkinder länger leben." Wir haben festgestellt, dass Kinder, die in den Wintermonaten geboren worden sind, im Schnitt bis zu 9 Monate länger leben als Kinder die in den Sommermonaten März, April, Mai und so weiter geboren sind. Pech für mich, ich habe im April Geburtstag, Das Phänomen ist bekannt, aber wir haben eine neue Theorie dafür, basierend auf einem Aufsatz in Nature Medicine (Sun et al. 2018). Und zwar, dass es Zusammenhänge gibt mit der Temperatur im Zeugungsmonat. Das hat mit dem sogenannten brauen Fettgewebe zu tun. Das reguliert bei Säuglingen die Temperatur und soll sehr gesund sein. Und je kälter das Wetter bei der Zeugung, desto mehr davon bekommt das Baby mit.

Katharina Schüller mit Walter Krämer auf der Frankfurter Buchmesse 2023

Krämer Sie sind ja auch das perfekte Rollenmodell einer modernen Powerfrau: Vier Kinder und beruflich enorm erfolgreich. So wie auch, mit drei Kindern, meine Interviewpartnerin Nanny Wermut. Aber von Nanny Wermut weiß ich, dass ihr der Kinder wegen häufig Steine in den Weg gelegt wurden. Wie war das bei Ihnen?

Katharina Schüller im Kreis ihrer Familie

Schüller Ähnlich. Wie auch immer man es als Frau macht, man macht es falsch. Und irgendjemand sagt dann immer, was man alles falsch macht, ob man Kinder hat oder nicht, ob man mit Kindern arbeitet oder nicht oder ob man ohne Kinder nicht arbeitet oder arbeitet. Also es gibt immer jemand, leider häufig Frauen, die einem dann reinreden wollen und sagen, was man alles nicht richtig macht.

Meine Kinder waren auch mit ein Grund, warum ich mich selbstständig gemacht habe. Weil es extrem schwierig war, sich zu bewerben. Obwohl ich mein Studium gut abgeschlossen hatte. Aber dann habe ich gemerkt, dass es jetzt sogar fast gekippt ist: Ab einem gewissen Alter wird es positiv gesehen, dass ich nicht nur Karrierefrau bin, sondern dass ich auch Kinder und damit gezeigt habe, dass ich Verantwortung übernehmen kann. Das tue ich zwar im Beruf genauso, aber viele wollen das nicht so sehen. Inzwischen jedenfalls finden es die meisten Menschen, glaube ich, relativ beeindruckend, wie ich Familie und Beruf verbinde.

Krämer Als jemand, der im statistischen Beratungsgeschäft arbeitet, kennen Sie die Defizite in der Praxis. Ist die aktuelle Statistikausbildung in Deutschland geeignet, hier Abhilfe zu schaffen?

Schüller Ich bin selbst Koautorin eines Statistik Lehrbuchs (Mittag und Schüller 2023) und ich diskutiere mit meinem Koautor schon lange, dass wir endlich mal den Tabellenanhang aus unserem Buch herauswerfen sollten. Kein Mensch arbeitet mehr damit. Es gibt niemanden mehr, der mit Papier und Bleistift Zahlen ausrechnet und in der Tabelle nachschlägt, welchem Quantil der Normalverteilung diese Zahlen entsprechen. Also hier könnte man schon mal ansetzen, um mehr Praxisnähe zu vermitteln. Wir lehren die Methoden, teilweise sehr im Detail und sehr spezifisch, aber wir vermitteln nicht, dass Daten ja nicht vom Himmel fallen, sondern dass Daten gemessen, erhoben werden, dass die Abbildung realer Phänomene in Daten ein unglaublich komplexer Prozess ist. Diesen Bezug zwischen Realität und Daten, den müssen wir in der aktuellen Statistikausbildung noch viel stärker herausstellen. Aktuell wird die Datenerhebung, Stichwort Survey-Statistik, meiner Meinung nach extrem vernachlässigt. Dabei ist sie so furchtbar wichtig in unserer heutigen Zeit.

Und das zweite Defizit: Kommunikation. Wie ich als Statistiker oder Statistikerin in der Lage bin, mich zu artikulieren, sodass ich nicht missverstanden werde. Und zwar nicht nur auf Fachkonferenzen, sondern eben mit meiner eigentlichen Kundschaft, nämlich Menschen, die mit Hilfe von Daten und Statistiken bessere Entscheidungen treffen wollen, darauf kommt es an und das können viele nicht. Hier ist noch einiges zu tun.

Krämer Dazu kann ich nur Amen sagen. Haben Sie vielen Dank für das Gespräch.

Literatur

Bauer T, Gigerenzer G, Krämer W, Schüller K (2022) Grüne fahren SUV und Joggen macht unsterblich. Campus, Frankfurt

Krämer W, Schüller K (2019) Warum leben Novemberkinder länger? In: Weihs C, Krämer W (Hrsg) Faszination Statistik. Springer Spectrum, Heidelberg, S 1–10

Mittag H-J, Schüller K (2023) Statistik: Eine interdisziplinäre Einführung mit interaktiven Elementen. Springer, Heidelberg

Sachs G (1997) Die Akte Astrologie. Goldmann, München

Sachs G (2014) Mein astrologisches Vermächtnis. Scorpio, München

Schüller K (2015) Statistik und Intuition: Alltagsbeispiele kritisch hinterfragt. Springer Spektrum, Heidelberg

Sun W et al (2018) Cold induced epigenetic programming of the sperm enhances brown adipose tissue activity in the offspring. Nat Med 24:1372–1383

Teil IV
Ökonometrie

Einleitung

Am 29. Dezember 1930, um 8 Uhr abends, in einem von 700 Zimmern des gern als Konferenzzentrum frequentierten Statler-Hotels im amerikanischen Cleveland (Ohio), Euclid Avenue Ecke East Street, trafen sich 16 Herren (keine Frau dabei), alle führende Wissenschaftler ihres Faches, und begründeten die Wissenschaft der Ökonometrie: Ragnar Frisch (Nobelpreis 1969), Charles F. Roos, Joseph A. Schumpeter, Harold Hotelling, Henry Schultz, Karl Menger, Edwin B. Wilson, Frederick C. Mills, William F. Ogburn, J. Harvey Rogers, Malcolm C. Rorty, Carl Snyder, Walter A. Shewhart, Øystein Ore, Ingvar Wedervang und Norbert Wiener. Geleitet wurde das vergleichsweise formlose Treffen von Josef Schumpeter. Mit Ragnar Frisch und Irving Fischer hatte er auch die vorbereitenden Briefwechsel und einige bilaterale Treffen organisiert. Nach zwei Stunden Diskussion erklärte Schumpeter die Ökonometrie als Wissenschaft für begründet: „A new discipline which for lack of a better name may be called *econometrics*". Und die zuständige Fachgesellschaft, die Econometric Society, wurde gleichfalls aus dem Taufbecken gehoben: „Its main object shall be to promote studies that aim at a unification of the theoretical-quantitative and the empirical-quantitative approach to economic problems and that are penetrated by constructive and rigorous thinking similar to that which has come to dominate in the natural sciences." Erster Präsident der neuen Gesellschaft wurde Irving Fisher.

Es folgte – peu u peu, aber dann umso spektakulärer – ein Siegeszug ohnegleichen. Die Vereinszeitschrift Econometrica wurde zur weltweit führenden Fachzeitschrift für Wirtschaftswissenschaften überhaupt; eine Publikation darin war sozusagen der wissenschaftliche Ritterschlag. Bald konnte man ohne vertiefte Kenntnisse der Ökonometrie an keiner angesehenen Universität mehr Wirtschaftsprofessor werden, und 40 Jahre später gab es kaum einen der dann jährlich gekürten Wirtschafts-Nobelpreisträger, der nicht Mitglied der Econometric Society gewesen wäre. Viele davon erhielten den Preis expressis verbis für ihre Leistungen in der Kombination von Wirtschaftswissenschaften und Statistik.

W. Krämer (Hrsg.), *Statistik hautnah*, https://doi.org/10.1007/978-3-662-69596-8_23

Den Anfang machten die beiden ersten Wirtschafts-Nobelpreisträger überhaupt, Jan Tinbergen und Ragnar Frisch. Sie erhielte den Preis „für die Entwicklung und Anwendung dynamischer Modelle zur Analyse von Wirtschaftsprozessen." Es folgten:

1979: Theodor W. Schultz und G. Arthur Lewis „für ihre bahnbrechenden Arbeiten in der Erforschung der wirtschaftlichen Entwicklung". Auf Schultz geht auch der Fachterminus „Humankapital" zurück.

1980: Lawrence Klein „für die Konstruktion ökonomischer Konjunkturmodelle und deren Verwendung bei Analysen der Wirtschaftspolitik". Auf seine wissenschaftlichen Anfänge zurückblickend erinnerte er sich noch, wie er ganze Horden von Studenten damit beschäftigte, bestimmte Matrizen zu invertieren, die bei der Schätzung der Koeffizienten dieser Modelle vorkamen.

1984: Richard Stone „für seine bahnbrechenden Leistungen bei der Entwicklung von volkswirtschaftlichen Gesamtrechnungssystemen". Man könnte das auch Amtsstatistik für Fortgeschrittene nennen.

1989: Trygve Haavelmo „für seine Formulierung der wahrscheinlichkeitstheoretischen Grundlagen der Ökonometrie". Haavelmo hatte als erster die statistischen Probleme erkannt, die durch endogene rechtsseitige Variable in Regressionsmodellen entstehen. Die zur Behebung dieser Defizite erfundenen Schätzmethoden sind Legion, in den 1970er-Jahren kam fast jeden Monat eine neue auf den Markt, am populärsten immer noch die Zweistufige Methode der Kleinsten Quadrate. Lange Zeit waren sie der Albtraum jedes Wirtschaftsstudenten mit Vertiefungsfach Ökonometrie.

1993: Robert Vogel und Douglas North „für ihre Erneuerung der wirtschaftsgeschichtlichen Forschung durch Anwendung ökonomischer Theorie und quantitativer Methoden, um wirtschaftlichen und institutionellen Wandel zu erklären." Auch hier gibt es große Überlappungen mit der Amtsstatistik.

2000: James Heckmann „für die Entwicklung von Theorien und Methoden zur Analyse selektiver Stichproben". Eines der heißesten Themen der aktuellen Ökonomie: Wie etwa quantifiziert man die kausalen Effekte arbeitsmarktpolitischer Maßnahmen, wenn Unterstützungsempfänger selbst bestimmen können, ob sie zum Unterstützerkreis gehören? Auch in der empirischen Bildungsforschung sind die von Heckmann entwickelt Methoden heute ganz zentral.

2003: Robert Engle und Clive Granger „für Methoden zur Analyse ökonomischer Zeitreihen mit zeitlich variabler Volatilität (ARCH-Modell)" (Engle) und „für Methoden zur Analyse ökonomischer Zeitreihen mit gemeinsam veränderlichen Trends (Kointegration)" (Granger). Vor allem die empirische Kapitalmarktforschung ist nicht mehr denkbar ohne die von Engle und Granger vorgeschlagenen Modelle und Methoden.

2011: Thomas Sargent und Christopher Sims „für ihre empirische Untersuchung von Ursache und Wirkung in der Makroökonomie". Hier werden in gewissen Sinne die von Heckmann für die Mikroebene entwickelten Methoden auf die Makroebene übertragen.

2013: Eugene Fama, Lars-Peter Hansen und Robert Shiller „für die empirische Analyse von Kapitalmarktpreisen". Hierher gehört etwa Schillers Entdeckung, dass auf vielen Kapitalmärkten die Volatilitäten der Renditen weit höher sind als sie laut einschlägiger Modelle sein dürften, oder Famas Untersuchung der Konsequenzen von schweren Rändern und nicht existierenden Momenten.

2015: Angus Deaton „für seine Analyse von Konsum, Armut und Sozialstaat". Seine meistzitierte Arbeit gilt der Konstruktion und Auswertung von Haushaltsbefragungen und was diese über Armut und Ungleichheit aussagen können (Deaton 1997).

2021: Joshua Angrist und Guido Imbens „für ihre methodologischen Beiträge zur Analyse kausaler Beziehungen." Gemeint sind weitere Fortschritte in der Bewältigung der zuerst von James Heckmann aufgezeigten Probleme, die bei der Kausalitätsmessung bei endogenen erklärenden Variablen entstehen.

Die im weiteren interviewten Fachkollegen stehen also in einer ruhmreichen Tradition. Den Reigen eröffnet Joachim Frohn von der Universität Bielefeld. Er war Vorsitzender der Deutschen Statistischen Gesellschaft zur Zeit der Wiedervereinigung, und seine Erinnerungen an das Zusammenwachsen zweier unterschiedlich geprägter Statistiker-Gemeinden unter dem nunmehr gemeinsamen Dach der DStatG werden sicher viele Leser interessieren. Auch als Vertreter der Statistik in wichtigen Fördergremien der Deutschen Forschungsgemeinschaft hat er einen großen und für die Statistik segensreichen Einfluss ausgeübt. Ohne ihn hätte es zum Beispiel den ersten Statistik-Sonderforschungsbereich an der TU Dortmund nicht gegeben. Es folgt der im Dezember 2021 verstorbene Hans Schneeweiß von der Ludwig-Maximilians-Universität München. Er ist bekannt für seine Beiträge zur Entscheidungstheorie, aber auch für seine zahlreichen Arbeiten zu einem Problem, das in vielen statistischen Anwendungen einfach wegdefiniert wird, aber speziell bei Wirtschaftsdaten zu offensichtlich ist, als dass man es übersehen könnte: Messfehler in den Daten. Hier hat Hans Schneeweiß insbesondere untersucht, welche Konsequenzen diese für konventionelle Schätzverfahren haben, und alternative Methoden vorgeschlagen. Günter Bamberg aus Augsburg hat sich in seiner Professorenzeit vor allem um Finanzdaten gekümmert; da sind weniger die möglichen Messfehler als die statistischen Verteilungen das Problem. Anhand seines zuerst 1980 erschienenen und vielfach neu aufgelegten Lehrbuches (19. Auflage 2022; mit Franz Baur und ab Auflage 13 zusätzlich mit Michael Krapp) haben Generationen deutscher Wirtschaftsstudenten Statistik gelernt (Bamberg und Baur 1980). Mit Helmut Lütkepohl von der Humboldt-Universität Berlin kommen dann die Zeitreihen ins Spiel. Er ist sowohl mit einem eigenen einschlägigen Lehrbuch (Lütkepohl 1991) als auch als Koautor eines der international meistverkauften Ökonometrie-Lehrbücher überhaupt hervorgetreten (Judge et al. 1982; Übersetzung ins Chinesische 1989) und hat viele eigene Beiträge zur Methoden-Weiterentwicklung vorzuweisen.

Eher grundsätzlichen Problemen wendet sich dagegen Manfred Deistler zu. Sein Klassiker „The Statistical Theory of Linear Systems" (Hannan und Deistler 1989) gilt international als die Basis aller Modellbildungsversuche auf diesem Gebiet. Im Jahr 1993 wurde er zum Fellow der Econometric Society gewählt. Auch hat Deistler wie kaum ein anderer Statistik-Hochschullehrer der letzten Jahrzehnte sein Fach durch seine Schüler mitgeprägt: über ein Dutzend seiner Studenten, Doktoranden oder Habilitanden haben oder hatten später Lehrstühle für Statistik in verschiedenen Ländern dieser Erde inne (unter anderem der Schreiber dieser Zeilen für 33 Jahre an der TU Dortmund).

Gerd Hansen aus Kiel ist vor allem durch makroökonometrische Modelle und seine Arbeiten zur Konsumfunktion bekannt. Aber auch durch zahlreiche Leitungsfunktionen hat er das Fach geprägt: Mitherausgeber des Allgemeinen Statistischen Archivs, Vorsitzender des Ausschusses für Empirische Wirtschaftsforschung und Angewandte Ökonometrie, Mitherausgeber der Statistical Papers und Vorsitzender des ökonometrischen Ausschusses des Vereins für Socialpolitik. Sein Kieler Kollege (später Ludwigs-Maximilians-Universität) Stefan Mittnik war dann wieder eher auf Finanzdaten fokussiert. Mit Gerhard Arminger und Katharina Schiller komplettiert der das Trio der hier interviewten Fachvertreter, die nicht nur Statistik erforschen oder lehren, sondern damit auch direkt und fast schon hauptberuflich Geld verdienen. Die von ihm mitbegründete Firma Scalable Capital, ein auf aktuellen Erkenntnissen der Finanzökonometrie basierendes Unternehmen zur digitalen Vermögensverwaltung, beschäftigt mittlerweile mehrere hundert Mitarbeiter in München, Berlin und London, mehr als 600.000 private Investoren haben ihre Ersparnisse oder einen Teil davon in Produkten von Scalable Capital investiert.

Den Schlussstein setzt Wolfgang Härdle von der Humboldt-Universität Berlin. Das Interview mit ihm ist auch das zeitlich letzte aller hier vorgestellten. Wir befinden uns damit an der aktuellen Forschungsfront, Härdle ist ein weltweit geschätzter Experte für Modellbildung mittels Dialog von Daten und Methodik, ein Kernelement der semi- und nichtparametrischen Statistik. Sein Forschungsoutput beläuft sich auf mehr als 40 Bücher und über 300 wissenschaftliche Fachaufsätze, viele davon in den führenden Journalen der jeweiligen Disziplin, mit einem Google Scholar h-Index von 88. Er ist damit auch einer der meistzitierten Wissenschaftler seiner Universität.

Wie kaum ein anderer verkörpert Wolfgang Härdle auch die Kombination von Statistik und moderner Rechnertechnologie, seine mit DFG- und EU-Mitteln entwickelte Software XploRe (e**Xplo**ratory **Re**gression) war eine viele genutzte Hilfe bei der Explorativen Datenanalyse und nutzte als eine der ersten moderne interactive Displaytechniken. Und mit seinem Interesse für Kryptowährungen war er ebenfalls seiner Zeit voraus, der von ihm entwickelte Crypto Currency Index CRIX ist bei der führenden Ratingagentur Standard and Poors gelistet.

Die folgenden Seiten werden also für niemanden langweilig werden.

Literatur

Bamberg G, Bauer F (1980) Statistik, München – Wien 1980, 19. Aufl. 2022. Oldenbourg

Deaton A (1997) The analysis of household surveys: a microeconometric approach to development policy. World Bank Publications

Hannan T, Deistler M (1989) The statistical theory of linear systems. Wiley, New York

Judge GG, Hill RC, Griffiths WE, Lee TC, Lütkepohl H (1982) Introduction to the theory and practice of econometrics. Wiley, New York

Lütkepohl H (1991) Introduction to multiple time series analysis. Springer, Berlin

Joachim Frohn

Von Bielefeld nach Schanghai

Joachim Frohn (*1941) hat Wirtschaftswissenschaften an der Freien Universität Berlin studiert und dort auch seine Berufslaufbahn begonnen, zunächst als Mitarbeiter bei Hans Münzner und später als C3-Professor. Mit 32 Jahren erhielt erhielt er einen Ruf an die neu gegründete Universität Bielefeld; das Gesicht der dortigen Wirtschaftsfakultät hat er entscheidend mitgeprägt: Sein Insistieren auf empirischer Evidenz und seine Betonung ökonometrischer Methoden und Modelle waren damals an deutschen Wirtschaftsfakultäten neu. Auf seinen Vorschlag hin führte die Bielefelder Fakultät als erste in Deutschland Ökonometrie als Pflichtveranstaltung im Grundstudium ein (Frohn 1980; Chen et al. 2005).

Seiner akademischen Heimat Bielefeld blieb Joachim Frohn trotz dreier Rufe nach Berlin, Saarbrücken und Tübingen Zeit seines Lebens treu. Er war stellvertretender Rektor seiner Universität und im Auftrag der EU von 1994 bis 1997 Gründungs-Präsident und Dekan der China Europe International Business School (CEIBS) in Schanghai – als erster nicht-chinesischer Präsident einer chinesischen Hochschule. In diese Zeit fiel auch die Planung des neuen Campus dieser Wirtschaftshochschule (Entwurf Pei, Cobb, Freed et al.). Weitere akademische Glanzlichter waren seine achtjährige Mitarbeit im Bewilligungsausschuss für Sonderforschungsbereiche der Deutschen Forschungsgemeinschaft, seine Tätigkeit als DFG-Fachgutachter für Statistik und Ökonometrie, seine Mitgliedschaft im Ausschuss zu umweltökonomischen Gesamtrechnungen der Bundesregierung und seine Zeit als Vorsitzender der Deutschen Statistischen Gesellschaft von 1992 bis 1996. Mit dem Interviewer Walter Krämer traf er sich am 10. Dezember 2015 in Bielefeld.

Dieser Beitrag wurde bereits in *AStA Wirtschafts- und Sozialstatistisches Archiv* (Bd. 10, 2016, https://link.springer.com/article/10.1007/s11943-016-0194-0) veröffentlicht und für das vorliegende Buch leicht überarbeitet.

W. Krämer (Hrsg.), *Statistik hautnah*, https://doi.org/10.1007/978-3-662-69596-8_24

Krämer Herr Frohn, Sie waren lange in China; wo sehen Sie die wesentlichen Differenzen zwischen dem akademischen Leben da und hier?

Campus der China Europe International Business School (CEIBS) in Schanghai

Frohn Es gibt vor allem große Unterschiede bei den Verhaltensweisen der Studenten: Chinesische Studenten sind, wenn an einer guten oder sehr guten Hochschule aufgenommen (und das ist ja keineswegs selbstverständlich, denn weniger als 10 % der Bewerber schaffen über die schweren Auswahlprüfungen den Sprung an eine der Elite-Universitäten), sehr konzentriert auf das, was ihnen dort geboten wird. Ich habe in China außerordentlich leistungsbereite Studenten kennengelernt, die sich in einer Weise mit dem Vorlesungsstoff beschäftigen, wie ich das in Deutschland nicht erlebt habe. Und sie sind nicht nur fleißiger, sondern haben tatsächlich so etwas wie eine „mathematische Ader".

Krämer Vielleicht ein Artefakt einer Positivauslese? Kann es sein, dass Sie in China nur die besseren Studenten hatten?

Frohn Das ist wohl so. Aber Mathematik (und auch Statistik!) spielt in China schon auf der Schule eine wichtigere Rolle als bei uns. Als sehr positiv habe ich es im Übrigen gefunden, dass Studenten wie auch Professoren auf einem Campus leben und arbeiten: Man hat dadurch unmittelbaren Kontakt zu beiden, was hier in Deutschland leider so kaum vorkommt. Ich bin das erste Mal 1984 in China gewesen, da waren die Unterbringungsmöglichkeiten für die Studenten allerdings noch schlecht. Die wohnten zu Acht in einem Zimmer und konnten eigentlich nur in der Bibliothek arbeiten. Deshalb haben wir die bald Tag und Nacht offen gelassen.

Joachim Frohn (*1. Reihe, vierter von rechts*) mit Studenten und Kollegen in Schanghai

Krämer Aber zurück nach Deutschland. Herr Frohn, Sie haben wie kaum ein anderer das Bild der empirischen Wirtschaftsforschung und angewandten Statistik in Deutschland mitgeprägt. Ohne Sie hätte es z. B. die zwei einschlägigen Sonderforschungsbereiche an meiner eigenen Fakultät in Dortmund nie gegeben. Aber die Strahlkraft der akademischen Statistik bleibt aus meiner Sicht dennoch beschränkt. Insbesondere erscheint mir die deutsche akademische Statistik anders als die englische oder amerikanische sehr zersplittert. Worauf führen Sie das zurück?

Frohn Ich glaube, das hängt damit zusammen, dass es an deutschen Universitäten oft nur eine sehr begrenzte Anzahl von Wissenschaftlern im Bereich Statistik gibt. Und diese wenigen haben dann auch noch an den Fakultäten, in denen Statistik als „Service-Fach" angesehen wird, auf Grund hoher Lehrverpflichtungen nur wenig Zeit zur Forschung. Gerade im letzten Jahrzehnt ist außerdem eine ganze Reihe von Statistik-Professuren umgewidmet worden. Glücklicherweise scheint dieser Trend gebrochen. Eine Verbesserung könnte durch eine stärkere Bündelung der Kräfte über Fakultätsgrenzen hinweg, etwa auch durch universitäre „Statistik-Zentren" und Zusammenführung in umfassenden Forschungsverbünden (vgl. z. B. DAGStat oder auch Sonderforschungsbereiche) erreicht werden.

Aber vielleicht muss man gar nicht so viel ändern? Sind nicht deutsche Wissenschaftler oft Einzelkämpfer – und als solche auch sehr erfolgreich?

Krämer Ihr Wort in Gottes Ohr. Aber ich war ja selbst lange Jahre gewählter Fachgutachter für Statistik der DFG und konnte mitverfolgen, wie andere Fächer uns hier – zumindest in der Verbundforschung – das Wasser abgraben.

Frohn Ich glaube, dass gerade die DFG durch ihre vielen sehr unterschiedlichen Instrumente (Exzellenz-Förderung, Normalverfahren, Forschergruppen, SFBs, Transfer-Bereiche) gut gewappnet ist, neue Kooperationen anzuregen und zu fördern. Aber diese Angebote müssen auch angenommen werden! Das macht natürlich

Mühe. Ich glaube genau wie Sie, dass im Wettbewerb um Forschungsmittel unsere Fächer immer noch hinter der Konkurrenz zurückstehen (Frohn 2004), gerade auch in der interdisziplinären Forschung, die ja immer wichtiger wird.

In der Angewandten Wirtschaftsforschung kommt zum eben genannten Einzelkämpferproblem dann noch hinzu, dass Wirtschaftsforschung in Deutschland traditionell auch – und auch erfolgreich – an besonderen Forschungsinstituten (DIW, ifo, ZEW, RWI, Halle) betrieben wird. Hier ist unbedingt auf eine noch stärkere Zusammenarbeit zwischen diesen Instituten selbst und mit der Universitätsforschung hinzuwirken! Viel hat sich aber schon dadurch gebessert, dass Wissenschaftler parallele Anstellungen sowohl an einer Universität als auch an einem Wirtschaftsforschungsinstitut hatten oder haben.

Krämer Wie etwa Sie selbst früher am DIW… Aber ich werde trotzdem den Eindruck nicht los, dass die angewandte Statistik zumindest an deutschen Wirtschaftsfakultäten an Boden verliert.

Frohn Statistik (und auch Ökonometrie) gelten an Wirtschaftsfakultäten häufig immer noch als „nicht zentral". Wir als Statistiker und Ökonometriker können das nicht verstehen: Nirgendwo greifen Empirie und Theorie in den Wirtschaftswissenschaften so ineinander wie hier. Wir müssen unsere Kollegen in den anderen Teilgebieten der Wirtschaftswissenschaften davon überzeugen, dass Statistik und Ökonometrie unverzichtbare Elemente ihrer Arbeit sind.

Krämer Sie wissen natürlich genauso gut wie ich, warum die andern das so schlecht verstehen?

Frohn Ja leider haben die auf statistischer und ökonometrischer Grundlage erstellten Modelle in den letzten Jahrzehnten weder bei Analysen noch Prognosen besonders überzeugt; damit war nicht viel Staat zu machen. Das hängt aber nach meiner Meinung vor allem damit zusammen, dass man die ökonomischen Grundlagen des zu untersuchenden Phänomens oft nicht sorgfältig genug recherchiert und modelliert hat, das ist also kein grundsätzliches Problem!

Joachim Frohn mit (*v.l.n.r*) Almut Steger, Hans Schneeweiß, Herbert Büning und Olaf Hübler am Rand der Statistischen Woche in Münster 2005

Krämer Aber auch im Rest der Gesellschaft hat Statistik keinen guten Ruf. Ich komme gerade vom diesjährigen gemeinsamen Herbstkolloquium des Statistischen Bundesamtes und der DStatG zum Thema „Statistisches Inummeratentum.“ Warum sind die Leute speziell in Deutschland im Umgang mit Zahlen und Wahrscheinlichkeiten derart unbegabt? Ja man ist sogar noch stolz darauf, keine Mathematik zu können.

Frohn Wenn das so ist, kann ich es nicht erklären, da ist sicher auch Irrationalität im Spiel. Es ist auch ein Unterschied, ob wir über den normalen Bürger sprechen oder über Studenten, die sich in den entsprechenden Fächern ja zwangsläufig mit Mathematik oder Statistik auseinandersetzen müssen. Sie erkennen meist schnell, dass Mathematik und Statistik eine effiziente Sprache ist, mit der nicht nur quantitative Phänomene angemessen dargestellt werden können. Dass das auch dem „normalen Bürger“ in gleicher Weise vermittelt werden kann, glaube ich nicht. Aber nützlich wäre es schon, diesem „normalen Bürger“ zum Beispiel das Konzept der Wahrscheinlichkeit näher zu bringen. Das müsste dann aber eben von den Vermittlern auch nachvollziehbar dargestellt werden.

Krämer Ihre Kritik wendet sich also auch an die Kollegen an den Unis, die das Thema nicht gut rüberbringen?

Frohn Gerade auch an jene, die beispielsweise über Prognosen von Wahlergebnissen reden, und glauben, sie könnten der Bevölkerung nicht klar machen, welche Unsicherheiten zu beachten und wie z. B. Konfidenzintervalle zu interpretieren sind.

Krämer Aber reden wir nicht immer nur von anderen. Wie kamen Sie eigentlich selbst zur Statistik?

Frohn Das war eher zufällig. Eigentlich habe ich 1960 das Volkswirtschaftsstudium an der FU Berlin begonnen mit dem Ziel, Wirtschaftsjournalist zu werden. Das Interesse an „moderner“, also eher formaler Ökonomie hat sich bei mir dann vor allem durch einen einjährigen Studien-Aufenthalt in den USA verstärkt. Allerdings hat mich schon damals gestört, dass zu wenig empirische Information in die Modellierung einging.

Zurück in Deutschland habe ich dann im dritten und vierten Semester die üblichen Pflichtveranstaltungen in Statistik besucht und gleich erkannt: Hier gibt es ein Instrumentarium, das diese Verbindung zwischen Theorie und Empirie herstellen kann. Das wurde dann noch deutlicher, als ich mich später – insbesondere in meiner Diplomarbeit über Konjunkturmodelle – mit ökonometrischen Ansätzen befasst habe, quasi im Selbst-Studium, denn Ökonometrie-Vorlesungen gab es damals an der FU ja noch nicht.

Krämer Gab es dabei eine für Sie besonders prägende Person?

Frohn Ja sicher. Mein wichtigstes akademisches Vorbild war Hans Münzner – ein wunderbarer, durch seine fachliche Autorität außerordentlich überzeugender Lehrer. Er verwandte viel Mühe auf seine Lehrveranstaltungen und räumte seinen Mitarbeitern von Anfang an den für die eigene wissenschaftliche Entwicklung notwendigen Spielraum ein. Nicht ohne Grund wurden in den sechziger und siebziger Jahren viele Professuren mit seinen Schülern besetzt.

Und ganz wichtig war für uns Berliner auch Wolfgang Wetzel, nicht zuletzt durch die von ihm Mitte der 60er-Jahre aus Berufungsmitteln angeschafften IBM 1130. Sie war für viele junge Berliner Statistiker und Ökonometriker der Eintrittsschlüssel zur empirischen Forschung überhaupt. Die 1130 war zwar das Modernste, was man Mitte der sechziger Jahre an einem Universitätsinstitut realisieren konnte; aber sie war doch noch so langsam, dass im Rechenraum zur Übernachtung eine Liege installiert war, damit man bei längeren nächtlichen Rechnungen mögliche Fehler rechtzeitig beheben konnte.

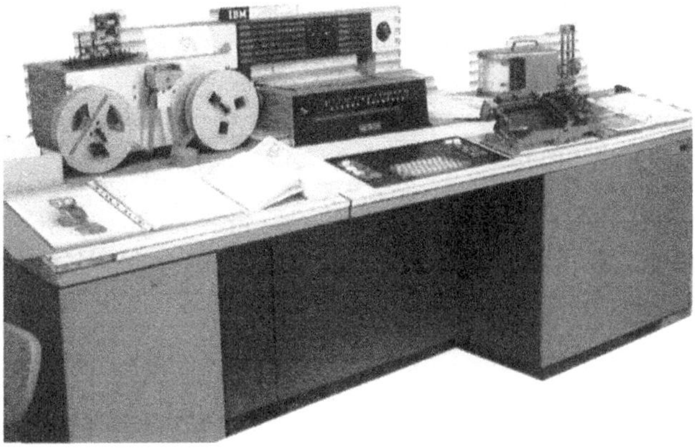

Die berühmte Berliner IBM 1130, für viele spätere Hochschullehrer der Einstieg in die moderne EDV

Krämer Und wo sehen Sie Ihre eigenen Schwerpunkte in der Wissenschaft?

Frohn In der Forschung lag mir wie gesagt immer die empirische Fundierung ökonometrischer Modelle am Herzen (also z. B. die Verwendung empirisch begründeter Erwartungsbildung anstelle von rationalen Erwartungen, Berücksichtigung von wirtschaftspolitischen Bedingungen, wie z. B. Quotenregelungen, Einbeziehung sozialer Aspekte in ökonometrische Modelle, und andere). Solche gut recherchierten empirisch fundierten Modelle würden sicher auch ganz allgemein die Akzeptanz statistisch-ökonometrischer Analysen in der Wirtschaftspolitik befördern! Aber natürlich darf die statistische Theorie und Methodik nicht zu kurz kommen.

Im Übrigen bin ich wahrscheinlich einer von sehr wenigen Kollegen, die immer noch an eine gewisse Renaissance großer empirisch orientierter ökonometrischer Modelle glauben (Frohn 1998, 2010; Chen und Frohn 2006): Die ökonomische

Realität erscheint mir zu komplex, als dass man sie in den heute meist bevorzugten sehr kleinen Modellen angemessen abbilden kann. Dies gilt umso mehr, als das ökonomische Teilsystem ja nur ein Aspekt (neben z. B. Sozialem, Umwelt, Kultur, …) des gesamtgesellschaftlichen Systems ist und mit diesen anderen Teilsystemen in interdependenter Beziehung steht. Hier ist natürlich interdisziplinäre Forschung gefordert. Carsten Stahmer, Bernd Meyer und ich haben vor einiger Zeit ein solches Forschungsprojekt am Zentrum für interdisziplinäre Forschung in Bielefeld organisiert – mit Soziologen, Demografen, Wirtschaftswissenschaftlern. Das war im Dialog nicht einfach, aber schließlich doch sehr ertragreich.

Krämer Und die aktuellen Moden, die Big-Data-Hysterie zum Beispiel?

Frohn Ich würde es sehr begrüßen, wenn in Zukunft wieder mehr theoretische Arbeiten geschrieben würden, und nicht so intensiv die Auswertung von Strukturen und Charakteristika von großen Datensätzen betrieben werden würde.

Krämer Das erinnert mich an die „Measurement-without-theory" Debatte der 50er-Jahre ….

Frohn Ja, da gab es das schon einmal. Aber: Ohne Hypothesen an eine empirische Arbeit heranzugehen, erscheint mir ungeeignet und hat eigentlich keinen Witz.

Krämer Das leitet ja unmittelbar über zu dem problematischen Verhältnis der akademischen, eher mathematisch geprägten und der Amtsstatistik. Ich selbst habe mal eher scherzhalft gesagt, die verhielten sich wie Geografie und Geologie, die zwar ähnlich heißen, aber doch im Prinzip ganz andere Probleme behandeln. Wie sehen Sie das?

Frohn Die Amts- und die mathematische Statistik haben – im Gegensatz zu Ihrem netten Beispiel – sehr viel miteinander zu tun! Es muss doch gewährleistet sein, dass das, was aus der amtlichen Statistik herauskommt, wirklich Hand und Fuß hat. Das hat aber nur Hand und Fuß, wenn die richtige Methodik angewandt wird! Das ist ja auch das Selbstverständnis der Amtsstatistiker. In der amtlichen Statistik arbeiten heute ganz hervorragende Statistiker, die es überhaupt nicht als unter ihrer Würde ansehen, dass sie dort ihre Arbeit machen. Der Begriff „amtliche" Statistik sagt ja nichts über die Qualität der verwendeten Methodik aus, sondern nur, wo diese Methodik zur Anwendung kommt. Auch innerhalb der Deutschen Statistischen Gesellschaft ist dieses Vorurteil gegenüber der amtlichen Statistik schon lange ausgeräumt.

Krämer Dieser Gesellschaft haben Sie ja auch lange Jahre als Präsident vorgestanden. Solche Interviewpartner frage ich immer gerne nach den erfreulichsten und unerfreulichsten Ereignissen während ihrer Amtszeit (Krämer 2014, 2016). Bei Ihnen fange ich mal mit den unerfreulichen an. Gab es da welche?

Frohn Mir fallen da zwei eher allgemeine Veränderungen im akademischen Bereich ein. Da ist einmal die Bologna-Reform mit ihren Bachelor- und Master-Abschlüssen, die ich ja noch vor meiner Emeritierung miterlebt habe. Nach meiner Kenntnis sind an vielen – und gerade auch an wirtschaftswissenschaftlichen Fakultäten – die Module der neuen Bachelor- und Master-Studiengänge einfach aus den früheren Diplom- und Staatsexamens-Studiengängen zusammengestellt worden. Aber für eine erfolgversprechende Reform hätte hier eine wirkliche Neu-Konzeption stattfinden müssen. Außerdem macht die weitgehende Verschulung der neuen Studiengänge die wichtige Einübung von Entscheidungen in Eigenverantwortung weitgehend überflüssig.

Als wirksamere Reform hätte ich mir eher eine klare Trennung der Studienangebote von Universität und Fachhochschule vorstellen können – mit vornehmlich wissenschaftlich ausgerichteten Studiengängen an der Universität und Fachhochschul-Programmen mit starkem Anwendungsbezug. Skeptisch stehe ich auch den sog. Akkreditierungsverfahren gegenüber, die häufiger gerade die besonderen Spezifika der jeweiligen Einrichtung nicht immer richtig bewerten.

Zum anderen geht mir die Einschätzung wissenschaftlicher Arbeiten primär nach dem Veröffentlichungs-Ort zu weit. Es geht doch mehr um den Inhalt als um die Annahme eines Papiers in einer hochklassigen Zeitschrift. Es gibt eine ganze Reihe von einflussreichen Aufsätzen, die in nicht ganz so renommierten Journalen veröffentlicht worden sind. In den letzten Jahren vor meiner Emeritierung war ich in Berufungskommissionen tätig, in denen die Arbeiten der Bewerber nicht von den Kommissions-Mitgliedern referiert, sondern weitgehend mechanisch nach einem Punktesystem (Impact-Wert des Journals, Einzel- oder Gruppen-Veröffentlichung, …) eingeschätzt worden sind. Welche bizarren Auswirkungen diese Vorgehensweise hervorruft, ist daran zu erkennen, dass eine wissenschaftliche Gesellschaft vor einiger Zeit ihre Mitglieder gebeten hat, möglichst viele Arbeiten aus der „Haus-Zeitschrift" zu zitieren, um so einen höheren Impact-Faktor zu erreichen.

Krämer Die erwähnte Zeitschrift kenne ich sogar, der Herausgeber heißt Krämer. Hier sind wir uns mal ausnahmsweise nicht einig. Iich denke, man muss den Feind mit seinen eigenen Mitteln schlagen. Die ansonsten von Ihnen völlig zu Recht angeprangerten Verirrungen hatten allerdings mit Ihrer DStatG-Präsidentschaft direkt nichts zu tun. Was war denn das diesbezüglich erfreulichste Ereignis?

Hans-Joachim Frohn in seinem Büro in Bielefeld

Frohn Das war ohne jeden Zweifel die Wiedervereinigung, die zwar nicht direkt in meine Zeit als DStatG-Vorsitzender fiel, aber ich war Ende der achtziger Jahre ja schon im Vorstand und habe mich mit den durch dieses völlig unerwartete Ereignis hervorgerufenen Gestaltungsaufgaben beschäftigen müssen. Für die Deutsche Statistische Gesellschaft ging es vor allem darum, den Kollegen in der ehemaligen DDR den Eintritt in unsere Gesellschaft zu ermöglichen, ohne sich einer anmaßenden umfassenden Einschätzung ihres Verhaltens in der Vergangenheit – sofern es sich nicht um gewichtiges Fehlverhalten handelte – aussetzen zu müssen. Meine Einstellung war damals, dass wir einen über mehrere Jahre dauernden Aufnahme-Prozess anstoßen und diesen Prozess weitgehend unbeeinflusst ablaufen lassen sollten. Ich war fest davon überzeugt, dass sich dieses Problem von ganz allein lösen würde, weil gravierend belastete Personen erst gar keinen Aufnahme-Antrag stellen würden. Und so ist es dann ja auch gekommen. Auf diese Weise ist bei uns – im Gegensatz zu anderen wissenschaftlichen Organisationen in Deutschland – dieser Prozess ohne große Verletzungen vonstattengegangen.

Im Zusammenhang mit der Auflösung der DDR war mir damals auch sehr wichtig, dass brauchbare, d. h. unverfälschte Statistiken für die DDR erhalten und gepflegt werden sollten; dazu hat ja die DStatG auch eine entsprechende Resolution verfasst. Die Frage der Nutzbarkeit einzelner DDR-Statistiken ist dann vor allem in der Zusammenarbeit von Statistikern der DDR und der BRD im Rahmen des Statistischen Bundesamtes untersucht worden. Leider ist ein Vorstoß von Rainer Stäglin und mir, einzelne besonders wichtige DDR-Statistiken auf ihre Tragfähigkeit zu untersuchen, bei der DFG als möglichem Finanzier auf keine große Gegenliebe gestoßen.

Als sehr erfreuliche Ereignisse will ich schließlich aber auch noch die Gründung des wissenschaftlichen Kolloquiums mit dem Dialog zwischen amtlicher und universitärer Statistik am Statistischen Bundesamt sowie die ersten Statistik-Sonderforschungsbereiche in Dortmund und München erwähnen. Diese Gründungen haben ganz wesentlich zur Bündelung der wissenschaftlichen Kräfte in der Statistik in Deutschland beigetragen.

Krämer … und wären ohne Sie vermutlich nie entstanden. Zumindest für Dortmund weiß ich das. Ich selbst habe davon sehr profitiert und bin Ihnen noch heute dankbar. Und was raten Sie der DStatG für die Zukunft?

Frohn Noch einmal: Ich bin fest davon überzeugt, dass der von uns eingeschlagene Weg zu regelmäßigen gemeinsamen Tagungen aller mit Statistik arbeitenden Wissenschaftler – Stichwort DAGStat – richtig ist. Hier werden sich in der Zukunft noch viele sehr tragfähige Anstöße über die Grenzen der jeweiligen statistischen Befassungen ergeben. Sehr wichtig ist natürlich auch die Förderung junger Wissenschaftler in unseren Fächern. Hier hat sich der in den neunziger Jahren eingeführte Nachwuchsworkshop doch sehr bewährt.

In der Forschung würde ich mir eine stärkere Beteiligung unserer Fächer an interdisziplinären und empirisch ausgerichteten Projekten wünschen.

Krämer Herr Frohn, ich bedanke mich für das Gespräch.

Literatur

Chen P, Frohn J (2006) On the specification and estimation of large scale simultaneous structural macroeconometric models. In: Hübler O, Frohn J (Hrsg) Modern Econometric Analysis. Springer, Berlin, S 7–24

Chen P, Frohn J, Lemke W (2005) Estimation of structural econometric models with linear and nonlinear identities. Appl Econ Q 51:169–180

Frohn J (1980) Grundausbildung in Ökonometrie, 1. Aufl. De Gruyter, Berlin

Frohn J (1998) Zum Nutzen struktureller makroökonometrischer Modelle. IFO Stud 44:161–177

Frohn J (2004) Statistik und Ökonometrie an wirtschaftswissenschaftlichen Fakultäten – Ergebnisse einer Befragung. ASTA J 88:118–125

Frohn J (2010) Glück, Nachhaltigkeit und Ökonometrie – zur Einbeziehung sozialer Aspekte in makroökonometrische Modelle. ASTA J 4:253–267. https://doi.org/10.1007/s11943-010-0087-6

Krämer W (2014) Interview mit Heinz Grohmann. ASTA J 269–277. https://doi.org/10.1007/s11943-014-0150-9

Krämer W (2016) Interview mit Karl Mosler. ASTA J. https://doi.org/10.1007/s11943-016-0179-z

Hans Schneeweiß

Die Allgegenwart der Messfehler

Hans Schneeweiß (*1933) gehört zu den prägenden Gestalten der deutschen Ökonometrie und empirischen Wirtschaftsforschung. Er war Gründungsmitglied des ökonometrischen Ausschusses des Vereins für Sozialpolitik, dessen Leitung er von 1979 bis 1983 innehatte. Sein einschlägiges Lehrbuch (Ökonometrie, Schneeweiß 1971) ist eines der ersten deutschsprachigen Ökonometrie-Lehrbücher überhaupt, die vierte Auflage erschien 1990. Von 1987 bis 1995 leitete Hans Schneeweiß auch den Ausschuss für empirische Wirtschaftsforschung und angewandte Ökonometrie der DStatG, von 1980 bis 1988 und dann wieder von 1996 bis 2000 war er gewählter Fachgutachter für Statistik der Deutschen Forschungsgemeinschaft, von 1987 bis 1989 und von 1999 bis 2000 Dekan seiner Fakultät. Ferner gab er in der Nachfolge von Günter Menges von 1983 bis 1996 die Statistischen Hefte (heute: Statistical Papers) heraus.

Sein akademisches Leben verbrachte Hans Schneeweiß – nach seiner Habilitation bei Günter Menges in Saarbrücken – hauptsächlich an der Ludwig-Maximilians-Universität in München, wo er den Studiengang Statistik begründen half. Im Dezember 2021 ist er in seinem Wohnort nahe München verstorben. Mit dem Interviewer Walter Krämer traf er sich bei der Jahrestagung des ökonometrischen Ausschusses des Vereins für Sozialpolitik auf Schloss Rauischholzhausen bei Gießen im Februar 2016.

Krämer Lieber Herr Schneeweiß, wie so viele Kolleginnen und Kollegen auf Statistik-Lehrstühlen in Deutschland haben Sie Ihre Laufbahn als Mathematiker begonnen. Wie kamen Sie zur Statistik?

Dieser Beitrag wurde bereits in *AStA Wirtschafts- und Sozialstatistisches Archiv* (Bd. 11, 2017, https://link.springer.com/article/10.1007/s11943-017-0206-8) veröffentlicht und für das vorliegende Buch leicht überarbeitet.

W. Krämer (Hrsg.), *Statistik hautnah*, https://doi.org/10.1007/978-3-662-69596-8_25

Schneeweiß Auf Umwegen. In meinem Mathematikstudium in Frankfurt habe ich Wahrscheinlichkeitstheorie und mathematische Statistik im Wesentlichen aus Büchern gelernt: Richard von Mises (2. Aufl. 1936) und Cramér (1946). Es gab dort damals (1951–1960) keinen Lehrstuhl für Stochastik. Nur an einen Kurs von einer Lehrbeauftragten (Frau Geppert) kann ich mich erinnern. Man konnte aber Wahrscheinlichkeitstheorie als Nebenfach in der Diplomprüfung wie auch im Rigorosum wählen, und das tat ich dann auch.

Aber mein Schwerpunkt war die reine Mathematik. Das Physikstudium im Nebenfach hat mir allerdings später sehr geholfen, wenn auch nur indirekt, es hat mir die Bedeutung von echten Zahlen in der wahren Welt gezeigt. Mit den Wirtschaftswissenschaften kam ich erstmals durch Ewald Burger in Berührung, eigentlich ein Algebraiker, aber er interessierte sich auch für Spieltheorie und initiierte zusammen mit einigen volkswirtschaftlichen Kollegen, an erster Stelle Heinz Sauermann, ein gemeinsames Seminar zur Spieltheorie und zu mathematischen Methoden in den Wirtschaftswissenschaften ganz allgemein. Und dann war da mein Freund und Studienkollege Reinhard Selten, wohl der erste Mathematiker, der zur Volkswirtschaftslehre überging, und der vermittelte mich an Günter Menges, als dieser einen Ruf an die Universität des Saarlandes bekam und eine Assistentenstelle mit einem Mathematiker besetzen wollte. In Saarbrücken befasste ich mich dann ernsthaft mit Statistik, Ökonometrie und Operations Research (OR) ebenso auch, wenn auch weniger intensiv, mit Wirtschaftswissenschaften. Speziell die Ökonometrie habe ich bei der Mitarbeit an dem Ökonometrie-Buch von Menges gelernt. Und aus dem OR kam mein Interesse an der Nutzen- und Entscheidungstheorie, darüber ist dann auch meine Habilitationsschrift entstanden.

Ausflug des Mathematischen Instituts. Hans Schneeweiß (3. von rechts), links dahinter Ewald Burger

Krämer Welche akademischen Lehrer haben Sie damals besonders geprägt?

Schneeweiß In meinem Mathematikstudium war das vor allem mein Doktorvater Wolfgang Franz (der Mathematiker, nicht der Nationalökonom). Bei ihm habe ich viele Vorlesungen gehört, vornehmlich über Topologie, auch meine Doktorarbeit gehört in dieses Gebiet. Zwar konnte mir die Topologie für meine spätere Karriere nicht viel bieten, aber ich verdanke Wolfgang Franz dennoch viel: sauberes mathematisches Denken, das aber Anschaulichkeit nicht scheut, und didaktisches Gespür.

Auch Günter Menges verdanke ich viel: der Sprung ins kalte Wasser von der reinen Mathematik zur ökonomischen Anwendung, die Kraft zur Innovation beim Eindringen in neue Gebiete. Darüber hinaus war die Atmosphäre in der damals jungen Saarbrücker Fakultät ungemein anregend. Unter anderen von den Kollegen Hax, Giersch, Stützel, Richter, Wittmann und Sohmen habe ich sehr profitiert. Mit Letzterem habe ich einen Aufsatz zu Wechselkurssystemen verfasst (Sohmen und Schneeweiß 1969). Mit Stützel habe ich mich in einem Aufsatz zusammen mit H. Laux, einem Haxschüler, auseinandergesetzt (Laux und Schneeweiß 1972). Wittmann hat mich zu einem Übersichtsartikel über Warteschlangentheorie angeregt (Schneeweiß 1960). Auch, dass wir mit den Juristen eine gemeinsame Fakultät bildeten, fand ich durchaus spannend. Hier möchte ich besonders Jahr, Kaufmann und Zacher nennen.

Dann David Sprott von der University of Waterloo, er hat mir eine andere Sichtweise auf die statistische Inferenz gezeigt. Er sympathisierte stark mit dem Fisherschen Konzept der Fiduzialwahrscheinlichkeit, und durch ihn lernte ich andere Vertreter dieser Richtung kennen: George Barnard und D.A.S. Fraser. In einem Aufsatz mit Sprott (Schneeweiß et al. 1987) und einem über Frasers Ansatz der strukturalen Inferenz habe ich mich ein wenig mit diesen Gedanken auseinandergesetzt (Schneeweiß 1975), habe aber diese Richtung nicht weiter verfolgt, der Bayes-Ansatz hat sie fast vollständig verdrängt. Ob sie wieder aufersteht? Wer weiß? Weichselbergers Idee einer Inferenz mit Intervallwahrscheinlichkeiten ist vielleicht ein solcher Versuch (Weichselberger 2001).

Ich selber habe mich nach anfänglicher Beschäftigung mit Entscheidungstheorie ganz der Ökonometrie gewidmet. Neben Günter Menges verdanke ich Peter Schönfeld sehr viel. Auch Jürgen Wolters wäre zu nennen und überhaupt die vielen Kollegen, mit denen ich in dem ungemein fruchtbaren ökonometrischen Ausschuss des Vereins für Sozialpolitik diskutieren konnte. Aber das war alles später.

Krämer Ihre Liebe zur Statistik hat sich offensichtlich nicht vererbt. Sie haben zwei Söhne und eine Tochter, alle haben studiert. Warum keiner Statistik?

Schneeweiß Nun, meine Tochter ist Sinologin, da kommt keine Statistik vor, jedenfalls nicht im Studium. Mein ältester Sohn ist Geograf, er hat tatsächlich eine Statistikvorlesung gehabt. Aber die Klausur hat er verhauen. Danach hat er mir gestanden: „Lieber Papa, das tut mir leid – für dich!" Immerhin hat der jüngere Sohn als Mediziner doch etwas mit Statistik zu tun, er arbeitet heute als Professor für Epidemiologie an der Harvard-Universität. Und als wir uns einmal über seine beruflichen Probleme unterhalten haben, musste ich feststellen: Was die Mediziner mit

Messfehlern zu tun haben, das geht auch die Ökonomen an. Und umgekehrt. Hier gibt es viele Überschneidungen.

Krämer Sie kennen also das amerikanische System recht gut, sowohl durch Ihre Kinder als auch durch eigene Erfahrung. Ist Amerika wissenschaftlich gesehen wirklich das gelobte Land?

Schneeweiß Das kommt drauf an, die Landschaft ist dort sehr viel heterogener als bei uns. Von den finanziellen Mitteln der Spitzenuniversitäten können wir in München doch nur träumen. Und dabei gehören wir in München schon zu den besser ausgestatteten Universitäten in der Bundesrepublik. Aber zahlreiche amerikanische Provinzuniversitäten kommen an den deutschen Durchschnittsstandard nicht heran. Für alle Unis scheint aber zu gelten, dass man sehr zwanglos kooperiert, auch fächerübergreifend. Die Harvard-Mediziner etwa haben wöchentlich Besuch von einem Profi-Statistiker, und das wird dann auch bezahlt.

Krämer Das ist schon mal der erste Unterschied zu uns …

Schneeweiß Nun, auch bei uns an unserem Institut gibt es statistische Beratung (unter der Leitung von Helmut Küchenhoff), wenn auch nur fallweise. In Amerika kommt dann auch noch ein anderes Klima an den Fakultäten dazu, zumindest in denen, wo ich selbst zu Gast war, McMaster und Waterloo in Kanada. Das soziale Leben ist vergleichsweise entspannt, man trifft sich mittags zum Lunch im Faculty Club. Das fehlt irgendwie bei uns. (Allerdings hat München auch hier in letzter Zeit viel dazugewonnen). Und natürlich hat der Chairman viel mehr zu sagen als hierzulande. Das ist gut wie schlecht, aber zumindest kleinräumige Reibereien kommen dadurch gar nicht erst vor. Der Boss bestimmt.

Krämer Sie waren so wie ich lange Jahre auch gewählter Fachgutachter für Statistik der Deutschen Forschungsgemeinschaft. Wie bewerten Sie deren Stellenwert im deutschen Wissenschaftsgefüge?

Schneeweiß Den kann man gar nicht übertreiben. Die DFG ist eine äußerst segensreiche Einrichtung, ohne sie wäre die deutsche Wissenschaftslandschaft ziemlich öde. Dies gilt vor allem für die Sonderforschungsbereiche, zumindest für die, an denen ich mitgewirkt habe, sei es als Gutachter, sei es als Mitglied. Bei den Einzelprojekten mag es hier und da so manchen Flop geben, aber insgesamt ist auch hier die DFG sehr erfolgreich. Vielleicht sollte man die Zahl der Gutachter erhöhen, das reduziert deren Arbeitsbelastung und schützt noch besser ihre Anonymität.

Krämer Und noch eine Gemeinsamkeit: wir sind bzw. waren beide Mitglied der beiden einzigen Fakultäten in Deutschland, die einen grundständigen Studiengang Statistik anbieten. Bei jeder halbwegs seriösen angelsächsischen Universität ist das selbstverständlich. Sonst äffen ja unsere Kultusbürokraten alles angelsächsische begeistert nach. Hier wäre es tatsächlich einmal sinnvoll gewesen. Warum besteht man ausgerechnet da auf einem deutschen Sonderweg?

Schneeweiß Das wüsste ich auch gern. Der Hinweis auf historische Bedingungen ist sicher unbefriedigend, auch wenn er einiges zur Erklärung beiträgt. Man denke etwa an das Institut in Rothamsted in England. Hier nahm die Statistik einen ganz anderen Verlauf als auf dem Festland. Es ist offenbar schwierig, einen einmal eingeschlagenen Weg zu verlassen. Auch eine einmal gewählte Spurweite bei der Eisenbahn kann nachträglich kaum noch geändert werden. Nur die Erfolge unserer Absolventen könnten eine Neuausrichtung bewirken, aber das ist ein langer Weg. In der Zwischenzeit drängen sich andere Spieler in die Lücke, z. B. die Informatik.

Krämer Warum haben es die Münchner Kollegen nicht geschafft (oder nicht gewollt?), zugleich auch eine eigenständige Fakultät zu gründen?

Schneeweiß Nun ja, gewollt haben wir schon. Vor allem mein vor kurzem verstorbener Kollege Kurt Weichselberger war hier sehr aktiv. Als 1974 die alten, großen Fakultäten in München aufgebrochen wurden und wir vor der Frage standen, ob wir bei den Volkswirten oder den Betriebswirten bleiben sollten, hätten wir zwar gern eine eigene Fakultät (neuerer Art) gehabt, aber dazu war unsere Gruppe zu klein. Aber sie war groß genug für ein eigenes Institut und später ein eigenes Department (um den offiziellen Begriff der LMU zu verwenden). Das ist doch wohl auch die Struktur an vielen amerikanischen Universitäten, also keine eigene Fakultät, aber ein eigener Fachbereich.

Hans Schneeweiß mit seinen Münchner Kollegen Franz Ferschl und Bernhard Rüger bei der 2000er Weihnachtsfeier des Instituts

Krämer Sie haben sich wissenschaftlich sehr intensiv mit Modellen bei Fehlern in den Variablen befasst. Hat auch mich beschäftigt, siehe Krämer (1985). Diese Modellklasse fristet ausgerechnet in der Ökonometrie ein Schattendasein, wo es von Fehlern in den Variablen nur so wimmelt. Teilen Sie meinen Verdacht, dass viele Methodenforscher sich gerne den Themen zuwenden, die elegante Lösungen erlauben oder gerade in Mode sind, nicht denen, wo man wirklich Lösungen braucht?

Schneeweiß Dass man Messfehler tunlichst vermeiden sollte, ist wohl selbstverständlich. Aber leider geht das nicht immer, und daher „wimmelt" es von solchen Fehlern, wie Sie richtig sagen. Oft sind die „Fehler" gar keine Messfehler, also Erhebungsfehler im engeren Sinn, sondern nicht reduzierbare Abweichungen der gemessenen von einer theoretischen Größe, sei es eine idealtypische oder eine modelltypische Größe. Beispiel für ersteren Fall ist die Abweichung von erfasster und „wahrer" Arbeitslosigkeit, für letzteren das „permanente" Einkommen oder allgemeiner jede Art von Erwartungsgröße, die von der entsprechenden gegenwärtigen Größe natürlich verschieden ist. Messfehlermodelle wollen solche und andere Fehler nicht reduzieren, sondern nur deren Auswirkungen auf Modellschätzungen in den Griff bekommen. Hier ist nun zumindest beim Linearen Modell sehr viel geschehen, was sich auch in einigen Monografien niederschlägt: Fuller (1987), Cheng und Van Ness (1999), Schneeweiß und Mittag (1986), Wansbeek und Meijer (2000). Dieses Teilgebiet erscheint mir weitgehend abgedeckt, was nicht heißen soll, dass nicht immer noch interessante Arbeiten erscheinen, aber eben nicht mehr so viele.

Anders bei den Nichtlinearen Modellen. Hier hat zwar die Monografie von Carroll et al. (1995, 2006) einen Meilenstein gesetzt, aber viele Fragen bleiben noch offen. Die Methoden in diesem Buch sind zwar sehr allgemein, aber in den meisten Fällen nur approximativ gültig. Für spezielle nicht lineare Modelle bleibt immer noch die Frage, ob es gelingt, eine dem jeweiligen Modell optimal angepasste Methode zu finden. Darüber hinaus wären auch besondere Fehlerstrukturen zu untersuchen, die über den üblichen Fall des additiven, homoskedastischen reinen Zufallsfehlers hinausgehen. Hier wäre sicher noch viel zu tun.

Anregungen sollten von der Anwendung kommen, und hier hapert es in der Tat. Es scheint, dass oft das Messfehlerproblem übersehen oder nicht beachtet wird. Freilich, zwei Tatsachen mögen dies entschuldigen. Erstens sind die Auswirkungen der Messfehler zwar immer vorhanden, aber oft genug minimal. Zumindest darf man das vermuten. Zweitens braucht es immer zusätzliche Information oder zusätzliche Annahmen (z. B. über geeignete Instrumentvariablen), und diese sind oft nicht vorhanden. Hier hat man ein ähnliches Problem wie beim Identifizieren kausaler Zusammenhänge.

Hans Schneeweiß (vorne, 2. von rechts) im Kreis seiner Kolleginnen und Kollegen bei der Tagung 2015 des Ökonometrischen Ausschusses des Vereins für Sozialpolitik

Krämer Wo sehen Sie denn sonst ihre eigenen wichtigsten Beiträge zur Statistik?

Schneeweiß Da ist zunächst mein Buch über Entscheidungskriterien bei Risiko zu nennen, das ich leider nur auf Deutsch veröffentlicht habe (Schneeweiß 1967). Dort findet sich u. a. eine Untersuchung über den Zusammenhang des Bernoulli-Kriteriums der Nutzenerwartung mit diversen Entscheidungskriterien, die aus den Verteilungsparametern, insbesondere aus Mittelwert und Varianz, entwickelt worden sind.

In der Ökonometrie habe ich einiges zur Schätzung der reduzierten Form von Modellen und zur Schätzung von rekursiven Modellen geschrieben, sind aber nur Kleinigkeiten. Sodann mehrere Aufsätze über Modelle mit latenten Variablen, speziell über das Modell der Faktorenanalyse. Hier ging es um den Vergleich von strukturellen Methoden mit der Methode der Hauptkomponenten und allgemeiner des Partial Least Squares. Aber ist das nun Ökonometrie oder Statistik? Ist wohl egal.

Schließlich speziell zu den Modellen mit Fehlern in den Variablen: Hier ging es vor allem um die Entwicklung von Schätzmethoden für unterschiedliche Modelle und um deren meist asymptotischen Eigenschaften, also z. B. neben linearen Modellen vor allem polynomiale Modelle, sowie das Poisson-Regressionsmodell und allgemeinere nicht lineare Modelle. Ferner Modelle mit multiplikativen Messfehlern, wie sie u. a. bei gewissen Anonymisierungsverfahren vorkommen. In diesem Zusammenhang wurden auch Verfahren der Mikroaggregation untersucht. Schließlich seien Untersuchungen zu Rundungsfehlern genannt.

Krämer Mal was Anderes: Statistik hat in Deutschland einen schlechten Ruf. Wo sehen Sie die Gründe und was glauben Sie, kann man dagegen tun?

Schneeweiß Ist das wirklich so? Man müsste das mal mit anderen Ländern vergleichen. Immerhin dürfte man wohl in England oder Amerika mit mehr Verständnis für die Bedeutung der Statistik rechnen. Die albernen Bemerkungen über statistische Lügen und Fälschungen wird man wohl kaum hören. Dabei wissen die meisten gar nicht, dass man mit Statistik in viel raffinierterer Weise „lügen" kann als durch simples Fälschen. Den Deutschen wird allgemein mangelndes Wissenschaftsverständnis bis hin zu Wissenschaftsfeindlichkeit nachgesagt. Das passt natürlich zu einer allgemeinen Abneigung gegen Statistik. Welche Missverständnisse im Zusammenhang mit statistischen Informationen vorkommen, zeigen Sie ja jeden Monat mit ihrer „Unstatistik" (siehe Bauer et al. 2014). Diese Kolumne sollte auch in einer Tageszeitung oder Wochenzeitschrift erscheinen, nicht nur im Internet, wo sie doch nur die Wissenden erreicht.

Was kann man noch tun? Hier ist die Schule gefragt. Statt weiterer Vertiefung in Stochastik – hier wird schon sehr viel Gutes getan – sollte man einerseits auf den eminent wichtigen informativen Gehalt statistischer Aussagen, etwa im Gegensatz zu Einzelaussagen, hinweisen, andererseits auf die möglichen Fehlinformationen durch den unsachgemäßen Gebrauch der Statistik, und das alles mit vielen Beispielen. Es ist auch schon vorgeschlagen worden, das Wort Statistik durch ein anderes zu ersetzen, etwa Datenanalyse, was allerdings schon besetzt ist, oder Datenmanagement oder dergleichen …

Krämer Haben wir in Dortmund versucht, neben Statistik gibt es bei uns auch einen Studiengang Datenanalyse.

Schneeweiß Ich weiß nicht recht, was ich davon halten soll. Das Wort Statistik hat natürlich einen sehr großen, zum Teil disparaten Bedeutungsumfang, aber die einzelnen Teile hängen immer noch gut zusammen, sodass wir ein Wort, und eben das traditionelle und auch international geläufige, beibehalten sollten.

Noch mit 80 fitter als die meisten jüngeren Kollegen: Hans Schneeweiß bei seinem Hobby Bergwandern

Krämer Sie waren auch lange Vorstandsmitglied der DStatG. Wo sehen Sie diese Gesellschaft in 20 Jahren?

Schneeweiß Schwere Frage. Sie wissen ja, Prognosen sind schwer, vor allem, wenn sie die Zukunft betreffen. Ich weiß nur, dass sich die DStatG in den letzten 20 Jahren stark verändert hat und daher weitere Veränderungen zu erwarten sind. Das betrifft die Themen, die behandelt werden, ebenso wie die Organisationsform. Eine wesentliche Innovation war z. B. die von Göran Kauermann initiierte DAGSTAT, bei der ja die DStatG Mitglied ist. Nach der Öffnung der Gesellschaft für weite Kreise von jungen beginnenden Wissenschaftlern war das eine Öffnung hin zu benachbarten Organisationen. Davon kann die DStatG nur profitieren. In Zusammenarbeit mit der Informatik z. B. – sie ist übrigens nicht in der DAGSTAT vertreten – kann das Big-Data-Problem angegangen werden …

Krämer Aber wird dadurch die Statistik nicht etwas an den Rand gedrängt?

Schneeweiß Wieso? Nehmen Sie die Genetik, mit ihren riesigen Datenmengen. Da wären Informatiker ohne Statistik ganz schön aufgeschmissen. Z. B. braucht man für die Erstellung von Stammbäumen in der Phylogenese ausgefeilte Maximum-Likelihood-Methoden und Wahrscheinlichkeitsmodelle für deren Modellierung, da sind wir Statistiker extrem gefragt. Auch für Sensitivitätsanalysen: Denn das Ergebnis (der gefundene Stammbaum) hängt von der Wahl des Modells ab. Ich stelle mir in Zukunft eine fruchtbare Symbiose vor, so wie das etwa in München derzeit mit dem Studiengang „Informatik plus Statistik“ bereits der Fall ist. Und auch auf vielen anderen Gebieten könnte die Statistik gemeinsam mit anderen Wissenschaften wachsen. Der Verein für Sozialpolitik etwa hat seit einiger Zeit die evidenzbasierte Wirtschaftspolitik als Problem erkannt, das sollte Anlass sein, sich auch in der Statistik verstärkt und erneut um das alte Problem der Kausalität zu kümmern. Ganz allgemein sollten wir die oft und viel beschworene Interdisziplinarität noch stärker fördern. Aber das ist mehr ein Wunsch als eine Prognose.

Krämer Da kann ich nur zustimmen. Herr Schneeweiß, ganz herzlichen Dank für das Gespräch.

Literatur

Bauer T, Gigerenzer G, Krämer W (2014) Warum dick nicht doof macht und Genmais nicht tötet. Das Buch der Unstatistik. Campus, Frankfurt

Caroll RJ, Crainiceanu C, Ruppert D, Stefanski LA (2006) Measurement error in nonlinear models: a modern perspective. Chapman and Hall, Boca Raton

Carroll RJ, Ruppert D, Stefanski LA (1995) Measurement error in nonlinear models. Chapman and Hall, London

Cheng C-L, Van Ness JW (1999) Statistical regression with measurement error. Arnold, London

Cramér H (1946) Mathematical methods of statistics. Princeton University Press, Princeton

Fuller W (1987) Measurement error models. Wiley, New York

Krämer W (1985) Asymptotische Verteilung einiger Schätzverfahren bei Trend und Fehlern in den Variablen. Metrika 32:151–162

Laux H, Schneeweiß H (1972) On the Onassis problem. Theory Decis 2:353–370

Schneeweiß H (1960) Zur Theorie der Warteschlangen. Z Handelswiss Forsch 12:471–507

Schneeweiß H (1967) Entscheidungskriterien bei Risiko. Springer, Berlin/Heidelberg/New York

Schneeweiß H (1971) Ökonometrie. Physica, Heidelberg

Schneeweiß H (1975) Struktur-Inferenz an drei Beispielen. Stat Hefte 16:316–325

Schneeweiß H, Mittag H-J (1986) Lineare Modelle mit fehlerbehafteten Daten. Physica, Heidelberg

Schneeweiß H, Sprott DA, Viveros R (1987) An approximate conditional analysis of the linear functional relationship. Stat Hefte 28:183–202

Sohmen E, Schneeweiß H (1969) Fiscal and monetary policies under alternative exchange rate systems: a correction. Quart J Econ 83:336–340

Von Mises R (1936) Wahrscheinlichkeit, Statistik und Wahrheit. Springer, Wien

Wansbeek TJ, Meijer E (2000) Measurement errors and latent variables in econometrics. Advanced textbooks in economics, Bd 37. North-Holland, Amsterdam

Weichselberger K (2001) Elementare Grundbegriffe einer allgemeineren Wahrscheinlichkeitsrechnung I. Physica, Heidelberg

Günter Bamberg

Wie lehrt man Statistik?

Günter Bamberg (*1940) hat in Saarbrücken und Bonn Mathematik studiert und seine Berufslaufbahn 1966 in Karlsruhe begonnen, zunächst als Mitarbeiter bei Dietrich Bierlein (Mathematische Statistik), dann von 1968 bis 1970 bei Rudolf Henn (Ökonometrie und OR) – also an zwei verschiedenen Fakultäten. Im Jahr 1970 erhielt er die venia legendi für Ökonometrie und Statistik, und im gleichen Jahr, mit nur 29 Jahren, einen Ruf auf einen Lehrstuhl für Statistik an der Universität Augsburg.

Dieser Universität ist Günter Bamberg trotz zweier auswärtiger Rufe – nach Osnabrück und Heidelberg – treu geblieben. In den Anfangsjahren musste er dort, nach eigener Aussage, „das Mädchen für alles Quantitative spielen", neben Statistik lehrte er auch Operations Research, Logistik, Finanzwirtschaft, Wirtschaftstheorie und natürlich Ökonometrie. Von 1970 bis 1972 und dann wieder von 1990 bis 1991 war er auch Dekan des WiSo-Fachbereichs.

Auch in den großen statistischen Fachgesellschaften – der Deutschen Statistischen Gesellschaft, der Deutschen Gesellschaft für Finanzwirtschaft und in der Gesellschaft für Operations Research und in anderen wissenschaftlichen Vereinigungen war er sehr aktiv, im Verein für Socialpolitik etwa als Mitglied im Theoretischen Ausschuss und als Gründungsmitglied des Ausschusses für Ökonometrie (1977), und in der Deutschen Forschungsgemeinschaft als gewählter Fachgutachter für Statistik (1980 bis 1988). Ferner war Günter Bamberg Mitherausgeber der Statistical Papers (1983 bis 1999), und von OR Spectrum (2000 bis 2005). Im Jahr 2000 erhielt er zusammen mit R. Lasch den Stinnes Logistics Award, und im Jahr 2006, drei Jahre vor seiner Emeritierung, die Ehrendoktorwürde der Universität Tübingen. Bis heute forscht Günter Bamberg mit Begeisterung an einem „Sammelsurium von Problemen" in der Schnittmenge von Statistik und Wirtschaftswissenschaften. Mit dem

---

Dieser Beitrag wurde bereits in *AStA Wirtschafts- und Sozialstatistisches Archiv* (Bd. 12, 2018, https://link.springer.com/article/10.1007/s11943-018-0232-1) veröffentlicht und für das vorliegende Buch leicht überarbeitet.

W. Krämer (Hrsg.), *Statistik hautnah*, https://doi.org/10.1007/978-3-662-69596-8_26

Interviewer Walter Krämer traf er sich am 23. Februar 2017 auf der Jahrestagung des Ökonometrischen Ausschusses des Vereins für Socialpolitik in Schloss Rauischholzhausen.

Krämer Lieber Herr Bamberg, Sie sind der Hauptautor des wohl meistverkauften Statistik-Lehrbuchs in der Bundesrepublik, mittlerweile in der 18. Auflage (Bamberg et al. 2017). Auch ich selbst habe es in meinen eigenen Vorlesungen „Statistik für Wisos" in Dortmund gerne empfohlen und benutzt. Aber leider ist nach meiner eigenen Erfahrung diese ganze Lehre in Statistik für Nichtstatistiker großteils für die Katz: Die Leute lernen es eh nicht richtig, und nach einem Jahr haben sie auch noch den Rest komplett vergessen.

Bamberg Das ist wohl leider so. Woran das aber liegt? Wenn ich es wüsste, würde ich ein Buch über Didaktik schreiben. Die Faulheit der Studenten ist natürlich ein maßgeblicher Faktor. In der Statistik kommt noch hinzu, dass an den Wirtschaftsfakultäten die Statistik ja eher als Hilfswissenschaft gilt, und das raubt natürlich den Studierenden die Motivation. Die Wirtschaftsstudenten wollen ja nicht eine Hilfswissenschaft, sondern eine „richtige" Wissenschaft studieren. Das könnte etwas ausmachen. Und dann wollen die Studenten heute ja kaum noch lesen oder schreiben, sie gucken lieber Bilder an. Dieses „easy learning" am Bildschirm, das klappt meines Erachtens nicht so richtig.

Krämer An den allermeisten Fakultäten ist die Statistikausbildung bei den Studierenden sogar regelrecht verhasst. Wenn die ihren Schein haben, schlagen sie ein großes Kreuz und freuen sich, dass sie damit nie wieder etwas zu tun haben. Ist das nicht auch ein bisschen unsere Schuld als Hochschullehrer?

Bamberg Eigentlich müsste die Motivation von den angrenzenden Fächern kommen, die hinterher die empirische Arbeit machen, und die statistisch gut ausgebildete Studierende haben wollen. Aber dann ist es oft zu spät …

Krämer Aber nochmal zu uns Statistikern selbst. Kann es vielleicht sein, dass viele unserer Kollegen sich zu sehr an Formalismen aufgehängt haben, z. B. Signifikanztests vorwärts und rückwärts, Nullhypothesen zweiseitig und einseitig – statt den Leuten zu erklären, was Fehler erster oder zweiter Art sind und das an einem Test mal gründlich beispielhaft erklären? Und den ganzen formalen Rest vergessen?

Bamberg Normalerweise wollen die Studierenden aber gerade Rezepte statt gründliche Überlegungen. Wenn man zu früh auf den möglichen Missbrauch etwa von Signifikanztests hinweist (siehe Krämer 2011, 2012), dann raubt das die Motivation. Wenn man die Kritik zu früh bringt, sagen die Studierenden womöglich: Das ist eine fragwürdige Sache. Die besseren, kritischen Studierenden sind wohl interessiert am korrekten Umgang mit Statistik, aber das ist leider im Hörsaal eine Minderheit.

Wilfried Pohlmeier, Phillip Sibbertsen, Günter Bamberg und Hans Schneeweiß (v. l. n. r.) auf der Statistischen Woche in Augsburg 2016

Krämer Es kommt vielleicht auch noch etwas anderes hinzu, was wir ja jahrelang – ich selbst auch – unseren Studierenden im Grundstudium gelehrt haben: zufällige Stichproben, kontrollierte Experimente. Das scheint ja angesichts der Big Data-Hysterie, wo ja wirklich Milliarden Datenpunkte auf die Leute einstürzen, nicht mehr so wichtig. Man plant ja kaum noch Experimente.

Bamberg Na ja, vergessen Sie nicht die Medizin! Aber klar, Big Data ist nicht aus der Welt zu schaffen, die Geräte werden immer leistungsfähiger, die Software hält mit, und es ist ein enormes Geschäft …

Krämer … das wir nicht den Informatikern überlassen sollten?

Bamberg Die rein technische Seite natürlich schon. Aber die Anwendungen sollten wir doch näher an die Statistik binden. Für mich hat Data Mining ja immer noch einen negativen Beigeschmack als Produzent von Artefakten: Man sucht so lange im Datensatz, bis es passt, und dann findet man natürlich auch was. Auf der anderen Seite: Wenn man zu kleine Datensätze untersucht, ist oft nicht viel gewonnen. Das ist das Problem. Wenn die Big-Data-Leute große Datenmengen durchforsten, dann Hypothesen aufstellen und diese an neuem Material testen, dann kann man das akzeptieren. Eine weniger rigorose Forderung ist, den ursprünglichen Datensatz zu halbieren und die erste Hälfte für explorative Zwecke zu reservieren. Auch dies halte ich für akzeptabel. Damit könnte Big Data ein richtiger Jobmotor für unsere Absolventen werden.

Krämer Sie haben gerade bei dem englischen Ausdruck „Big Data“ etwas gezögert. Das bringt mich zum Thema Deutsch und Englisch in der Wissenschaft. Viele Fakultäten stellen ja ihre Masterausbildung, einige sogar das Bachelorstudium, komplett auf Englisch um. Wie ist denn Ihre Meinung dazu?

Bamberg Die ist gespalten, wie bei vielen Kollegen. Ich sehe ein, dass man damit im Master vielleicht mehr Studenten gewinnen kann. Allerdings sinkt das Niveau, wenn nicht auf Deutsch gelehrt wird. Wir sind nicht so mit den Feinheiten des Englischen vertraut, unsere Studenten bekommen das Englisch der deutschen Dozenten serviert, das ist oft nicht ideal. Und wenn die Studenten dann auf Englisch Fragen stellen müssen, erschwert das die Sache noch mehr. Der Dialog wird gebremst. Wenn die Fakultät groß ist, könnte man einen deutsch- und einen englischsprachigen Studiengang parallel laufen lassen, das wäre für beide Seiten gut. Klappt aber meistens organisatorisch nicht.

Krämer Zum Teil ist das Umschwenken auf Englisch ja auch eine Folge der sogenannten Bologna-Reform …

Bamberg Alter Wein in neuen Schläuchen! Ich bin ja seit sieben Jahren nicht mehr direkt in der Lehre und habe nur die Anfänge mitbekommen. Wie negativ sich das auswächst, kann ich nicht beurteilen. Das erinnert mich an die vielen anderen gescheiterten Reformen in meiner Fakultät. Wir hatten etwa einmal angefangen mit Trimestern, und da war natürlich durch die sieben, acht Fächer, die wir im Trimester hatten, ein permanenter Klausur- und Prüfungsmarathon. Dann wurde die Blockprüfung als große Reform kreiert, das war Ende der 70er-Jahre. Damit sollten die Fächer im Kopf der Studenten endlich mal integriert werden! In einer vierstündigen Klausur wurden jetzt sechs oder acht Fächer gleichzeitig abgeprüft. Das wurde als großer Vorteil propagiert. Vor einigen Jahren erfolgte dann die Rolle rückwärts in eine neue Reform: die modulare Prüfung. Und immer zwischendrin die Reibungsverluste und der Extraaufwand für die, die noch nach der alten Prüfungsordnung studieren …

Krämer Und die typisch deutsche Amerikahörigkeit ganz allgemein? Ich war ja lange Herausgeber des German Economic Review, der Hauszeitschrift des Vereins für Socialpolitik, und konnte meine Kollegen nicht bewegen, dass sie ihre eigenen Papiere hinschicken, oder wenigstens ihr eigenes Journal zitieren. Stattdessen das ewige Schielen nach England und Amerika. Was kann man denn tun, um diese Scheuklappenmentalität unserer Kollegen zu konterkarieren?

Bamberg Eigentlich nur appellieren, und selbst das wird negativ aufgefasst. Man kann vielleicht auch mit dem Impact Factor argumentieren. Die Amerikaner machen das in ihren eigenen Zeitschriften automatisch. Die Deutschen in Ihren Zeitschriften aber nicht.

Krämer Aber zurück zu den Anfängen. Wie sind Sie eigentlich selbst zur Statistik gekommen?

Bamberg In meinem Studium in Saarbrücken gab es keine Statistik, aber für meine Diplomarbeit bin ich an einen Professor André geraten, der Spieltheorie betrieben hat. In meiner Diplomarbeit, und später auch in meiner Dissertation, habe ich mich dann mit Spieltheorie beschäftigt. Nach Karlsruhe kam ich 1966 für meinen ersten Job, zu

Dietrich Bierlein, und der hat die Statistik voll als Zweipersonen-Nullsummenspiel aufgefasst: Statistiker gegen die Natur! Die Natur verbirgt die Wahrheit, und der Statistiker will sie finden. Von zentraler Bedeutung war die Schadensfunktion, beim Test, bei Schätzfunktionen und auch bei anderen Entscheidungsproblemen. Die Schadensfunktion hängt von dem ab, was man selbst entscheidet, und vom wahren Zustand der Natur. Über Letzteren hat man natürlich keine vollständige, sondern nur eine Stichprobeninformation. Das statistische Verfahren – die statistische Entscheidungsfunktion – generiert aufgrund der Stichprobe die jeweilige konkrete Entscheidung. Interpretiert man die Stichprobe als Zufallsvariable, so ist auch der resultierende Schaden zufällig. Bildet man davon den Erwartungswert, so erhält man die Risikofunktion, den erwarteten Schaden bei Einsatz eines statistischen Verfahrens. Diese Risikofunktion gilt es zu minimieren. Wenn man gleich das richtige (d. h. das gleichmäßig beste) Verfahren findet, ist das prima. Meistens existiert kein gleichmäßig bestes Verfahren, sodass der Vergleich ohne Zusatzwissen nicht möglich ist. Wenn man aber nichts weiß, macht man Minimax, wenn man was weiß, macht man Bayes. Die Arbeiten von Abraham Wald waren am Lehrstuhl Bierlein die Bibel und für alle verbindlich. In diese Welt bin ich dann reingekommen, in meinem Alter damals war ich ja noch leicht zu prägen, und durch die Spieltheorie kam mir diese Denkweise auch sehr entgegen. Mein damaliges statistisches „Weltbild" habe ich in einer elementaren Monografie (Bamberg 1972) beschrieben.

Günter Bamberg mit C.R. Rao, Frau Rao und Attilia Spremann im Sommer 1985 (in Ulm)

Krämer Welche Vorbilder gab es denn noch?

Bamberg International am ehesten C.R. Rao. Und in Deutschland etwa Hans Schneeweiß. Der hat mich bei meiner Promotion mündlich geprüft; damals hatte er schon das Buch „Entscheidungskriterien bei Risiko“ (Schneeweiß 1967) publiziert und ein umfangreiches Skript „Ökonometrie“ verfasst, das danach als Buch (Schneeweiß 1971) erschienen ist. Später habe ich auch eigene Bücher zu diesen Themen geschrieben. Obwohl nur sieben Jahre älter als ich, hat mich Hans Schneeweiß insofern entscheidend geprägt. Und in gewissem Maße, als Wissenschaftsmanager, auch Rudolf Henn. Dann kam natürlich der Schock, als ich den Lehrstuhl in Augsburg bekam! Von der Schadensfunktion wollte da keiner was wissen, es gab vielmehr den Spruch: Wenn der Anwender kommt und eine Schadensfunktion liefern muss, dann kommt der nie wieder. Stattdessen habe ich den Signifikanztestkult erlebt. Da wurde dann gesagt: Hier ist die Nullhypothese, bitte bestätigen (oder widerlegen, je nachdem)! Die Daten liegen auf dem Tisch, bitte auswerten, und zwar so, dass ein publizierbares Paper daraus wird. Das ist die Aufgabe der Statistik! Da hatte ich natürlich ein ungutes Gefühl, die bisherige Welt war weg, und die neue hat mir nicht so gut gefallen.

Aber die Wahrscheinlichkeitstheorie (innerhalb der Statistik selbst eine Hilfswissenschaft) war immer eine gute Basis für die Kooperation in der Fakultät, beispielsweise in den Gebieten Lagerhaltung, Instandhaltung, Portfoliotheorie, Anreizsysteme etc. Ich glaube, man hat mich wegen dieser Kooperationsbereitschaft in der Fakultät immer sehr wohlwollend behandelt. Insbesondere habe ich mit einem Betriebswirt ein Buch über Entscheidungstheorie (Bamberg und Coenenberg 1974, Bamberg et al. 2012) und mit einem Volkswirt eine „Einführung in die Ökonometrie“ geschrieben (Bamberg und Schittko 1979). Die Entscheidungstheorie wurde vom Markt gut aufgenommen. Die Ökonometrie kam dagegen nicht über die erste Auflage hinaus; der Markt ist sehr eng; es gibt einfach zu wenige Studenten in der Volkswirtschaft. Meine Herkunft von der Spieltheorie war auch für das Entscheidungstheorie-Buch nützlich. So betrifft das umfangreichste Kapitel die nichtkooperative und kooperative Spieltheorie. Ferner war sie eine gute Basis für einen 1977 durchgeführten einwöchigen Workshop mit Reinhard Selten (Albers et al. 1979).

Krämer In Augsburg hat also die Kooperation zwischen Statistik und Anwendern gut geklappt – Sie haben sich als Statistiker den Anwendern angepasst. Das ist aber oft anders, es gibt viele Wirtschaftsfakultäten in Deutschland, da wurde oder wird ein Statistik-Lehrstuhl nach seinem Freiwerden wegen scheinbarer Irrelevanz einfach umgewidmet.

Bamberg Statistiker gelten oft als nur der VWL verhaftet, und sobald der Statistik-Lehrstuhl frei wird, sind natürlich die BWLer von der Stimmzahl in der besseren Position und versuchen sich durchzusetzen. In meinem Fall hat aber der Lehrstuhl die gleiche Spezifikation und Ausstattung behalten und die Fakultät einen außerordentlich kompetenten Nachfolger (Yarema Okhrin) gewonnen. Mit ihm veranstalte ich immer noch in jedem Sommersemester ein gemeinsames Seminar.

Krämer Mal zur Forschung. Sie waren ja acht Jahre Fachgutachter für Statistik bei der Deutschen Forschungsgemeinschaft. Wie beurteilen sie den Stellenwert dieser Vereinigung im deutschen Wissenschaftsbetrieb?

Bamberg Die Förderung durch die DFG ist eine große Motivation für viele Wissenschaftler, das zeigt der reiche Ertrag der Projekte, die gefördert wurden. Ich selbst hatte zwei DFG-geförderte Nachwuchsleute, die sind jetzt beide Professoren in Regensburg, da hat sich die Förderung ausgezahlt. Auch die Programme drum herum, an denen ich beteiligt war, z. B. die Schwerpunktprogramme „Empirische Kapitalmarktforschung“ und „Effiziente Gestaltung von Finanzmärkten“ – mitsamt dem Zwang, dann auch periodisch vorzutragen, das war sehr nützlich, da kam wirklich was raus.

Aktuell ist die Konkurrenz allerdings sehr groß, sodass viel Aufwand getrieben werden muss, wenn nur 10 % der Anträge durchgehen. Das wird dann leicht kontraproduktiv.

Krämer Und Ihre wichtigsten eigenen Projekte?

Bamberg Ich halte es für zweckmäßiger, keine Einzelarbeit hervorzuheben, sondern eher die bereits eingangs erwähnte „Buntheit“ der Publikationen. Sie betreffen beispielsweise Statistik, Ökonometrie, Statistische Entscheidungstheorie, Bayes-Verfahren, Indexzahlen-Konstruktion, Portfoliotheorie, Futures-Märkte, Steuertarife und die Bereitschaft zur Risikoübernahme, Share Economy, Anreizsysteme, Prinzipal-Agent-Modelle etc. Dieses Interesse sowohl für BWL- wie VWL-Themen wird auch durch die neueren Arbeiten belegt, die im OR Spectrum, Review of Managerial Science und im German Economic Review erschienen sind (Bamberg und Neuhierl 2010, 2012; Bamberg und Dorfleitner 2013; Bamberg und Heiden 2015; Bamberg und Krapp 2016).

Sehr interessiert hat mich in letzter Zeit auch der Renditebegriff. Dass da je nachdem, wie man die Sache betrachtet, etwas ganz anderes herauskommt, das ist vielen Leuten gar nicht bekannt, da wird doch eine Menge geschludert, auch in amerikanischen Zeitschriften, wenn die also sagen: Rendite ist Rendite, da hat man doch schnell ein Problem. Manchmal steht dann in der Arbeit oder in den Büchern, Log-Rendite und normale Rendite könne man gleichsetzen. Natürlich kann man das für kleine Werte machen, wenn man aber dann gleichzeitig stereotyp wiederholt, dass es die stilisierten Fakten gibt, Kurtosis, Volatilitätscluster und schwere Ränder, da findet man gerade die Fälle, wo je nach Renditedefinition etwas anders herauskommt. Die eine Kennziffer null, andere sogar unendlich. Das wird oft nicht gesehen. Auch wird häufig nicht wahrgenommen, dass alle Kurserwartungswerte unendlich sind, wenn man für die Log-Rendite schwere Ränder postuliert (Bamberg und

Dorfleitner 2002). Deshalb bin ich froh, dass ich auf der diesjährigen Sitzung des Ökonometrie-Ausschusses meine Bedenken vortragen darf. Oft wird eine Spalte angeboten mit Renditekennzahlen, Schiefe, höhere Momente. Wenn ich da nicht sehe, was mit Rendite gemeint ist, finde ich das irreführend und ich fühle mich verschaukelt.

Krämer Wie bereits erwähnt, treffen wir uns hier in Rauischholzhausen bei der 40. Tagung des Ökonometrischen Ausschusses des Vereins für Socialpolitik. Sie selbst sind Gründungsmitglied. Was waren denn in dieser Zeit die größten Umwälzungen, die wichtigsten Neuerungen?

Günter Bamberg schließt sein Referat auf der 2017er Sitzung des ökonometrischen Ausschusses des Vereins für Socialpolitik (wie auch 2010 seine Abschiedsvorlesung) mit einem Handstand ab

Günter Bamberg im Kreis seiner Kollegen und Kolleginnen in einer Sitzungspause bei der 40. Jahrestagung des ökonometrischen Ausschusses des Vereins für Socialpolitik, Rauischholzhausen 2017

Bamberg Am Anfang waren die ökonometrischen Mehrgleichungsmodelle in Mode. Da gab es mit größerer Rechnerkapazität auch immer größere Modelle, da gab es ferner das Projekt Link, bei dem die einzelnen Ländermodelle miteinander verkettet wurden. Und der Ostblock mit seinen 5-Jahres-Plänen war auch noch intakt und hat auf ähnliche Modelle gesetzt. Dann hat man gemerkt, dass das nicht so gut funktioniert, und so kamen allmählich die Zeitreihen ins Spiel. Die dominieren das Feld seitdem. Wer sich dieser expandierenden Methodik verschrieben hat, kann kaum noch in ein anderes Gebiet gehen.

Kramer Und die nächsten 40 Jahre?

Bamberg In 20 Jahren denke ich wird sich nicht so viel ändern, das Grundgerüst, also mal abseits der Schadensfunktion und der Signifikanzdebatte, wird so bleiben wie es ist. Aber in 40 Jahren …

Betrachten Sie mal das Fach Operations Research, das war in den 60er-, 70er-Jahren das Wunderding. Was haben wir da geplant und optimiert! Mittlerweile werden OR-Lehrstühle aber gar nicht mehr ausgeschrieben. Das Fach hat seinen Nutzen erfüllt und ist in die anderen Fächer hineindiffundiert. So könnte es auch mit der Statistik gehen: In 40–50 Jahren, da könnte die Statistik überall ein bisschen betrieben werden, aber ohne eigenen Lehrstuhl …

Krämer Ich wollte gerade das Gegenteil behaupten. Nämlich dass sich die Statistiker zu ganzen Fakultäten zusammenfinden, wie das in Dortmund, und ansatzweise auch in München geschehen ist. Warum klappt das bei uns in Deutschland nicht, was im Ausland gang und gäbe ist?

Bamberg Ich denke hier an die Dimension, in den meisten Fakultäten haben wir ja nur einen Statistiker. Die kritische Masse kann man vielleicht im Zusammenschluss mit Nachbarn erreichen, aber selbst Marburg und Gießen schaffen es nicht. In Dortmund ist da etwas Einzigartiges entstanden.

Krämer Das Kompliment lasse ich mal so stehen, und bedanke mich für das Gespräch.

Literatur

Albers W, Bamberg G, Selten R (Hrsg) (1979) Entscheidungen in kleinen Gruppen. Hain, Meisenheim

Bamberg G (1972) Statistische Entscheidungstheorie. Physica, Würzburg/Wien

Bamberg G, Coenenberg AG (1974) Betriebswirtschaftliche Entscheidungslehre. Vahlen, München

Bamberg G, Dorfleitner G (2002) Is traditional capital market theory consistent with fat-tailed log returns? Z Betriebswirtsch 72:865–878

Bamberg G, Dorfleitner G (2013) On a neglected aspect of portfolio choice: the role of the invested capital. Rev Manag Sci 7:85–98

Bamberg G, Heiden S (2015) Another Look at the Equity Risk Premium Puzzle. German Econom Rev 16(4):490–501

Bamberg G, Krapp M (2016) Is time consistency compatible with risk aversion? Rev Manag Sci 10:195–211

Bamberg G, Neuhierl A (2010) On the non-existence of conditional value-at-risk under heavy tails and short sales. OR Spectr 32:49–60

Bamberg G, Neuhierl A (2012) Growth optimal investment strategy: the impact of reallocation frequency and heavy tails. Ger Econ Rev 13:228–240

Bamberg G, Schittko UK (1979) Einführung in die Ökonometrie. G. Fischer, Stuttgart

Bamberg G, Coenenberg AG, Krapp M (2012) Betriebswirtschaftliche Entscheidungslehre, 15. Aufl. Vahlen, München

Bamberg G, Baur F, Krapp M (2017) Statistik, 18. Aufl. De Gruyter, Berlin/Boston

Krämer W (2011) The cult of statistical significance – what economics should and should not do to make their data talk. Schmollers Jahrb 131(2011):455–468

Krämer W (2012) Das Signifikanztest-Ritual und andere Sackgassen des Fortschritts in der Statistik. AStA Wirtsch Sozialstat Arch 5(4):299–308

Schneeweiß H (1967) Entscheidungskriterien bei Risiko. Springer, New York/Berlin/Heidelberg

Schneeweiß H (1971) Ökonometrie. Physica, Heidelberg

Helmut Lütkepohl

Die statistische Analyse von Zeitreihen

Helmut Lütkepohl, (*1951 in Volmerdingsen, heute Bad Oeynhausen), ist der wohl international bekannteste deutsche Ökonometriker, mit zahlreichen Publikationen in führenden Fachzeitschriften. Nach dem Studium der Mathematik in Bielefeld mit anschließender Promotion in Wirtschaftswissenschaften führten ihn seine Berufsstationen über San Diego (Visiting Assistant Professor), Hamburg, Kiel, die Humboldt-Universität zu Berlin und das European University Institute in Florenz wieder zurück nach Berlin, wo er bis zu seiner Pensionierung eine Bundesbankprofessur für Methoden der empirischen Wirtschaftsforschung an der Freien Universität innehatte und auch mit seiner Frau Sabine lebt. Zugleich leitete und organisierte er das Doktorandenprogramm des Deutschen Instituts für Wirtschaftsforschung (DIW), eines der größten und erfolgreichsten in der Bundesrepublik. Mit dem Interviewer Walter Krämer traf er sich am Rande eines Vortrags vor dem von W. Krämer geleiteten DFG-Sonderforschungsbereich „Nichtlineare statistische Modelle in Wirtschaft und Technik" im Juli 2018 in Dortmund.

Krämer Herr Lütkepohl, Sie haben in verschiedenen Ländern dieser Welt als Statistiker und Ökonometriker gelehrt und geforscht. Wo sehen Sie die Vor- und Nachteile des deutschen akademischen Systems?

Lütkepohl Ein Vorteil für die Studenten ist, dass sie zumindest in der Ökonomie eine solide Master-Ausbildung erhalten können, da sehen sie in der Konkurrenz mit Studenten aus anderen europäischen Ländern um Doktorandenstellen am Europäischen Hochschulinstitut in Florenz recht gut aus. Das konnte ich dort zu

Dieser Beitrag wurde bereits in *AStA Wirtschafts- und Sozialstatistisches Archiv* (Bd. 13, 2019, https://link.springer.com/article/10.1007/s11943-019-00238-8) veröffentlicht und für das vorliegende Buch leicht überarbeitet.

W. Krämer (Hrsg.), *Statistik hautnah*, https://doi.org/10.1007/978-3-662-69596-8_27

meiner Freude zehn Jahre lang beobachten. Leider ist es für einen Abiturienten nicht ganz leicht herauszufinden, welche Universität die beste akademische Ausbildung bietet.

Krämer Und die Vor- und Nachteile für das Lehrpersonal?

Lütkepohl Ein gravierender Nachteil des deutschen Systems ist sicher die vergleichsweise hohe Lehrverpflichtung. Bedenkt man dann auch noch die gleichzeitig hohe Belastung mit administrativen Aufgaben, sind die Forschungsmöglichkeiten für deutsche Professoren doch sehr begrenzt.

Krämer Das hat Sie aber nicht abgehalten, mehr als hundert anspruchsvolle wissenschaftliche Arbeiten zu schreiben …

Lütkepohl Wenn man sich vergleicht mit einigen internationalen Kollegen, ist das nicht übermäßig viel. Und ich habe großes Glück gehabt, sowohl an meinem Lehrstuhl als auch außerhalb so viele gute Leute zu finden, mit denen ich zusammen arbeiten konnte. Ich habe tatsächlich oft nach Kollegen Ausschau gehalten, die bestimmte Probleme für mich lösen konnten. Eine besonders erfolgreiche Zusammenarbeit war etwa die mit Pentti Saikkonen, daraus sind eine Reihe guter Papiere entstanden (Lütkepohl und Saikkonen 1997; Lütkepohl et al. 2004; Saikkonen und Lütkepohl 1996, 2000).

Helmut Lütkepohl mit seinem Koautor P. Saikkonen und Frau Saikonnen

Krämer Auf welche Ihrer eigenen Arbeiten sind Sie denn besonders stolz?

Lütkepohl Hier fällt mir besonders meine 1991 bei Springer erschienene *Introduction to Multiple Time Series Analysis* ein (Lütkepohl 1991). Das war schon eine Herausforderung, denn Ende der 80er-Jahre des vorigen Jahrhunderts, als ich das Buch geschrieben habe, war noch überhaupt nicht klar, was in einem solchen Buch abgehandelt werden sollte. Außerdem waren die erforderlichen mathematischen Grundlagen recht verstreut und gelegentlich nicht unter einheitlichen Annahmen verfügbar. Vieles musste ich für das Buch selbst in die richtige Form bringen und ich habe in dem Zusammenhang ja auch etliche Forschungsarbeiten geschrieben, die als Zeitschriftenaufsätze erschienen sind (z. B. Lütkepohl 1988, 1989, 1990). Dass das Buch in überarbeiteter Form (siehe Lütkepohl 2005) bis heute seinen Einfluss zu haben scheint, ist für mich natürlich sehr befriedigend (obwohl Bücher in meinem Fach ja heute nicht mehr zur Messung der wissenschaftlichen Produktivität herangezogen werden).

Krämer Kommen wir nochmal zurück auf die Ausbildung. Ein großer Unterschied zwischen Deutschland und Amerika ist, dass es dort strukturierte Doktorandenprogramme gibt, bei uns dagegen eher selten. Sehen Sie da Handlungsbedarf?

Lütkepohl Ja, den sehe ich. Ich habe ja lange Zeit am Europäischen Hochschulinstitut gelehrt, und da gab gab es ein strukturiertes Doktorandenprogramm. Ich fand das sehr hilfreich für die Doktoranden und habe deshalb versucht, in ähnlicher Weise ein Programm am DIW zu organisieren. Und ich glaube, das hat sich unter meiner Leitung auch entsprechend entwickelt. Ein breites Ausbildungsprogramm im ersten Teil der Doktorandenphase tut den Leuten gut.

Krämer Vor der Doktoranden- kommt natürlich die Grundausbildung. Ich selbst behaupte ja gerne (siehe Krämer 2008), die Studenten lernten heute, wenn sie sich etwa in einem Wirtschaftsstudium mit Statistik befassen müssen, oft das Falsche. Zu viel Formelkram, zu wenig Verständnis für Datenprobleme und das, was man unter Amtsstatistik zusammenfasst. Wie sehen Sie diese Sache?

Lütkepohl Aufgrund meiner eigenen Erfahrung sehe ich das etwas anders. Jedenfalls finde ich es sehr wichtig, dass ein Statistiker sich gut mit den formalen Grundlagen auskennt. Natürlich ist es auch wichtig, über die Herkunft und Eigenschaften der benutzten Daten gut Bescheid zu wissen. Aber man kann halt nicht alles im Curriculum unterbringen und eine gewisse Schwerpunktsetzung ist da wohl unvermeidlich. Wenn ich persönlich nicht genug Kenntnisse über die Daten für eine bestimmte Studie habe, dann suche ich mir einen entsprechenden Spezialisten als Kooperationspartner. Natürlich ist es schon wichtig, dass es genügend Leute gibt, die sich mit der Datenerhebung und -aufbereitung gut auskennen. Auch das ist ja ein bedeutender Teil der Statistik.

Krämer Ein anderer bedeutender Teil der Statistik ist auch deren Bild in der Öffentlichkeit. Nach meiner Einschätzung hat die Statistik etwa in England einen weit höheren sozialen Stellenwert als bei uns.

Lütkepohl Das kommt vielleicht daher, dass Fachgebiete, in denen Forscher aus einem bestimmten Land die Entwicklung besonders stark geprägt haben, auch in der Öffentlichkeit eine größere Aufmerksamkeit und wohl auch Anerkennung erfahren. Zum Beispiel wird meinem engeren Fachgebiet, der Ökonometrie, in den Niederlanden eine besondere Aufmerksamkeit entgegen gebracht, da der Niederländer Tinbergen als einer der Väter der Ökonometrie gilt. Ebenso haben die englischen Statistiker das Fach historisch betrachtet in besonderer Weise geprägt und deshalb hat die Statistik dort wohl auch einen höheren Stellenwert in der Öffentlichkeit. Eventuell kommt dann noch dazu, dass auch die Medien in diesen Ländern solchen Fächern, in denen international anerkannte Vertreter arbeiten oder gearbeitet haben, besondere Aufmerksamkeit schenken und ein positiveres Bild in die Öffentlichkeit transportieren.

Krämer Im Moment ist ja Big Data in aller Munde. Damit ist ja ein Ziel der mathematischen Statistik, nämlich gegebene Daten maximal effizient zu nutzen, in gewisser Weise obsolet. Wenn Daten nichts kosten, braucht man sich um deren effiziente Verarbeitung nicht zu sorgen …?

Lütkepohl Dafür gibt es aber neue Herausforderungen. Die großen Datenmengen, die jetzt verfügbar sind oder erzeugt werden, können ja nur noch mit statistischen Methoden sinnvoll ausgewertet werden. Außerdem stellt das große Interesse an nicht- numerischen Daten die Statistik vor neue interessante Herausforderungen. So interessiert man sich ja heute sehr stark für die statistische Auswertung von Texten. Auch dafür eignet sich ja die Statistik.

Krämer Trotzdem nochmal zur Effizienz: Sie sind ja auch als Gutachter für die DFG aktiv. Wie zielführend ist diese Art der Forschungsfinanzierung im Vergleich zu Systemen, die Sie aus anderen Ländern kennen?

Lütkepohl Tatsächlich war ich auch für Forschungsförderorganisationen anderer Länder als Gutachter tätig. Wie effizient die Forschungsförderung dort allerdings organisiert ist, kann ich schwer beurteilen, da ich ja nicht mal weiß, welchen Einfluss meine Gutachten tatsächlich gehabt haben. Aus Gesprächen mit vielen internationalen Kollegen schließe ich aber, dass auch die Fördersysteme in anderen Ländern gewisse Nachteile haben. Für meine eigene Arbeit wäre es sicherlich hilfreich gewesen, wenn ich weniger stark in das Korsett von Antragstellung und Evaluation gezwängt gewesen wäre, was ja nun mal mit Drittmittelfinanzierung einhergeht, wenn viele Kolleginnen und Kollegen auf den gleichen Topf zugreifen möchten. Effizienter wäre es für mich wohl gewesen, wenn ich einen größeren Etat für meine Forschung zur freien Verfügung gehabt und die Antrags- und Evaluationszeiten für meine Forschung gehabt hätte. Die Situation am Europäischen Hochschulinstitut in Florenz kam mir da besonders entgegen, sodass ich wohl besser nicht klagen sollte, wenn ich auf mein gesamtes Berufsleben zurückblicke.

Krämer Wo sehen Sie denn die Statistik in 20 Jahren?

Lütkepohl Ich denke, dass die Statistik in den nächsten Jahrzehnten noch erheblich an Bedeutung gewinnen wird, da mit der Weiterentwicklung der Computertechnologie auch immer neue Datenmengen verfügbar werden, aus denen mit statistischen Mitteln Informationen herausdestilliert werden müssen. Über Big Data haben wir in diesem Zusammenhang ja bereits gesprochen. Das wird sicherlich neue, interessante Herausforderungen für die Statistik mit sich bringen. Allerdings wird die Statistik vielleicht auch noch stärker mit der Informatik zusammenarbeiten und sogar zusammenwachsen müssen. Schon jetzt gibt es ja extrem rechenintensive statistische Verfahren, die interessante Ergebnisse hervorbringen und auch die Datenbanken werden immer grösser. Eine Kooperation mit der Informatik drängt sich somit geradezu auf.

Speziell in der Ökonometrie sind die heute in der Entwicklung begriffenen rechenintensiven Bayesianischen Verfahren sicher auch in einigen Jahrzehnten noch relevant, ähnlich die Bootstrap-Methodologie. Wenn man frequentistisch arbeitet, legt man zunehmend weniger Wert auf Verfahren, die auf speziellen Verteilungen basieren. Ersatzweise benutzt man Simulationsverfahren, Computerverfahren, die die Verteilung besser simulieren, besser darstellen, ohne starke Annahmen über die tatsächliche Verteilung der Daten zu machen.

Besuch aus Deutschland: H. Lütkepohl mit den Ehepaaren Friedmann (*vorne*) und Wolters auf der Terrasse seines Hauses in Florenz

Krämer Damit berühren Sie einen wunden Punkt: Was von dem, was wir heute lehren, ist in 20 Jahren noch relevant? Als wir beide angefangen haben, Ökonometrie zu betreiben, da waren simultane Gleichungen aktuell. Ich habe darüber meine Dissertation geschrieben, zweistufige, dreistufige KQ-Methode, K-Klasse-Schätzungen, Doppel-K-Klasse-Verfahren usw.. Heute weiß kein Mensch mehr, was das überhaupt ist. Besteht nicht die Gefahr, dass gewisse Teile der Ökonometrie, so wie es mein Habilvater Manfred Deistler nennt, selbstreferenziell werden, sich vom Rest der Wissenschaften abkoppeln und dass das, was da geschieht, 30 Jahre später von keinerlei Relevanz mehr ist?

Lütkepohl Das ist gut möglich, das ist ja auch etwas, was in anderen Bereichen als den simultanen Mehrgleichungsmodellen ein bisschen zu sehen ist, dass die speziellen Verfahren, die jetzt in unserem Bereich von Bedeutung sind, in anderen Wissenschaften eben nicht so hoch angesehen sind oder auch gar keine Bedeutung haben. Ich denke zum Beispiel auch an die Kointegration, die sehr wichtig für die Ökonometrie geworden ist und sicher auch noch lange bleiben wird, aber außerhalb der Ökonometrie einen sehr geringen Stellenwert zu haben scheint. Ich glaube, dass das auch an dem Phänomen liegt, wie wir damit versuchen zu modellieren und zu erklären und es kann dann auch immer mal zu Entwicklungen kommen, die sich als Auslaufmodell erweisen. Irgendwann stürzt man sich dann auf andere Themen und andere Modelle. In den letzten Jahrzehnten haben sich die Modelle ja auch sehr stark mit der Änderung der Datenlage geändert. Die simultanen Mehrgleichungssysteme waren ja deshalb so populär, weil man am Anfang der Ökonometrie vorwiegend mit Jahresdaten gearbeitet hat. Man hatte ja gar nicht so viele Daten. Da hat man dafür Modelle konstruiert, die nicht viel Dynamik und nur sehr wenige verzögerte Variablen enthielten. Als man dann sehr viel mehr Monats- und Quartalsdaten hatte, kamen die Vektorautoregressiven Modelle und es wurden andere Verfahren entwickelt, weil sich auch die Identifikationsproblematik anders darstellte. Deshalb sind einige aus der Zeit der simultanen Mehrgleichungsmodelle bekannten Verfahren weitgehend verschwunden.

Krämer Wie kamen Sie eigentlich selbst zur Statistik?

Lütkepohl Nach dem Diplom in Mathematik bin ich zu einem Auslandsstudienjahr an die University of Georgia in den USA gewechselt und dort habe ich meine erste Ökonometrievorlesung gehört. Das Fach hat mich gleich fasziniert und es wurde mir schnell klar, dass dafür meine Statistikkenntnisse unzureichend waren. Ich habe dann auch Statistikvorlesungen an der University of Georgia und später an der University of Illinois belegt.

Krämer Gab es dabei akademische Lehrer, die Sie besonders geprägt haben?

Lütkepohl Da muss ich sicherlich erstmal George Judge nennen, bei dem ich meine erste Ökonometrievorlesung an der University of Georgia gehört habe und der mich für die Ökonometrie und insbesondere auch für die Zeitreihenökonometrie begeistert hat. Er hat mich auch an die University of Illinois mitgenommen, wo ich dann Paul Newbold getroffen habe, der mich bei meinem Promotionsprojekt zur multiplen Zeitreihenanalyse zunächst betreut und mich später auch an die University of California in San Diego (UCSD) vermittelt hat. Dort entwickelten Clive Granger und Robert Engle damals die Kointegrationstheorie und auch die ARCH Prozesse waren gerade von Rob Engle ‚erfunden' worden. Diese Kollegen und die Vielzahl von Gästen, die sich zu meiner Zeit teilweise für längere Perioden an der UCSD aufhielten, waren für mich sehr stimulierend. Besonders erwähnen könnte ich da Søren Johansen, Katarina Juselius, David Hendry, James Hamilton und Timo Teräsvirta. Dass ich auch in Deutschland mit meinem Forschungsgebiet eine akademische Laufbahn weiter verfolgen konnte, ist sicherlich nicht zuletzt Joachim Frohn geschuldet, der mein Promotionsbetreuer an der Universität Bielefeld war und anschließend meine akademische Weiterentwicklung in verschiedenster Weise unterstützt hat.

Helmut Lütkepohl in Florenz mit seinem Ex-Kollegen Robert Engle aus San Diego, kurz nachdem dieser den Wirtschafts-Nobelpreis 2003 erhalten hatte

Krämer Würden Sie heute das gleiche nochmal tun?

Lütkepohl Da mir die Ökonometrie immer noch Spaß macht, habe ich eigentlich nichts zu bereuen, und auch dass ich mich zunächst in der Mathematik auf die Differenzialgeometrie konzentriert habe, hat sicher nicht geschadet. Immerhin habe ich während meines Mathematikstudiums bereits Maßtheorie und Wahrscheinlichkeitstheorie gehört. Das erwies sich dann später für meine Statistikinteressen als sehr hilfreich. Also im Großen und Ganzen bin ich mit meiner Wahl zufrieden und würde sie wohl auch nochmal so treffen.

Krämer Das ist ein ermutigendes Schlusswort. Haben Sie herzlichen Dank für das Gespräch.

Literatur

Krämer W (2008) Verhindert die Statistikausbildung den Fortschritt der Wirtschafts- und Sozialwissenschaften? AStA Wirtsch Sozialstat Arch 2(1-2):41–50. https://doi.org/10.1007/s11943-008-0030-2

Lütkepohl H (1988) Asymptotic distribution of the moving-average coefficients of an estimated vector autoregressive process. Econ Theory 4:77–85

Lütkepohl H (1989) A note on the asymptotic distribution of impulse response functions of estimated vector autoregressive models with orthogonal residuals. J Econom 49:371–376

Lütkepohl H (1990) Asymptotic distributions of impulse response functions and forecast error variance decompositions of vector autoregressive models. Rev Econ Stat 72:116–125

Lütkepohl H (1991) Introduction to multiple time series analysis. Springer, Berlin

Lütkepohl H (2005) New introduction to multiple time series analysis. Springer, Berlin

Lütkepohl H, Saikkonen P (1997) Impulse response analysis in infinite order cointegrated vector autoregressive processes. J Econom 81:127–157

Lütkepohl H, Saikkonen P, Trenkler C (2004) Testing for the cointegrating rank of a VAR process with level shift at unknown time. Econometrica 72:647–662

Saikkonen P, Lütkepohl H (1996) Infinite-order cointegrated vector autoregressive processes: Estimation and inference. Econ Theory 12:814–844

Saikkonen P, Lütkepohl H (2000) Testing for the cointegrating rank of a VAR process with structural shifts. J Bus Econ Stat 18:451–464

Manfred Deistler

Lineare Statistische Systeme

Manfred Deistler (* 23. September 1941 in St. Pölten, Niederösterreich) ist einer der international bekanntesten deutschsprachigen Statistiker; seine wissenschaftlichen Schwerpunkte liegen in der Ökonometrie und in der Zeitreihenanalyse. Darüber hinaus gibt es von ihm wegweisende Beiträge zur Systemtheorie.

Nach einem Diplom in Elektrotechnik (TH Wien, 1964), einer anschließenden Tätigkeit in der Industrie (bis 1966) und einem Diplom in Wirtschaftswissenschaften (IHS, 1968) promovierte Manfred Deistler 1970 an der TU Wien in angewandter Mathematik. Er arbeitete von 1968–1971 als wissenschaftlicher Mitarbeiter von Peter Schönfeld an der Uni Regensburg, folgte dann Peter Schönfeld an die Uni Bonn, wurde dort 1973 außerordentlicher Professor und wechselte im Jahr 1978 als ordentlicher Professor für Ökonometrie und Nachfolger von Gerhard Tintner an die TU Wien, der er trotz alternativer Angebote bis zu seiner Emeritierung 2009 treu geblieben ist.

Das Buch Hannan/Deistler: The Statistical Theory of Linear Systems, gilt heute als Klassiker. Darüber hinaus äußert sich sein wissenschaftlicher Einfluss auch in der erstaunlichen Zahl von 35 Doktoranden und Habilitanden, von denen mehrere derzeit in Deutschland, Österreich, den USA, Kanada und Indonesien Universitätsprofessuren in Statistik oder Ökonometrie bekleiden.

Deistlers wissenschaftliche Verdienste wurden vielfach anerkannt. Er ist gewählter Fellow der Econometric Society (als einer von aktuell nur elf Forschern an deutschsprachigen Universitäten, denen diese Auszeichnung zuteil geworden ist), Fellow des Journal of Econometrics, Fellow des IEEE (The Institute of Electrical and Electronics Engineers) und seit 2016 auch Ehrendoktor der Fakultät Statistik

Dieser Beitrag wurde zuvor in *AStA Wirtschafts- und Sozialstatistisches Archiv* (Bd. 15, 2021, https://link.springer.com/article/10.1007/s11943-021-00286-z) veröffentlicht und für das vorliegende Buch leicht überarbeitet.

W. Krämer (Hrsg.), *Statistik hautnah*, https://doi.org/10.1007/978-3-662-69596-8_28

der TU Dortmund. Mit dem Interviewer Walter Krämer traf er sich Ende Februar 2020 bei der Tagung des ökonometrischen Ausschusses des Vereins für Socialpolitik auf Schloss Rauischholzhausen bei Marburg.

Krämer Herr Deistler, Sie sind einer der international bekanntesten deutschsprachigen Statistiker, aber wie die meisten Kollegen nicht als Statistiker geboren. Meines Wissens haben Sie als Elektrotechniker angefangen. Wie kam das?

Deistler Das war Familientradition. Mein Vater war Elektrotechniker; er hat seine Ausbildung noch an der k.u.k Maschinenschule der österreichisch-ungarischen Marine in Pula absolviert. Auch mein Bruder hat an der TU Wien, der damaligen TH Wien, Elektrotechnik studiert. Und so habe dann auch ich Elektrotechnik studiert. Das hat mich von Anfang an aber nicht sehr interessiert. Ich habe dann nach Studienende anderthalb Jahre als Diplomingenieur in der verstaatlichten Industrie am Gebiet der Regeltechnik gearbeitet. Das hat mir dann gereicht.

Krämer … und dann überlegt „Jetzt mache ich mal was ganz anderes"? Das heißt ja noch nicht automatisch: hin zur Statistik.

Deistler Nein, das heißt es gewiss nicht. Mein Herzenswunsch war damals, Biotechnologie zu studieren oder auch Medizin. Dann habe ich durch Zufall von einem Freund vom gerade gegründeten Wiener „Institut für Höhere Studien (IHS)" erfahren, das damals von der Ford Foundation finanziert wurde. Das hat mich so fasziniert, dass ich mich dort beworben habe. Ich habe an der Ökonomie-Abteilung begonnen und da ich mathematisch durch das Studium gut ausgebildet war, aber auch aus Interesse, bin ich in die Ökonometrie – Schiene gekommen.

Manfred Deistler

Krämer An diesem Institut habe ich selbst in den 80er-Jahren ja auch einige Zeit gearbeitet. Eine bemerkenswerte Einrichtung. Wie ist sie historisch einzuordnen?

Deistler Ja, das IHS war wirklich bemerkenswert! Gegründet wurde es 1963 von Oskar Morgenstern und Paul Lazarsfeld. Diese Gründung hat die Wiener Ökonomie radikal modernisiert und ein Fenster in die internationale Szene eröffnet. Wir hatten durch Morgenstern ganz berühmte Gastprofessoren wie Clive Granger, Martin Shubik oder Jan Tinbergen oder aus Deutschland Hans Schneeweiß, Peter Schönfeld und Reinhard Selten. Auch der „Spirit" am IHS war radikal von dem der österreichischen Unis der Fünfziger- und Sechzigerjahre verschieden. Allen meinen Lehrern dort, speziell dem Institutsgründer Oskar Morgenstern und Martin Shubik, bin ich sehr dankbar. Ohne sie wäre mein Leben völlig anders verlaufen.

Krämer Gibt es weitere Vorbilder?

Deistler Ja, die gibt es. Von Peter Schönfeld habe ich viel gelernt, vor allem den mathematisch exakten Zugang zur Ökonometrie. Auch mein Interesse an Identifizierbarkeit wurde von ihm geweckt. Er ist zudem der Gründungsvater des ökonometrischen Ausschusses, wo wir gerade sind.

Besonders dankbar bin ich Ted Hannan, der ein ganz Großer in der Zeitreihenanalyse war. Er hat mich wissenschaftlich wie kein anderer geprägt. Ich habe meine Gastaufenthalte in Australien – später auch bei BDO Anderson – überhaupt sehr genossen und habe jetzt noch Heimweh nach Australien. Und, last but not least, bin ich meinen ehemaligen Mitarbeitern, wie etwa Benedikt Pötscher, Werner Ploberger oder Wolfgang Scherrer sehr dankbar. Ich denke auch, ich hatte in meiner Laufbahn eine kräftige Portion Glück!

Manfred Deistler bei den Andersons in deren Garten in Canberra

Krämer Auf welche Ihrer eigenen wissenschaftlichen Leistungen sind Sie denn besonders stolz?

Deistler Einer meiner Schwerpunkte war die Strukturtheorie, insbesondere von VARMA und Zustandsraumsystemen. Für letztere geht diese auf Rudi Kalman zurück (durch den Kontakt zu ihm wurde auch mein Interesse an Faktormodellen ausgelöst). In der Strukturtheorie geht es z. B. um die Frage, ob die Abbildung, die den externen Charakteristiken (wie zum Beispiel den zweiten Populations-Momenten der Beobachtungen) die System-Parameter zuordnet, existiert (Identifizierbarkeit) und stetig ist. Dies ist für die statistische Analyse wichtig, siehe etwa Deistler et al. (1978) oder Deistler (1983). Das hat im Buch mit Ted Hannan einen Höhepunkt gefunden (Hannan und Deistler 1988) und wurde danach von mir und meinen Mitarbeitern fortgesetzt.

Zwei weitere Schwerpunkte sind im Rahmen unserer Zusammenarbeit im „European Research Network on System Identification“ (ERNSI), an dem Control Engineering Gruppen aus KTH Stockholm, U Linköping, U Cambridge, U Groningen, KU Leuven, U Louvain-la-Neuve, INRIA Rennes, INRIA Sophia Antipolis und U Padua beteiligt sind, entstanden. Das sind zum einen Subspace-Verfahren: Das sind Schätzverfahren aus der System- und Kontrolltheorie. Hier schätzt man Zustandsraum-Systeme, indem man zunächst einen Zustand schätzt; und hat man einen Zustand geschätzt, dann ist der Rest relativ einfach. Diese Verfahren sind numerisch sehr effizient und werden insbesondere in den Ingenieurwissenschaften stark verwendet. Wir haben dann die statistischen Eigenschaften von Subspace-Verfahren untersucht, siehe Bauer et al. (1999). Unser zweiter Schwerpunkt hier waren datengetriebene lokale Koordinaten (Ribarits et al. 2004), die sehr gute numerische Eigenschaften aufweisen.

In jüngster Zeit habe ich mich mit hochdimensionalen Zeitreihen und damit in Zusammenhang mit Faktormodellen, singulären Systemen und mixed frequency-Daten beschäftigt. Dabei haben wir insbesondere durch unsere Zusammenarbeit mit BDO Anderson (ANU) und seiner Gruppe sehr profitiert, siehe Deistler et al. (2010), Chen et al. (2011) oder Anderson et al. (2016a, b).

Gruppenbild mit Damen: Gäste der Emeritierungsfeier 2009

Krämer Für mich war das IHS immer ein Zeichen, dass Wien oder Österreich oder die alte Habsburger Monarchie ein besonders fruchtbarer Boden für die Statistik zu sein scheint. Abraham Wald, John von Neumann ...

Deistler Ich finde das überzeichnet, zumindest wäre ich da mal vorsichtiger. Oskar Morgenstern hat in der Zwischenkriegszeit gemeinsam mit F. A. v. Hayek das Institut für Konjunkturforschung in Wien gegründet. Morgenstern selbst war im engeren Sinn kein Österreicher, er ist in Görlitz an der Neiße geboren. Morgenstern hat dann Wald und v. Neumann sehr gefördert.

Ich habe in Wien nie eine besonders „statistikfreundliche Grundstimmung" wahrnehmen können – ich kann mich z. B. an viele dumme Bemerkungen über die „Ökonometrie als Unsinn" in den letzten Jahrzehnten erinnern – auch von Kollegen. Also kein Vergleich mit den angelsächsischen Ländern. Das wird jetzt in Zeiten von „Evidenzbasierung" in der Wirtschaftspolitik und „big data" allerdings besser. Die Erfolge in Wien sind eher einzelnen Personen wie Oskar Morgenstern mit der Gründung des IHS oder Benedikt Pötscher mit der Etablierung seiner Schule an der Uni Wien geschuldet.

Krämer Trotzdem bleibe ich dabei, dass im geistigen Leben von Wien die Statistik intensiver vorkommt als anderswo im Deutschen. Ich habe per Zufall mal eine Dissertation mitbetreuen dürfen zum Wesen der Statistik im Werk von Robert Musil (Hoheisel 2005). Musil hat nicht wie Thomas Mann, wenn es um Mathematik und Naturwissenschaften geht, einschlägige Kapitel aus Lehrbüchern oder Lexika mehr oder weniger abgeschrieben, sondern sich selbst intensiv mit der Materie beschäftigt.

Deistler Nochmals, Wien hat sich nie zu einem der großen internationalen Zentren der Statistik entwickelt, dazu war die Akzeptanz in Österreich zu gering. In England war das völlig anders. Immerhin gab es in Wien einen Statistiker, Wilhelm Winkler, der 100 Jahre alt geworden ist und immer gepredigt hat, wie wichtig Statistik ist.

Krämer Ich habe sein Lehrbuch zu Hause stehen (Winkler 1931). Aber leider hat dieses Predigen nicht viel genutzt. Heute, viele Jahre später, sehen wir allerorten, dass unsere Lehrstühle, wenn wir ausscheiden, umgewidmet werden.

Deistler Mein Lehrstuhl an der TU Wien wurde eingespart. Ich habe das bedauert, aber ich kann nichts dagegen machen. Mein Trost ist, dass es eine Reihe von exzellenten und international sichtbaren Ökonometrikern an Wiener Unis gibt: An der Uni Wien Benedikt Pötscher, Hannes Leeb und Nikolaus Hautsch, an der WU Sylvia Frühwirth-Schnatter und Kurt Hornik. Die Ökonometrie ist also auch weiter in Österreich verankert.

Krämer In Deutschland sehe ich das nicht so positiv. Früher gab es an Wirtschaftsfakultäten oft zwei Lehrstühle für Statistik/Ökonometrie, heute maximal einen, falls überhaupt. Kann es sein, dass wir irgendetwas falsch gemacht haben? Zu wenig um die Anwender gekümmert?

Deistler Als Einzelperson fühle ich mich da unschuldig, es herrscht einfach eine Grundeinstellung in vielen Wissenschaften, in unseren beiden Ländern, dass man Statistik eigentlich nicht braucht.

Nochmals, dabei ist speziell in Zeiten von „big data" Statistik zu einem enorm ertragreichen Wissenschaftsfeld geworden. Ich glaube auch, dass wir in der Ökonometrie durch „big data" und entsprechende neue Methoden – auch aus AI und ML – vor einem gewaltigen Innovationsschub stehen, der auch dem Paradigma der Evidenzbasierung in den Wirtschaftswissenschaften zum Durchbruch verhelfen wird. Ich hoffe, wir sind im deutschen Sprachraum mit dabei!

Krämer Kann es sein, dass die Informatiker uns hier marginalisieren?

Deistler Wer immer Daten auswertet, ist für mich Statistiker, ganz gleich woher er oder sie kommt. Die Ökonometrie nimmt aber eine besondere Rolle ein. Ich zitiere mal Peter Phillips. Der hat bei der Feier zu seinem 40-jährigen Jubiläum in Yale gesagt: „Econometrics has a soul, statistics does not have a soul". Damit meint er, dass viele Sachen in der Ökonometrie, stärker als im Rest der Statistik, von den Anwendungen und den Modellen getrieben sind. Ich fühle mich selbst eigentlich als Ökonometriker und als solcher bedaure ich es schon sehr, dass die Ökonometrie im deutschen Sprachraum noch immer keine international führende Position errungen hat.

Krämer Wir sind ja gerade hier beim Ökonometrischen Ausschuss des Vereins für Socialpolitik. Das reicht Ihnen nicht?

Manfred Deistler (*letzte Reihe, 4. v. r.*) mit Kollegen bei der Tagung des ökonometrischen Ausschusses 2020

Deistler Nein, das reicht nicht. Sicher gibt es exzellente Ökonometriker bei uns, aber es fehlt die kritische Masse. Führende deutsche Ökonometriker wie Ulrich Müller, Frank Schorfheide oder Harald Uhlig sind an US-Elite-Unis. Das gleiche gilt für Susanne Schennach aus Österreich. Wieviele US-Spitzenökonometriker habe Lehrstühle an deutschen Unis? Die Ökonometrie ist noch immer sehr angelsächsisch geprägt. Können Sie mir eine wichtige Entwicklung in der Ökonometrie nennen, die bei uns entstanden ist?

Ich denke auch, die Ökonometrie im deutschen Sprachraum ist zu fragmentiert, zu kleinteilig organisiert. In der Zusammenarbeit mit den Kollegen in technischen Fächern sehe ich, dass diese in viel längeren „Produktionsketten" arbeiten. Die Information fließt von den Modellierern zu den Anwendern und umgekehrt. Die Statistiker erhalten dadurch Rückkopplung über Erfolgsgeschichten, die Anwender über neue Methoden und das fehlt uns in der „deutschen" Ökonometrie.

Krämer Also am Maschinenbau ein Beispiel nehmen?

Deistler In anderem Sinne, ja. Im 19. Jahrhundert wurden Autos in kleinen Stückzahlen von Hand hergestellt. Das kann sich heute niemand mehr vorstellen. Genauso braucht es eine moderne, arbeitsteilige ökonometrische Forschung. Eine neue Infrastruktur, wo ich Datenbanken und Methodenbanken habe. Wo es Spezialisten gibt, die Software schreiben und solche, die die ökonomischen Aussagen bewerten können.

Krämer Ein Versuch ist zum Beispiel die Idee des Sonderforschungsbereichs.

Deistler Sonderforschungsbereiche wären das Minimum. Wichtig ist auch der Kontakt mit den Wirtschaftsforschungsinstituten. Das wäre ideal, wenn hier mehr Brücken bestehen würden. Auch zur Bundesbank und zur EZB …

Krämer Auch viele andere Wissenschaften beklagen ja einen Rückstand zu den USA …

Deistler Ja, und die Politik erkennt das nicht einmal oder reagiert zumindest nicht, dabei müssten wir nur über die Grenze nach Zürich schauen.

Manfred Deistler mit Frau Gerda und Tochter

Krämer Da will ich jetzt gleich mal Contra geben. Ich habe ja in Wien habilitiert und habe es sehr genossen, dass sich auf 1 km^2 das geistige Leben eines ganzen Landes konzentriert. Das ist eine Atmosphäre, die sehr kreativ ist und mich enorm beflügelt hat. Daraus kann man doch was machen, oder?

Deistler Man könnte. Aber man tut es nicht. Das ist in Österreich sicher auch eine Frage des Geldes, das zur Verfügung steht. Und in Deutschland genauso. Ich habe einen Artikel von Harald Uhlig in der „Welt" vom 17.11.2018 gelesen, über Berkeley als Blaupause für deutsche Unis. Und ich würde sagen, die Analyse von Uhlig stimmt. Wir haben noch dazu vor unserer Haustüre mit der ETH Zürich eine Uni, an der man das studieren könnte, was man tun müsste, um in den internationalen Rankings exzellent abzuschneiden. Von Friedrich dem Großen gibt es ein Wort, das die Lage gut beschreibt: Es fehlt bei uns an „esprit de corps".

Krämer Der fehlt meiner Meinung nach auch noch in einem anderen Sinn. Vor wenigen Monaten wurde ja unser Ausschusskollege Bernd Lucke von linken Schlägertrupps brutal an seiner akademischen Lehre gehindert. Das schien viele Ausschussmitglieder nicht besonders zu bekümmern …

Deistler Ich finde diese Behinderungen absolut unangebracht. Wenn man mit Luckes Thesen nicht übereinstimmt, muss man das auf andere Weise austragen.

Krämer Dann lassen wir das mal so stehen und warten, was da noch auf uns zukommt. Vielen Dank für das Gespräch.

Literatur

Anderson BDO, Deistler M, Felsenstein E, Funovits B, Zamani M (2016a) Multivariate AR systems and mixed frequency data: G-identifiability and estimation. Econom Theory 32:793–826

Anderson BDO, Deistler M, Felsenstein E, Koelbl L (2016b) The structure of multivariate AR and ARMA systems: regular and singular systems; the single and the mixed frequency case. J Econom 192:366–373

Bauer D, Deistler M, Scherrer W (1999) Consistency and asymptotic normality of some subspace algorithms for systems without observed inputs. Automatica 35:1243–1254

Chen W, Anderson BDO, Deistler M, Filler A (2011) Solutions of Yule-walker equations for singular AR processes. J Time Ser Anal 32(5):531–538

Deistler M (1983) The properties of the parametrization of ARMAX systems and their relevance for structural estimation and dynamic specification. Econometrica 51:1187–1208

Deistler M, Anderson BDO, Chen W, Filler A, Zinner C (2010) Generalized linear dynamic factor models – an approach via singular autoregressions. Eur J Control 16:211–224. (invited paper, with discussions)

Deistler M, Dunsmuir W, Hannan EJ (1978) Vector linear time series models: corrections and extensions. Adv Appl Probab 10:360–372

Hannan E, Deistler M (1988) The statistical theory of linear systems. Wiley, NY. (reprint in Reprint in: SIAM Classics in Applied Mathematics, Philadelphia, 2012)

Hoheisel C (2005) Physik und verwandte Wissenschaften in Robert Musils Roman Der Mann ohne Eigenschaften. Ein Kommentar. Bochumer Universitätsverlag, Bochum

Ribarits T, Deistler M, McKelvey T (2004) An analysis of the parametrization by data driven local coordinates for multivariable linear systems. Automatica 40(5):789–803

Winkler W (1931) Grundriss der Statistik. Springer, Berlin/Heidelberg

Gerd Hansen

Statistik und makroökonometrische Modelle

Gerd Hansen (* 1. Januar 1938 im ostholsteinischen Pansdorf) hat nach einem Studium der Volkswirtschaftslehre an der Christian-Albrechts-Universität zu Kiel an der Universität Hamburg bei Heinz Gollnick mit einer Arbeit zu einem makroökonometrischen Modell für die Bundesrepublik promoviert. Im Jahr 1971 folgte eine Habilitation mit der Arbeit „Eine ökonometrische Untersuchung ausgewählter Konsumfunktionen für die Bundesrepublik. Spezifikation, Schätzung und Prognose“. Und kurz später ein Ruf an die Johann Wolfgang Goethe-Universität Frankfurt als Nachfolger von Adolf Blind. Von 1979 bis zu seiner Emeritierung 2003 wirkte Gerd Hansen als Professor für Ökonometrie am Institut für Statistik und Ökonometrie der Universität Kiel.

Die Mitglieder der Deutschen Statistischen Gesellschaft kennen Gerd Hansen als Mitherausgeber des Allgemeinen Statistischen Archivs (1973–1980) und als Vorsitzenden des Ausschusses für Empirische Wirtschaftsforschung und Angewandte Ökonometrie (1982–1986). Weiterhin war er aktiv als Mitherausgeber der Statistical Papers und als Vorsitzender des ökonometrischen Ausschusses des Vereins für Sozialpolitik. Wegen Corona fand das Interview fernmündlich/schriftlich statt.

Krämer Herr Hansen, sie verkörpern wie kaum ein anderer die Schnittmenge zwischen Volkswirtschaftslehre und Statistik, die ja für die Deutsche Statistische Gesellschaft fast schon konstitutiv zu nennen ist. Welches Fach gefällt Ihnen besser?

Hansen Es sind nicht die Fächer, es ist die Verbindung. Die Verbindung von Wirtschaftstheorie, statistischen Daten und ökonometrischen Verfahren. Aus der Wirtschaftstheorie kommen die Fragen; die sind dann mit statistischen Methoden zu be-

---

Dieser Beitrag wurde bereits in *AStA Wirtschafts- und Sozialstatistisches Archiv* (Bd. 17, 2021, https://link.springer.com/article/10.1007/s11943-021-00295-y) veröffentlicht und für das vorliegende Buch leicht überarbeitet.

W. Krämer (Hrsg.), *Statistik hautnah*, https://doi.org/10.1007/978-3-662-69596-8_29

antworteten. Mein Lehrer Erich Schneider hat einmal gesagt: „Das Meer der Tatsachen schweigt, man muss sinnvolle Fragen an die Daten stellen".

Krämer Schönes Zitat, muss ich mir merken. Diese Schnittmenge von Wirtschaftstheorie und Statistik, nochmals geschnitten mit der Mathematik, definiert ja laut Gründungsakte der Econometric Society die Wissenschaft der Ökonometrie. Wo sehen Sie da die wichtigsten Entwicklungen seit dieser Gründung Anfang der 1930er?

Hansen Da ist einmal die zunehmende Rolle der Mathematik; die wird in der Wirtschaftstheorie wie in der Statistik immer wichtiger. Denken Sie an die allgemeine Gleichgewichtstheorie oder an nichtlineare Verfahren in der Ökonometrie oder die Methoden zur Analyse großer Datenmengen. Das ist die nächste fundamentale Neuerung – die Verfügbarkeit großer Datenmengen aus dem Internet lässt neue Forschungsgebiete entstehen. Hinzu kommt die hervorragende statistisch-ökonometrische Software, die man heute hat. Als ich 1963 anfing, gab es davon nichts. Man musste alles selbst programmieren. Im Mittelpunkt standen damals Schätzverfahren für simultane Gleichungssysteme, wie die Instrumentvariablen(IV)-Schätzung und insbesondere die „Limited Information(LIML)- und Full Information(FIML)-Maximum-Likelihood Methode" (Hansen 1969). Es gab nur ein FORTRAN-Programm bei IBM ohne Bedienungsanleitung. Also musste ich die Verfahren selbst programmieren, mit Hilfe der am Hamburger Rechenzentrum verfügbaren sehr guten ALGOL-Programmbibliothek.

Krämer ALGOL – da klingelt was bei mir, das habe ich auch noch selbst gelernt. War meine erste Begegnung mit modernen Rechenmaschinen. Wie kamen Sie denn überhaupt zur Ökonometrie?

Gerd Hansen 2019 mit typisch norddeutschem Hintergrund

Hansen Das waren die akademischen Vorbilder. Nach dem Examen als Diplom-Volkswirt in Kiel im Dezember 1962 bekam ich drei Angebote als wissenschaftlicher Mitarbeiter: am Institut für Weltwirtschaft, am Lehrstuhl für BWL und bei Heinz Gollnick am Institut für Statistik und Ökonometrie in Hamburg. Da ich sowohl zur Gruppe der begeisterten Studenten von Wolfgang Wetzel in Statistik als auch von Erich Schneider in VWL gehörte, war das Angebot im Fach Ökonometrie die richtige Kombination.

Krämer Und das haben Sie auch nie bereut?

Hansen Nein. Unter den damaligen Bedingungen würde ich die Ökonometrie sicher wieder als Promotionsfach wählen.

Krämer Und unter heutigen Bedingungen?

Hansen Auch. Aber ob ich heute noch eine Habilitation anstreben würde, glaube ich eher nicht.

Krämer Weil das akademische Leben unattraktiver geworden ist?

Hansen Nein. Die Hürden für eine akademische Laufbahn waren immer hoch, insbesondere der Wettbewerb um eine Professur. Ich hatte das Glück, kurz nach der Habilitation berufen zu werden. Dann kam die erste Ölkrise und es wurden ganze vier Jahre keine freigewordenen Lehrstühle wiederbesetzt. Es fehlen dann im Alter höchster Produktivität interessante alternative Lebensperspektiven. Das Risiko wäre mir heute zu groß.

Krämer Gibt es neben Wolfgang Wetzel und Erich Schneider noch andere akademische Lehrer, die Sie besonders beeindruckt haben?

Hansen Ja, zum Beispiel Heinz Gollnick oder Rudolf Richter. Alle sehr unterschiedliche Charaktere, aber auf ihrem jeweiligen Gebiet hervorragende Wissenschaftler. Gollnick war wohl der erste Deutsche, der nach dem 2. Weltkrieg in der ECONOMETRICA publiziert hat (Gollnick 1957).

Gerd Hansen mit Bernd Lucke (*rechts*), Helmut Lütkepohl (*2. v. r.*) und Herbert Buscher (*links*) auf einem Ökonometrie-Workshop in Berlin, Sommer 1992

Krämer Sie haben über makroökonomische Konsumfunktionen habilitiert. Was hat die empirische Wirtschaftsforschung seitdem dazugelernt?

Hansen Eine Menge, wenn auch eher auf anderen Gebieten. Damals Ende der sechziger Jahre ging es um Erklärungen, warum in Makrodaten die Konsumschwankungen geringer waren als die Einkommensschwankungen (Hansen 1972). Die Erklärung war, dass der Konsum von langfristigen Einkommenserwartungen (Friedmans permanent income) bzw. von den Konsumgewohnheiten der Vergangenheit abhängt. Angus Deaton hat später gezeigt, dass in Mikrodaten der Konsum keineswegs weniger schwankt als das Einkommen. Das ist das Deaton-Paradoxon. Deaton ist einer der großen Forscher über Konsum, wenn man an das Almost-Ideal Demand System und die Messung von Armut denkt. Als arm wird häufig derjenige bezeichnet, der weniger als die Hälfte des Medianeinkommens hat. Das ist ziemlich unsinnig. Deaton hat für seine Erkenntnisse 2015 den Wirtschafts-Nobelpreis bekommen. Aber das Forschungsgebiet „aggregiertes Konsumverhalten" steht heute nicht im Mittelpunkt der angewandten Ökonometrie …

Krämer … sondern die Mikroökonometrie?

Hansen Ja. Nachdem mikroökonomische Daten wie das Sozio-Oekonomische Panel verfügbar wurden, sind mikroökonomische Analysen stärker in den Fokus geraten, Übrigens gehöre ich zu den Mitbegründern des SFB3 in Frankfurt, aus dem das Sozio-Oekonomische Panel hervorgegangen ist. In der Mikroökonometrie sind vor allem Evaluationsmethoden z. B. für Arbeitsmarktmaßnahmen u. a. von Reinhard Hujer zu nennen; siehe etwa Hujer und Fitzenberger (2002) und viele andere verwandte Arbeiten.

Herr und Frau Hansen mit Walter Krämer (*2. v. l.*) und W. Welfe (*2. v. r.*) auf der Europäischen Jahrestagung der Econometric Society, Uppsala 1993

Krämer Als ich selbst in den siebziger Jahren Ökonometrie gelernt hatte, waren aber noch Makromodelle in aller Munde. Diese Begeisterung hat sich inzwischen etwas gelegt. Was ist nach ihrer Meinung da schiefgelaufen?

Hansen Es war die Entwicklung der Wirtschaftstheorie, die das Interesse an länderspezifischen großen Makromodellen erlahmen ließ. Die kleinen Modelle der Wirtschaftstheorie sollen heute für alle Länder gelten: One size fits all. Es fällt mir schwer daran zu glauben, wenn man z. B. an die primär konsumgetriebene US-Wirtschaft im Vergleich zu der stark exportgetriebenen deutschen Wirtschaft denkt. Ich habe selbst im Rahmen meiner Promotion ein makroökonometrisches Modell für die Bundesrepublik entwickelt und später (zusammen mit Uwe Westphal) das vielleicht umfangreichste ökonometrische Modell für die Bundesrepublik „Sysifo = System for Simulation and Forecasting" (Hansen und Westphal 1983). Während ich in meiner Dissertation ein hoch aggregiertes Makromodell vor allem auf seine dynamischen Eigenschaften mittels Bestimmung der Eigenwerte untersucht habe, steht das Sysifo-Modell in der Tradition großer disaggregierter Modelle wie des SSRC-Modell für die USA, mit denen sehr spezifische Fragen analysiert und länderspezifische Strukturen berücksichtigt werden. Bis zur Mitte der siebziger Jahre wurde in den USA kein Gesetz vom Kongress verabschiedet, dessen Konsequenzen nicht mit einem solchen Modell untersucht worden waren. Mit der Theorie rationaler Erwartungen kam es dann zu einer Rückbesinnung auf hochaggregierte Modelle und die Kritik, dass die Parameter der traditionellen Modelle wegen der unzulänglichen Berücksichtigung der Erwartungen nicht stabil sein können (Hansen 1991). Trotzdem werden bis heute auch für Prognosen etwa der Forschungsinstitute umfangreichere Modelle wie das Bundesbank-Modell oder das RWI-Modell benutzt.

Krämer Wo würden Sie selbst Ihren eigenen wichtigsten Beitrag zu diesen Diskussionen sehen?

Hansen Meine Dissertation zum Beispiel. Das war eines der ersten Makromodelle für die Bundesrepublik und erschien noch vor dem Bonner Modell, das Wilhelm Krelle im Rahmen eines großen DFG-Projekts entwickelt hat (Hansen 1967). Diese frühen Modelle konnten das Wachstum beschreiben, aber nur sehr eingeschränkt konjunkturelle Zyklen. Das habe ich gezeigt. Aus heutiger Sicht waren die geschätzten Gleichungen Kointegrationsbeziehungen, d. h. lineare Beziehungen zwischen integrierten Variablen. Das Sysifo-Modell wurde lange Zeit im Rahmen des von der UNO finanzierten Link-Projekts unter L. R. Klein als Teilmodell für Deutschland verwendet, um die globale Wirtschaftsentwicklung zu prognostizieren. In den achtziger Jahren habe ich einige Arbeiten unter Berücksichtigung rationaler Erwartungen und Tests der realen Konjunkturmodelle publiziert (Hansen 1991). Ich war auch zu dem Ergebnis gekommen, dass es falsch ist, das ganze Team des Lehrstuhls an einem Thema wie dem SYSIFO-Modell arbeiten zu lassen. Junge Mitarbeiter benötigen viel Freiraum für eigene Kreativität.

Krämer Das kann ich nur bestätigen. Einige meiner besten Doktoranden habe ich nur zweimal gesehen: Bei der Anmeldung und bei der Abgabe der Arbeit.

Sie waren ja lange sowohl in der Deutschen Statistischen Gesellschaft als auch im Verein für Sozialpolitik aktiv. Wie beurteilen Sie die Rollen dieser beiden Gesellschaften im deutschen Wissenschaftsbetrieb?

Hansen Sie ergänzen sich gewisser Weise. Es begann mit der Gründung des Ausschusses für Empirische Wirtschaftsforschung und angewandte Ökonometrie der Statistischen Gesellschaft durch Wolfgang Wetzel. Der zur gleichen Zeit gegründete Ausschuss für Ökonometrie im Verein für Socialpolitik war damals habilitierten Wissenschaftlern vorbehalten …

Krämer Davon kann ich ein Lied singen; ich hatte, seinerzeit kaum flügge, um eine Aufnahme angesucht und wurde höflich aber bestimmt auf diesen Umstand hingewiesen.

Hansen Na ja, später haben Sie es ja dann doch geschafft. Jedenfalls hatten wir uns in der Statistischen Gesellschaft entschieden, jungen Nichthabilitierten ein Forum zur Präsentation ihrer Forschung (meistens des Promotionsvorhabens) zu geben. Das war in meinen Augen eine sehr gute Entscheidung, durch die wir Älteren viele spätere Kollegen (Kolleginnen damals eher selten) sehr früh kennenlernten. Gleichzeitig wurden die Jahrestagungen um zahlreiche ökonometrische Vorträge erweitert, es wurden auch ökonometrische Themen für die Haupttagung gewählt. Aufgrund der stärker hierarchischen Struktur des Vereins für Socialpolitik fand diese Entwicklung dort deutlich später statt. Heute gibt es diese Probleme nicht, u. a. weil die Ökonometrie inzwischen auch in Deutschland als eines der drei ökonomischen Kernfächer neben Mikro- und Makroökonomie etabliert ist. Beide Gesellschaften haben die Ökonometrie gut integriert, wobei heute in der Statistischen Gesellschaft stärker methodische Fragen und im Verein für Socialpolitik eher Anwendungen im Zentrum stehen.

Krämer Dieses Interview erscheint ja im Wirtschafts- und sozialstatistischen Archiv, eine der beiden Mitgliederzeitschriften der Deutschen Statistischen Gesellschaft. Wo sehen Sie die DStatG in 30 Jahren?

Hansen Mit solchen Prognosen bin ich vorsichtig. Ich gehöre zu den Gründungsmitgliedern des Ausschusses für Empirische Wirtschaftsforschung und angewandte Ökonometrie. Der Name spiegelt bis heute die Angst vieler Kollegen wieder, dass der Ausschuss ein zweiter Methodenausschuss werden könnte, was es zu verhindern galt. Als empirischer Forscher hatte ich ein gewisses Verständnis dafür. Aber die vergangenen 45 Jahre haben gezeigt, dass man die Entwicklung einer wissenschaftlichen Disziplin nicht vorhersehen und schon gar nicht vorgeben kann, und das ist gut so. Ein Fachgebiet entwickelt sich teils zufällig, indem auf Tagungen für einige Jahre Themen dominieren wie in den neunziger Jahren sowohl in der empirischen als auch in der methodischen Forschung die Cointegration. Nach einiger Zeit wird das Thema unergiebig und es kommt etwas Neues. Es kann auch Zyklen geben, so wie heute Faktormodelle wieder von Interesse in der Empirie sind, bedingt durch die immer größer werdenden Datenmengen. Führt das zurück zu der empiristischen Forschung des neunzehnten Jahrhunderts (Schmoller), dass man Daten ohne eine Hypothese einfach sprechen lässt? Ich hoffe nicht.

Krämer In Ihrer Kieler Zeit hatten Sie auch enge Kontakte mit dem Weltwirtschaftlichen Institut. Da hat meines Wissens in den zwanziger Jahren auch Wassili Leontief gewirkt. Wieso kommt es, dass solche Gestalten heute in Deutschland ausgestorben sind?

Hansen Ich glaube, da unterschätzen Sie die lokale Personalqualität. Das Institut für Weltwirtschaft hat immer noch hochkarätige Mitarbeiter und Gäste aus aller Welt. In den sechziger Jahren war Erich Schneider Präsident, der war im 2. Weltkrieg Professor in Aarhus und im englischsprachigen und skandinavischen Raum gut vernetzt. Es bestanden auch gute Beziehungen zum ersten Wirtschaftsnobelpreisträger Jan Tinbergen und anderen. Ähnliches gilt für Herbert Giersch. Und auch der Nachwuchs ist nicht faul. Ich habe als Student im Rahmen des „Weltwirtschaftlichen Clubs" Besuche bei Firmen (Essener Steinkohle, Springer-Verlag etc.), aber auch einen Besuch bei der EWG-Kommission in Brüssel unter Beteiligung von Professoren organisiert. Nach meinem Wechsel nach Kiel bat mich Herbert Giersch, in dem Steering Commitee des neu gegründeten ADVANCED STUDIES PROGRAM mitzuwirken. Im Rahmen dieses Programms habe ich dann zehn Jahre einen Crashkurs über ökonometrische Methoden angeboten. Es gab Teilnehmer aus vielen Ländern der Welt, einige haben eine beachtliche Karriere gemacht wie z. B. Claudia Buch (Bundesbank), Volker Wieland (Sachverständigenrat) und Jan Hatzius (ein Deutscher als Chefvolkswirt von Goldmann-Sachs für die USA). Die Liste der Hochschullehrer, die im Rahmen dieses Programms nach Kiel kamen, liest sich wie das WHO is WHO in Economics.

Feier bei Hansens zuhause nach der Verleihung der Ehrendoktorwürde in Kiel an Arnold Zellner (*2. v. l.*). Mit dabei: Wolfgang Polasek (*links*), Stefan Mittnik (*mitte*) sowie Erika und Alissa Mittnik

Krämer Aber dann gehen die meisten wieder zurück nach Harvard oder Yale oder an die London School of Economics. Wie könnte bzw. sollte man Ihrer Meinung nach die Attraktivität des Wissenschaftsstandorts Deutschland stärken, damit die Stars auch hierbleiben?

Hansen Sie sind auch hier wieder zu pessimistisch. Ich glaube, dass es heute um den Wissenschaftsstandort Deutschland wesentlich besser steht als noch in den letzten Jahrzehnten des vorigen Jahrhunderts. Allerdings sind hier außeruniversitäre Forschungsinstitute wie z. B. die Max-Planck-Gesellschaften oder das Wissenschaftszentrum Berlin besser dran, weil sie Mittel für ausländische Gäste haben und nicht durch hohe Lehrverpflichtungen belastet sind. Im Hochschulbereich gibt es weiterhin eine Drift vom europäischen Kontinent insbesondere in die USA, auch weil dies inzwischen ein wichtiger Qualifikationsbestandteil für künftige Professoren ist. Diese Drift lässt sich nicht umkehren. Wir haben in Kiel in den neunziger Jahren eine englischsprachige Summerschool in der Zeit von jeweils 01.06. bis 15.07. eingerichtet, die sich an amerikanische und englische Studenten richtete, die ja Ende Mai Ferienbeginn haben. Das hat aber nicht funktioniert, es kamen überwiegend Studenten aus Osteuropa.

Krämer Also Englisch doch kein Rettungsanker? Ich habe mal ein halbes Jahr in Toulouse verbracht, da sprachen Superstars wie Laffont und Tirole (Nobelpreis 2014) in Seminaren gern Französisch. Hätten sie wie die deutschen Kollegen Englisch radebrechen müssen, hätte Tirole vielleicht nie den Nobelpreis bekommen. Wie sehen Sie das?

Hansen Da muss ich Ihnen voll zustimmen. Englischsprachige Vorlesungen sind für viele deutsche Studenten eine große Erschwernis. Und die Debatten in Fakultätsseminaren werden auch nicht besser. Wenn die 2–3 ausländischen Studenten in der erwähnten Summerschool zu Beginn nicht erschienen, riefen die deutschen Studenten „Sie können heute Deutsch sprechen". Kam einer mit Verspätung, musste ich wieder ins Englische wechseln. Ich habe mich deshalb nach einigen Semestern aus der Summerschool verabschiedet.

Krämer Ihre Anfangsjahre in Frankfurt waren ja von zum Teil gewalttätigen Studentenprotesten geprägt. Wie ist man damals damit umgegangen?

Hansen Das ist eine bleibende Erfahrung. In Frankfurt wurde ich gleich nach der Berufung Sprecher der Hochschullehrer. Der große Konflikt entstand zwischen linken Studenten und Wolfram Engels (später Herausgeber der Wirtschaftswoche), weil Engels besonders pointiert Marktwirtschaft lehrte. Als Folge wurde seine Vorlesung ständig unterbrochen und die Hochschullehrer berieten, was zu tun sei. Ich habe mich mit Heinz Grohmann …

Krämer … mein allererster Interviewpartner in dieser Serie.

Hansen … selbst in diese Vorlesung gesetzt, um ein eigenes Bild zu haben. Die friedlichen Studenten waren von den Störern vergrault worden, sodass Engels von den kommunistisch gesinnten Studenten leicht am Unterricht gehindert werden konnte. Das hatte es zuletzt 1933 gegeben und ich vertrat in der Sitzung der Hochschullehrer die Auffassung, 1933 darf sich in Deutschland nicht wiederholen. Nicht alle 52 Professoren waren davon leicht zu überzeugen, aber schließlich haben wir beschlossen, alle Vorlesungen wegen der im Grundgesetz geschützten Lehrfreiheit für 14 Tage auszusetzen. Das war in der Bundesrepublik wohl einmalig. Der Präsident hat dann die Störer vor Gericht verklagt, wo ich als Zeuge ausgesagt habe. Ich glaube die Strafen wurden zur Bewährung ausgesetzt. Aber der Frankfurter Polizeipräsident hat mir nach einer Beratung in einer „grünen Minna“ über einen Polizeieinsatz Polizeischutz angeboten. Ich wohnte damals allerdings im 4. Stock eines Mehrfamilienhauses.

Krämer Chapeau. Und dann war Ruhe?

Hansen Nein. Störungen hat es immer wieder gegeben, insbesondere in den Statistikvorlesungen des Grundstudiums im größten Hörsaal, weil die linken Studenten gerne eine Vollversammlung mit großem Publikum wollten. Das ging immer friedlich aus, indem ich einen anderen Hörsaal nannte und den Interessierten drei Minuten zum Hörsaalwechsel gab. Es gingen dann drei bis fünf Studenten mit.

Krämer Sehen Sie Parallelen zu aktuellen Versuchen, die freie Rede an deutschen Universitäten gewaltsam zu verhindern?

Hansen Natürlich. Das was Herrn Lucke in Hamburg passiert ist, entspricht der damaligen Situation. Aber er hat meines Wissens nicht die Rückendeckung der Kollegen und auch nicht des Präsidiums bekommen. Das ist der große Unterschied. Auch in Kiel konnten einige Kollegen in den siebziger Jahren keine Vorlesungen halten und es gab keinerlei Unterstützung der Kollegen.

Gerd Hansen mit Heinz Grohmann auf dessen 80. Geburtstag

Krämer Also wie so oft im Leben: die Mitläufer und Feiglinge bilden die Mehrheit ...

Hansen Was aber für die Mutigen kein Grund sein sollte, aufzugeben.

Krämer Das ist ein perfektes Schlusswort. Ich danke Ihnen für das Interview.

Literatur

Gollnick H (1957) Demand Structure and Inventories in the Butter Market. Econometrica 25:393–422

Hansen G (1967) Ein ökonometrisches Modell für die Bundesrepublik Deutschland 1951–1964. Wirtschaftspolitische Studien, Heft 9. Vandenhoek und Ruprecht, Göttingen

Hansen G (1969) Die Prognoseeignung von LISE- und FIND-Maximum-Likelihood-Schätzwerten. Eine Monte-Carlo-Untersuchung. Stat Hefte 10:22–45

Hansen G (1972) Eine ökonometrische Untersuchung ausgewählter Konsumfunktionen für die Bundesrepublik. Modellspezifikation, Schätzung und Prognose. Wirtschaftspolitische Studien Heft 24. Vandenhoek und Ruprecht, Göttingen

Hansen G (1991) Tests of some business cycle hypotheses under rational expectations. Weltwirtsch Arch 127:542–562

Hansen G, Westphal U (Hrsg) (1983) SYSIFO-Ein Ökonometrisches Konjunkturmodell für die Bundesrepublik. Schriften zur angewandten Ökonometrie, Heft 7. Haag+Herchen, Frankfurt am Main

Hujer R, Fitzenberger B (2002) Stand und Perspektiven der Evaluation der Aktiven Arbeitsmarktpolitik in Deutschland. Persp Wirtschaftspol 3(2):139–158

Stefan Mittnik

Die Statistik der Kapitalmärkte

Stefan Mittnik (*1954) gehört wie Gerhard Arminger zu dem exklusiven Kreis deutschsprachiger Statistiker, die über ihre eigenen wissenschaftlichen Beiträge hinaus auch noch bemerkenswerte Erfolge bei der kommerziellen Umsetzung ihrer Forschung vorzuweisen haben. Nach einem Diplom im Wirtschaftsingenieurwesen an der TU Berlin 1981 hat Stefan Mittnik einen MA in Development Economics an der University of Sussex abgelegt, gefolgt von einem Ph.D. in Economics and Applied Mathematics an der Washington University in St. Louis 1987. Im Anschluss lehrte er an der Stony Brook University in New York, nahm 1994 einen Ruf an die Universität Kiel an und wechselte 2003 an die LMU München, wo er bis 2020 im Department für Statistik wirkte.

Ende 2014 gründete Stefan Mittnik zusammen mit Ex-Mitarbeitern von Goldman Sachs die Firma „Scalable Capital", ein auf aktuellen Erkenntnissen der Finanzökonometrie basierendes Unternehmen zur digitalen Vermögensverwaltung, das sich vor allem an Anleger wendet, die nicht über die sechs- oder siebenstelligen Anlagesummen verfügen, die in der klassischen Vermögensverwaltung typischerweise erforderlich sind. Im Jahr 2020 kam das Online-Broker-Geschäft hinzu, das sich an Selbstentscheider in Sachen Geldanlage richtet. Inzwischen hat Scalable Capital über 400 Beschäftigte und ist außer in Deutschland noch in fünf weiteren Ländern aktiv.

Dieser Beitrag wurde zuvor in *AStA Wirtschafts- und Sozialstatistisches Archiv* (Bd. 17, 2023, https://link.springer.com/article/10.1007/s11943-023-00316-y) veröffentlicht und für das vorliegende Buch leicht überarbeitet.

W. Krämer (Hrsg.), *Statistik hautnah*, https://doi.org/10.1007/978-3-662-69596-8_30

Krämer Herr Mittnik, meine Standard-Eröffnungsfrage in vielen Interviews: Wie kamen Sie zur Statistik?

Mittnik Ziemlich spät. Das war während meines Studiums in Development Economics in Sussex. Um eine favorisierte entwicklungsökonomische Theorie zu unterstützen, führten ihre jeweiligen Verfechter oft die wirtschaftlichen Erfolge ausgewählter Länder an. Auch in der Literatur gab es viel anekdotische Evidenz. Für meinen Geschmack fehlte es dagegen an systematischer Empirie. Da habe ich dann meine ersten ökonometrischen Laufschritte unternommen.

Krämer Also eher autodidaktisch?

Mittnik Kann man so sagen. Im Promotionsprogramm in den USA waren die Fächer Statistik und Ökonometrie dann aber zentrale Pflichtveranstaltungen. Zusätzlich habe ich noch eine Reihe weiterer methodischer Veranstaltungen in der Ökonometrie, aber auch in der Physik und in den Ingenieurwissenschaften belegt. Und zum Geldverdienen habe ich bei einem Prognoseunternehmen im Bereich Makroökonomie gearbeitet, welches an der Universität angesiedelt war.

Krämer Daher wohl Ihr Interesse für empirischen Anwendungen in der Makroökonomie und Geldpolitik. Und wie entstand der spätere Fokus auf die Finanzökonometrie?

Mittnik Dafür war ein auch für viele andere Menschen markantes Schlüsselerlebnis verantwortlich. Ich hatte im September 1987 meine erste Stelle als Assistenzprofessor an der Stony Brook University in New York angetreten, und gleich im Oktober gab es den großen Crash am New Yorker Aktienmarkt. Der Dow-Jones-Index fiel an einem Tag um mehr als 20 %. Das konnte ich mir nicht erklären, und Finanzexperten in meinem akademischen Umfeld konnten es auch nicht. Und noch viel weniger die Modelle, die damals in der Finanzmathematik vorherrschten. Die fußten durchweg auf der Brownschen-Bewegung, und da kommen solche extremen Ausschläge nicht vor.

Krämer Und so entstand Ihr Interesse an stabilen Verteilungen?

Mittnik Ja. In Stony Brook, im Department für Applied Mathematics and Statistics, war auch Svetlozar Rachev tätig, der sich mit ähnlichen Fragen beschäftigte. Wir haben dann gemeinsam daran gearbeitet, Kapitalmarktmodelle mit realistischeren Verteilungsannahmen zu entwickeln und empirisch zu testen, siehe Mittnik und Rachev (1993) oder Rachev und Mittnik (2000).

Stefan Mittnik (*4. v. rechts*) mit chinesischen Doktoranden in Stony Brook. *Links* neben Stefan Mittnik Toker Doganoglu (jetzt Universität Würzburg)

Krämer Sie kennen das englische, deutsche und amerikanische akademische System aus eigener Anschauung. Was haben die Angelsachsen uns voraus?

Mittnik Das ist ein abendfüllendes Thema, denn da kommt eine Reihe von Faktoren zusammen. Der vielleicht wichtigste Unterschied lässt sich mit einem Wort zusammenfassen: Wettbewerb. Verwaltung und Bürokratie wäre dann noch ein weiterer Faktor. Es herrscht enormer Wettbewerb unter den Hochschulen und daraus resultierend ein starker Wettbewerb um die besten Studenten und die besten Wissenschaftler. Es wird viel Aufwand betrieben, um exzellente Studienbewerber anzulocken und die vielversprechendsten darunter auszuwählen. Auch gelingt es amerikanischen Universitäten wesentlich besser, Spitzentalente für eine akademische Laufbahn zu gewinnen. So orientieren sich die Professorengehälter an den Gehältern auf dem allgemeinen Arbeitsmarkt. Da verdient dann die Kollegin an der Business School schnell mal mehr als das Doppelte vom Kollegen bei den Geisteswissenschaften. Und im Fall von Spitzenforschern kann das auch mal das Vier- oder Fünffache sein.

Krämer Bei uns natürlich völlig ausgeschlossen.

Mittnik Und das macht es so schwierig, in Disziplinen, die auf dem Arbeitsmarkt stark nachfragt sind, die besten Leute für eine Hochschullaufbahn zu gewinnen. In Fächern, in denen auf dem Arbeitsmarkt eine schwache Nachfrage herrscht und weniger attraktive Gehälter geboten werden, zieht es dagegen die besten Leute an die Universitäten. Denn deren Möglichkeiten, woanders besser zu verdienen, sind rar. Die Folge: Wir bieten tendenziell die beste universitäre Ausbildung in Disziplinen mit einem geringen Bedarf auf dem Arbeitsmarkt – und umgekehrt.

Krämer Also Einheitsbrei versus Exzellenz?

Mittnik Nicht unbedingt. Diese Wettbewerbsarmut hat auch Vorteile, etwa dass die deutsche Universitätslandschaft wesentlich homogener ist. Anders als in den USA haben wir im internationalen Vergleich zwar keine absoluten Spitzenuniversitäten. Dafür haben wir aber auch nicht die vielen schwachbrüstigen Hochschulen, wie sie in den USA auch anzutreffen sind. Wir können uns vielleicht damit trösten, dass wir im internationalen Vergleich mit die besten Durchschnittsuniversitäten haben.

Krämer Welche akademischen Lehrer haben denn Sie selbst im Studium besonders beeindruckt?

Mittnik In meinem Wirtschaftsingenieur-Studium an der TU Berlin waren das Horst Manfred Schellhaaß bei den Volkswirten, er hat mein Interesse an der VWL und am wissenschaftlichen Arbeiten geweckt, und Hermann Koelle, der Leiter des Instituts für Raumfahrttechnik und zuvor Direktor des Marshall Space Flight Centers der NASA. Bei ihm habe ich viel über Problemlösungsstrategien und über zielführenden Pragmatismus gelernt. Beide haben mich auch sehr unterstützt, meine Auslandsstudien in Angriff zu nehmen. Im Promotionsstudium waren es besonders drei Lehrer, die starken Einfluss auf mich hatten: der Postkeynesianer Hyman Minsky, der sich intensiv mit Finanz- und Bankenkrisen befasste; der Mathematiker Ervin Rodin von der Engineering School, der mich früh in angewandte Forschungsprojekte und auch in die Lehre einband; und der Physiker Edwin Jaynes, der auf Gebieten der statistischen Mechanik und Maximum-Entropie-Methoden forschte.

Krämer Gibt es weitere akademische Vorbilder?

Mittnik Ich hatte das Glück, dass ich mich während der Promotion schon bei meinen ersten Forschungsversuchen mit Clive Granger und Arnold Zellner austauschen konnte, die haben mir wichtiges Feedback gaben. Das war extrem hilfreich für mich, und ich habe das als sehr vorbildlich empfunden. Das breite Spektrum der Arbeiten von Benoît Mandelbrot hat mich beeindruckt. Er war es auch, der das Konzept der stabilen Verteilungen in die Wirtschaftswissenschaften einführte – und unsere Gehversuche auf diesem Gebiet stets wohlwollend verfolgte.

Stefan Mittnik neben Benoît Mandelbrot anlässlich einer Feier der Bundesbank zu dessen 80. Geburtstag

Krämer Auf welche Ihrer eigenen wissenschaftlichen Arbeiten sind Sie denn besonders stolz?

Mittnik Ich würde es nicht als Stolz bezeichnen, aber es gibt Arbeiten, die mehr bewirkt haben als andere. Dazu gehören vielleicht die mit Rachev über realistischere Verteilungsannahmen in der Kapitalmarktmodellierung, auch in Verbindung mit GARCH-Dynamiken. Eine Untersuchung im Zusammenhang mit der europäischen „Solvency II"-Versicherungsregulierung zur Risikobewertung – mit dem etwas reißerischen Untertitel „Where curiosity meets spuriosity" – hat erhebliche methodische Schwächen aufgedeckt, die für Zeitreihenstatistiker mehr oder weniger offensichtlich sind, aber anfänglich zu zähen Diskussionen mit den reinen Mathematikern der Regulierungsbehörden führten, siehe Mittnik (2011). Die Arbeit wurde nie in einer Fachzeitschrift veröffentlicht – man will den Regulatoren das Leben nicht unnötig schwermachen –, hat aber durchaus Einfluss auf die europäische Versicherungsregulierung gehabt.

Krämer Und wann hatten Sie die Idee mit Scalable Capital?

Mittnik Die ging von meinen Mitgründern aus. Einer von ihnen, Erik Podzuweit, war ein hoch talentierter Student und Tutor an unserem Institut für Statistik und Ökonometrie in Kiel. Nach seinem Abschluss ging er in die Finanzindustrie, aber wir blieben in Kontakt. Und wann immer mir das nötige Praxiswissen fehlte, war er ein idealer Ansprechpartner. Umgekehrt war es bei Fragen der Finanzmodellierung. Wenn er Ideen hatte, sich selbstständig zu machen, tauschen wir uns dazu aus. Als er zusammen mit seinen Kollegen von Goldman Sachs dann die Idee hatte, eine rein digitale Vermögensverwaltung zu gründen, bin ich dann auch als Mitgründer und als Rat- und Geldgeber mit eingestiegen, ohne allerdings im operativen Geschäft tätig zu werden. Es sind ehemalige Doktoranden von mir, die das Financial Engineering bei Scalable im Griff haben.

Stefan Mittnik mit Svetlozar Rachev (*sitzend*), der in den 90er-Jahren unter anderem als Humboldt-Fellow am Institut für Statistik und Ökonometrie in Kiel wirkte, und Mitarbeiter Marc Paolella (jetzt Universität Zürich)

Krämer Wie unterscheidet sich dieser Ansatz von der herkömmlichen Vermögensberatung?

Mittnik Scalable Capital deckt zwei Geschäftsfelder ab: Vermögensverwaltung und Brokerage. Vermögensberatung an sich gehört nicht dazu. In der Vermögensverwaltung gibt der Anleger uns das Mandat, sein Investment für ihn zu verwalten. Beim Broker entscheidet er selbst, in welche Anlagen er investiert. Beraten wird er nur dahingehend, welche Anlagerisiken aufgrund seiner Risikotragfähigkeit und Risikoneigung für ihn zumutbar sind, nicht aber, in welche Finanztitel er konkret investieren soll.

Scalable Capital unterscheidet sich von klassischen Anbietern dadurch, dass alle Prozesse hochgradig digitalisiert und automatisiert sind, was ja letztlich in vielen Belangen Modellierung erfordert. Die Dienstleistungen können dadurch extrem günstig angeboten werden. Allerdings erfordert der Ansatz enorme Anfangsinvestitionen, drückt jedoch, ganz im Gegensatz zur klassischen Vermögensverwaltung, die Grenzkosten für jeden zusätzlichen Kunden auf nahe null.

Krämer Klingt simpel. Wieso trauen sich so wenig deutsche Kollegen eine solche Unternehmerlaufbahn zu?

Mittnik Diese Zurückhaltung betrifft nicht nur unsere Kollegen. Deutschland hat die niedrigste Selbstständigenquote in der EU. Das hat auch damit zu tun, dass Unternehmertum in Deutschland über Jahrzehnte nicht gerade das beste Image hatte und häufig mit Ausbeutertum gleichgesetzt wurde. Dass Unternehmen für unser Wohlergehen zentral sind, wird im politischen Spektrum mittlerweile zwar weitgehend anerkannt. Nur der Unternehmer als Person ist weiterhin nicht unbedingt gut gelitten. Ein Professor, der eine Unternehmerlaufbahn einschlägt, kann reputationsmäßig – auch im Kollegenkreis – eigentlich nur verlieren.

Es gibt aber auch sehr praktische Gründe. Und einer ist, dass das Gründen und Führen eines Unternehmens in der Regel ein Vollzeitjob ist. In Form einer Nebentätigkeit mit acht Stunden pro Woche, mehr erlauben die Nebentätigkeitsregelungen für Beamte nicht, ist das nicht möglich.

Krämer Wenn Sie heute noch mal anfangen könnten zu studieren, was würden Sie anders machen?

Mittnik Hätte ich es anders gemacht, wäre meine Laufbahn sicher anders verlaufen. Und da ich mit deren Verlauf nicht unglücklich bin, würde ich vielleicht nichts ändern wollen. Allerdings ist das Studium des Wirtschaftsingenieurs nicht unbedingt das ideale Sprungbrett für eine Forscherkarriere. Es ist extrem breit angelegt. Die Lehrveranstaltungen sind über ein Dutzend Fachbereiche verteilt, und man kommt wenig in die Tiefe. Aber man kann sich durchaus spezialisieren, wenn man mehr als das Pflichtprogramm absolviert, was bei mir in der VWL der Fall war. Ein Mathematikstudium hätte für meine spätere Forschung ein solideres Fundament geliefert. Andererseits wird man in einem Ingenieurstudium darauf getrimmt, Lösungen für existierende Probleme zu suchen. In der Mathematik werden – wenn überhaupt – eher Probleme gesucht, für die man eine elegante Lösung hat. Nebenbei bemerkt ist es von Vorteil, wenn man, wie ich, ein altes, renovierungsbedürftiges Haus gekauft hat und sich ein wenig mit Löt- und Schweißgeräten auskennt und ein wenig von Elektrik versteht.

Krämer Dann wünsche ich Ihnen weiterhin viel Freude beim Reparieren und bedanke mich für das Gespräch.

Literatur

Mittnik S (2011) Solvency II calibrations: Where curiosity meets spuriosity, Working paper number 04, 2011, Center for Quantitative Risk Analysis (CEQURA), Department für Statistik, Ludwig-Maximilians-Universität München. https://www.cequra.uni-muenchen.de/download/solvency.pdf. Zugegriffen am 23.01.2022

Mittnik S, Rachev ST (1993) Modeling asset returns with alternative stable distributions. Econom Rev 12:261–330

Rachev ST, Mittnik S (2000) Stable paretian modeling in finance. Wiley, Chichester

Wolfgang Härdle

Ohne Rechner geht gar nichts

Wolfgang Härdle ist der wohl international meistzitierte deutsche Statistiker. Er wurde 1953 in Darmstadt geboren und hat nach dem Abitur in Karlsruhe Mathematik studiert. Nach seiner Promotion 1982 in Heidelberg habilitierte er 1988 in Bonn in Statistik und Ökonometrie, ging dann für drei Jahre als Professor an die *Université catholique de Louvain* und erhielt 1992 einen Ruf auf die Ladislaus von Bortkievicz Professur für Statistik an der wirtschaftswissenschaftlichen Fakultät der Humboldt-Universität Berlin. Trotz weiterer Rufe, unter anderem an die Ludwig-Maximilian-Universität und an die London School of Economics, blieb er jedoch als Sprecher von zwei DFG Sonderforschungsbereichen in Berlin. Im Jahr 2023 hat er das seit 2013 bestehende internationale *DFG*-Graduiertenkollegs IRTG 1792 „High Dimensional Non Stationary Time Series" mit der chinesischen Xiamen Universität beendet.

Für seine wissenschaftlichen Leistungen hat Härdle zahlreiche Auszeichnungen erfahren: Er ist Fellow des Institute of Mathematical Statistics und des International Statistical Institute, war Distinguished Visiting professor an der Xiamen University in China oder Empfänger des „Multa Scripsit Awards" in „Econometric Theory" der Cambridge University Press. Bei der Fertigstellung des Interviews war er Yushan Scholar in Taiwan, vergleichbar mit einer Humboldt Professur in Deutschland und hatte in einem EU Programm das IDA („Institute for Digital Assets") in Bukarest gegründet. Mit dem Interviewer Walter Krämer traf er sich mehrfach auf gemeinsamen Veranstaltungen ihrer jeweiligen DFG-Sonderforschungsbereiche. Daraus und aus schriftlichen Ergänzungsfragen entstand das vorliegende Interview.

Krämer Herr Härdle, ich habe irgendwo gelesen, Sie hätten als Hobby-Ahnenforscher unter ihren Vorfahren auch Carl Friedrich Gauß entdeckt. Was ist denn da dran?

W. Krämer (Hrsg.), *Statistik hautnah*, https://doi.org/10.1007/978-3-662-69596-8_31

Härdle Ja, es ist richtig, dass Karl Friedrich Gauß mein Vorfahre im Sinne der mathematischen Genealogie ist. Dafür gibt es diese wunderbare Seite https://www.mathgenealogy.org/id.php?id=18647, die die Denkpfade der Vorfahren im Sinne von Erdös verbindet.

Krämer Dann ist natürlich ihre frühe Begeisterung für Mathematik kein Wunder. Wann fing denn die Fokussierung auf Statistik an?

Härdle Eigentlich wollte ich in Karlsruhe eine Dissertation über nichtarchimedische Banachalgebren bei Harro Heuser schreiben – ein Studienkollege übrigens von Friedhelm Eicker von der TU Dortmund. Dann hat mich aber der Arbeitsmarkt und meine Begeisterung für coding und Datenanalysen an den SFB123 „Stochastische Mathematische Modelle", der Uni Heidelberg, gebracht, wo ich, da in zwei Teilprojekten eingestellt (Theo Gasser/Dietrich Werner Müller), auch gleich die Janus Seiten der Statistik erleben konnte, Aus dieser Zeit heraus begreife ich Statistik als interdiziplinäre Wissenschaft, die – wie auch die Mathematik – zugleich die Königin und Magd der umgebenden Disziplinen ist. In Englisch definiere ich Statistik auch als „the scientific discipline for calibration and generation of models via data analytics".

1982 In Heidelberg mit Robert Serling, Bernard Silverman, John Rice und DW Müller

Krämer Sie sind ja nicht nur sprachlich, sondern auch wissenschaftlich dem angelsächsischen Kulturkreis sehr verbunden?

Härdle Ja, seit dieser Zeit in Heidelberg. Da haben sich unter anderem intensive Kontakte mit vielen US Kollegen entwickelt. Kurz nach meiner Promotion 1982 war ich als Gastprofessur an der University of Northern Carolina, für eine Vorlesung über Sequential Analysis. Ein echter Sprung ins kalte Wasser. Dann hat mich David Siegmund 1984 nach Stanford geholt. Das war der echte Hit, meine-Vorlesung über Explorative Daten Analyse (EDA) wurde sogar per TV/video an Silicon Valley Firmen übertragen. Das hat mich geprägt, denn darin habe ich ein Geschäftsmodell gesehen.

Krämer Nämlich?

Härdle Jede moderne Datenanalyse erzeugt Algorithmen (zur Datenerkenntnis), die in digital assets festgehalten werden. Diese gehen dann per pull/push an einen Nutzer/Kunden Kreis, der über einen Transmissionskanal (ein Browser oder eine Java Schnittstelle) auf eine Plattform mit Courselets, zum Beispiel quantinar.com führt. Die Courselets erklären und illustrieren die Mehrwerte und Anwendungsparameter der Quantlets (Algorithmen) in den jeweiligen Analyseschritten.

Krämer Dafür bin ich wohl zu alt. Können Sie zum Beispiel den Terminus „digital assets" etwa näher erklären?

Härdle Das sind Werte, die digital erstellt und gespeichert werden und identifizierbar und auffindbar sind – Daten, Bilder, Videos, schriftliche Inhalte und auch Algorithmen mit einem „intellectual property" (IP) Recht. Einige Digital Assets sind möglicherweise nur für den erschaffenden Künstler, Wissenschaftler oder eine einzige Person wertvoll, andere können für einen viel breiteren Kundenkreis einen bleibenden oder sogar steigenden Wert haben. Digital Assets lassen sich auch tauschen, kaufen und verkaufen und sind daher wie zum Beispiel Cryptos oder Non Fungible Tokens investierbar. Das dazu notwendige Managementsystem wird üblicherweise durch eine Blockchain aufgebaut, die eigentlich nichts anderes ist als eine sequenziell organisierte Datenbank, allerdings mit einem sich selbst steuernden Steuerungsalgorithmus, der durch spieltheoretische Mechanismen geregelt ist. Durch solche Digital Assets können Eigentumsrechte auch an Kundenkreise weitergegeben werden, die sich an einer Wertsteigerung des Basisproduktes beteiligen wollen. Ein Beispiel ist die Firma arcneo.de. Auch unser CRIX Algorithmus ist so ein solches Digitales Asset, dessen IP die Humboldt-Universität zu Berlin dann an einen Investor verkauft hat.

Wolfgang Härdle auf einem Jahrmarktsbullen in Rumänien 2022 anlässlich eines Treffens des Institute for Digital Assets

Krämer Nochmal zurück zu Ihren wissenschaftlichen Anfängen. Gibt es akademische Lehrer, die Sie besonders beeindruckt haben?

Härdle Die gibt es. Etwa Werner Hildenbrand, mathematischer Ökonom an der Universität Bonn, der sich aus dem Wohlfühlkokon der theoretischen Ökonomie in der 80ern herausgeschält hat und Hypothesen zur Theorie des ökonomischen Verhaltens durch Datenanalysen getestet sehen wollte. Seinen „University of Chicago" Stil der Seminarführung nehme ich für mich auch in Anspruch: Man darf jederzeit jeden Forschungsvortrag unterbrechen und sogar schon bei Folie 2 den Vortrag 45 min diskutieren und trotz alledem hinterher zusammen anstoßen. Auch Theo Gasser mit seinen statistischen Analysen zu EEG Mitschnitten war seiner Zeit voraus. Die Basis-Idee war zunächst einmal die Digitalisierung der Daten. Wie oft haben wir 1978–1979 an Wochenenden im Rechenzentrum zusammengesessen, um den Operateuren die grauen Bänder mit den Daten zu reichen, die dann in einer „big blue" Maschine hin- und her gespult wurden, um dann – in Fourierkoeffizenten destilliert – zusammen mit Ärzten konkrete medizinische Hypothesen zu untersuchen.

Krämer Sie haben also schon damals als einer der ersten in Deutschland die Bedeutung von Rechnern für die Statistik erkannt und auch in Software umgesetzt. Wo geht denn hier die Reise hin?

Härdle Ja, die frühen Eindrücke vom Statistics Department in Stanford, die Diskussionen mit den PhD-Studenten dort, haben mich überzeugt, dass Statistik als Wissenschaft von einen intensiven und lebendigen Dialog zwischen Daten und Modellen lebt. Ohne Rechner geht das nicht, eine Umsetzung dieses Denkens in Ausbildung und Forschung erfordert einen geschickten und passgenauen Einsatz von Rechnern auf allen Ebenen der Datenanalytik.

Krämer Und ist das Ihrer Meinung nach in der aktuellen statistischen Ausbildung und Praxis in Deutschland der Fall?

Härdle Ansatzweise, aber nicht genug. In der Ausbildung kleben wir leider allzu oft in einem tradierten Kokon fest und machen uns viel zu wenig Gedanken darüber, was denn unsere Studenten hinterher in der Praxis machen werden. Die Datentypen haben sich geändert, in der heutigen Welt sind Daten Strukturen wie XML, RSS, JSON in aller Munde, aber eine solide Ausbildung hierzu im Kanon der Statistik sehe ich sehr selten. Darüber hinaus fehlt es fast überall an Transparenz und Reproduzierbarkeit der Resultate. Wir sollten mehr praxisnahe Prüfungen, verpflichtende Internships, und sehr sehr frühes analytisches Denken durch Programmieren und Matheaufgaben fordern. Bachelor- und Masterarbeiten als extra Oeuvre machen keinen Sinn, am Ende einer data science/Statistik Ausbildung muss ein Portfolio von Wissen parat sein, welches integrativ theoretische Konzepte und reale Daten Analysen verbindet. Dazu braucht man keine spezielle Kür durch eine mehrseitige schriftliche Ausarbeitung.

Krämer Das ist mal eine Aussage. Und die Professoren?

Härdle Ich halte das tradierte Lehrstuhlsystem für überholt; es schreibt Budgets und Verantwortlichkeiten auf zu lange Zeit fest und erzeugt nebenbei auch noch einen unnötigen Overhead an Kosten und Zeit. Für die quantitativen Grundlagen wie Programmierung und Datenspezifierung braucht es einen soliden und permanenten Mittelbau (ähnlich dem Lektor im UK System) der aber nicht personalrechtlich an einen Lehrstuhl gebunden sein sollte. Diese Lektoren sollten wie auch Professoren in bestimmten Intervallen evaluiert werden. Insgesamt geht es um mehr Wettbewerb und die erfolgreiche Einwerbung von Studenten und Drittmitteln im Einklang mit realen Statistikproblemen der Wissenschaft und Wirtschaft.

Krämer Diesem Wettbewerb haben Sie selbst sich ja sehr erfolgreich gestellt – Ihr Schriftverzeichnis ist extrem beeindruckend. Auf welche Arbeiten sind Sie besonders stolz?

Härdle Jede Arbeit und jede Publikation hat ihre Zeit. Das Besondere ist aber, dass man ab und ein bissel vor den Hypes „rauskommt". Das war der Fall zum Beispiel in den Arbeiten über „wild bootstrap", wie in Härdle und Mammen (1993) erstmals vorgestellt. Siehe auch Härdle und Marron (1991). Einen gewissen Einfluss hatten aber auch einige jüngere Arbeiten über Natural Language Processing (Chen et al. 2021), Cryptos (Härdle et al 2020) oder Empirical Pricing Kernels (Chernozhukov et al. (2021); CHANG et al. (2023)).

Krämer Mir gefällt auch ihre Monografie über nichtparametrische Regression sehr gut, Härdle (1990), die als „Econometric Society Monograph" erschienen ist. Wie kommt man denn in diese Promi-Buchreihe hinein?

Härdle Ja, das war tatsächlich ein Bestseller. Es war meine Habilitationsschrift, und der eben erwähnte Werner Hildenbrand hat mir vorgeschlagen, diese Buchreihe anzuschreiben. Es war halt auch genau die Zeit, wo man Modelle und die Standardtricks der theoretischen Ökonomie, wie zum Beispiel die Konstruktion eines repräsentativen Agenten, mehr und mehr hinterfragt hat. Eine fundamentale Infragestellung der mathematischen Ökonomiemodelle hat ja auch der Editor der Buchreihe Charles Manski immer betrieben.

Krämer Sie reisen viel und hatten Gastprofessuren in zahlreichen Ländern dieser Erde, besonders in China. Was ist denn der größte Unterschied des dortigen akademischen Lebens im Vergleich zu uns?

Härdle Es geht auf allen Ebenen des universitären Lebens viel leistungsorientierter zu. Studenten lernen praktisch rund um die Uhr, das Studium ist sehr kompakt organisiert und hat auch PE (Physical Exercise) Elemente, die allerdings nicht in die Endnote eingehen …

Krämer Das heißt, Statistik Studenten betreiben nebenbei auch Sport?

Härdle Ja. An der Fudan Universität etwa heisst es in den Anforderungen

„it is required for students (Taiwanese excepted) to take 4 credits of PE courses,1 credit for each semester. And the final scores gained in PE courses are also considered when calculating GPA, along with all the professional courses like statistics (3 credits), macro economics (3 credits) and advanced mathematics (10 credits)", https://jwc.fudan.edu.cn/0a/4f/c25327a461391/page.htm.

Krämer Und das Ganze ist vermutlich auch mehr als hierzulande computergestützt?

Härdle Ja, die IT-Unterstützung ist fantastisch, VGA Beamer Probleme zum Beispiel gibt es eigentlich nicht. Eine lebhafte Diskussion in einem Seminar entsteht dagegen eher selten.

Krämer Sie haben aber auch viele Studenten aus Übersee nach Berlin geholt?

Härdle Durch die Unterstützung der IRTG (Internationales Graduierten Kolleg) 1792 „Nichtstationäre Hochdimensionale Zeitreihen Analyse" konnten wir eine Vielzahl von Doktoranden aus China und Taiwan ausbilden, die inzwischen als Professorinnen und Professoren in der ganzen Welt arbeiten. Beispielsweise ist Chen HUANG seit 2020 an der Aarhus Universität, Weining WANG 2023 als full Professor der York Universität gerade zur Universität Groningen gewechselt, Cathy YH CHEN seit 2019 full professor an der Adam Smith Business School der University Glasgow.

Teilnehmer des 2022 IRTG Sommer Camps in der Märkischen Schweiz

Krämer Sie sind auch Mitglied der Deutschen statistischen Gesellschaft. Was würden Sie denn der deutschen Statistik raten, um sich international besser aufzustellen?

Härdle Siehe das Interview mit Stefan Mittnik: Nimm Geld in die Hand und zeige, wie Statistik funktioniert. Oder mit Beckenbauer: „Geht's raus und spielt Fußball".

Krämer Das passiert also im Moment eher nicht?

Härdle Wir können die Ausbildung im internationalen Wettbewerb nur sichtbarer machen, wenn wir den Wettbewerb als Grundprinzip akzeptieren und uns mehr praxisorientierter aufstellen. A la limite kann es auch dazu führen, dass wir Nachfrage und Angebot von Wissen durch Preisregeln diskutieren müssen.

Krämer Also höhere Gehälter für Lehrpersonal in stark nachgefragten Studiengängen, so wie von Stefan Mittnik ins Spiel gebracht und in den USA seit Jahrzehnten üblich?

Härdle Ich sehe das genauso, denn wenn wir über eine längere Zeit sichtbar sein wollen, müssen wir davon Abstand nehmen, Talente zu exportieren. Wir sollten sie zur Stärkung hier im Lande halten, dazu bedarf es einer am internationalen Wettbewerb orientierten Vergütung.

Krämer Vielleicht kommt diese Botschaft ja irgendwann mal in den Wissenschaftsministerien an. Auf jeden Fall schon angekommen ist das aktuelle Reizwort „Künstliche Intelligenz". Wo sehen Sie hier mögliche Einsatzfelder in der Statistik?

Härdle Ich sehe Künstliche Intelligenz nicht als Reizwort, eher als eine Beschreibung von Software-Umgebungen mit menschlichen Schnittstellen (Sprache/Video/Keyboard/Gesten). Mit Statistik, der Wissenschaft der Kalibration und Generation von Modellen via Daten Analytik kommen wir in der KI weiter und werden viele neue ökonomische, wissenschaftliche und praktische Anwendungen sehen. Was mich allerdings immer wundert, ist, dass man beim Andocken eines Fliegers am Flughafen immer noch keine KI einsetzt. Der Andockfinger kommt ja immer zu spät …

Krämer Und dass Künstliche Intelligenz etwa in Zukunft Wirtschaftsprognosen erstellt und die einschlägigen Institute überflüssig macht?

Härdle Glaube ich nicht. Wie wir unsere Kleinen trainieren, so muss auch künstliche Intelligenz trainiert werden. Dies kann in bestimmten Trainingsexperimenten zu verzerrten Situationen führen. Beispiele dafür gibt es ja genug. So wie künstliche Intelligenz – via ChatGPT-Anfragen zu meinem Geburtsort – innerhalb von einer Minute zwei recht verschiedene Orte angibt, muss ich auch die Zukunft der KI Wirtschaftsprognosen sehen, nämlich – trotz gutem Training – als ein bissel eine stochastische Papagei-Aussage.

Krämer Das wird nicht wenige Kollegen freuen. Und Kolleginnen natürlich auch. Herzlichen Dank für das Gespräch.

Literatur

Chang YC, Teng HW, Härdle WK (2023) Stochastic volatility dynamic hedging for the inverse BTC option. J Future Options 16(2):89–137

Chen CYH, Fengler MR, Härdle WK, Liu Y (2021) Media-expressed tone, option characteristics, and stock return predictability. J Econom Dynamics Control 124:229–237

Chernozhukov V, Härdle WK, Huang C, Wang W (2021) LASSO-driven inference in time and space. Annal Stat 49:172–1735

Härdle WK (1990) Applied nonparametric regression. Econometric Society Monograph Series 19. Cambridge University Press, Cambridge

Härdle WK, Mammen E (1993) Comparing nonparametric versus parametric regression fits. Ann Stat 21:1926–1947

Härdle WK, Marron JS (1991) Bootstrap simultaneous error bars for nonparametric regression. Ann Stat 19:778–796

Härdle WK, Harvey C, Reule RCG (2020) Understanding cryptocurrencies. J Financ Econom 18(2): 181–208

The manufacturer's authorised representative in the EU is Springer Nature Customer Service Centre GmbH, Europaplatz 3, 69115 Heidelberg, Germany. If you have any concerns regarding our products, please contact ProductSafety@springernature.com

Printed and bound by CPI Group (UK) Ltd, Croydon, CR0 4YY

31/07/2026

02182980-0005